上海市职业教育“十四五”规划教材

职业院校“双证融通”改革示范系列教材

电子线路装调

主　编　许鸿雁

参　编　曹婉新　董新娥

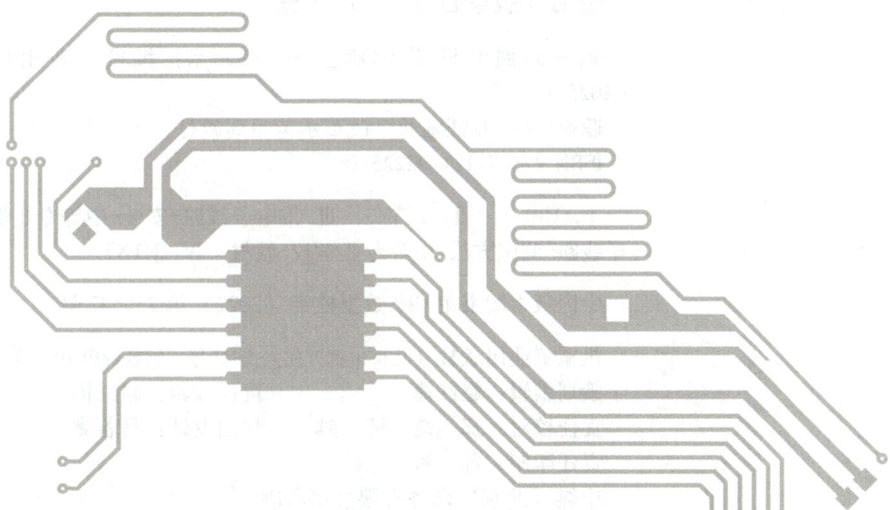

机械工业出版社

“电子线路装调”是中等职业学校电气设备运行与控制专业及相关专业的一门专业核心课程。本书以学生为主体，突出能力训练、职业素养培养，采用活页式教材形式，既有理论知识的讲解，又有实践操作过程的指导。本书根据电子线路装调所需职业能力分为电子基本技能、基本电子线路装调、综合电子线路装调三个学习领域。其中，电子基本技能又分为常用电子元器件识别、常用仪器仪表使用、手工焊接技能三个学习任务；基本电子线路装调分为直流稳压电源电路装调、放大电路装调、集成运算放大电路装调、正弦波振荡电路装调、晶闸管电路装调五个学习任务；综合电子线路装调分为无线遥控发射器电路装接、温度控制自动调节电路调试、声光控楼道灯电路装调、行走机器人电路装调四个学习任务。每个职业能力活页既有能力训练操作步骤、方法与质量标准，又介绍了相关基本知识点。

本书采用活页形式，可根据专业要求的不同，灵活选择实际教学内容，适用于中等职业学校电气类及其相关专业电子技术方面的理实一体化课程教学。

为方便教学，本书结合书中的重点、难点，制作了相关知识点和操作技能演示的原理动画或操作视频，以二维码形式呈现在书中。另外，本书还配套 PPT 课件和电子教案等教学资源，选择本书作为授课教材的教师可登录 www.cmpedu.com 注册并免费下载。

图书在版编目（CIP）数据

电子线路装调/许鸿雁主编．—北京：机械工业出版社，2022.12（2025.1 重印）
职业院校“双证融通”改革示范系列教材
ISBN 978-7-111-72225-0

Ⅰ.①电… Ⅱ.①许… Ⅲ.①电子线路-安装-中等专业学校-教材②电子线路-调试方法-中等专业学校-教材 Ⅳ.①TN7

中国版本图书馆 CIP 数据核字（2022）第 235547 号

机械工业出版社（北京市百万庄大街 22 号 邮政编码 100037）
策划编辑：赵红梅　　责任编辑：赵红梅
责任校对：郑　婕　陈　越　　封面设计：马若濛
责任印制：郜　敏
中煤（北京）印务有限公司印刷
2025 年 1 月第 1 版第 3 次印刷
184mm×260mm · 17 印张 · 420 千字
标准书号：ISBN 978-7-111-72225-0
定价：54.00 元

电话服务　　网络服务
客服电话：010-88361066　　机　工　官　网：www.cmpbook.com
010-88379833　　机　工　官　博：weibo.com/cmp1952
010-68326294　　金　书　网：www.golden-book.com
封底无防伪标均为盗版　　机工教育服务网：www.cmpedu.com

前 言

本书是上海市职业教育“十四五”规划教材，根据上海市电气设备运行与控制专业“双证融通”“电子线路装调”课程标准，以及有关行业的职业技能规范与要求进行编写。

本书以中等职业学校的学生为主体，突出能力训练、职业素养培养，采用活页式教材形式，通过梳理电子线路装调职业岗位所需的职业能力点，以职业能力为主线，根据学生工作能力训练由简到繁、由易到难的认知规律，构建为学习领域、学习任务、职业能力三级结构框架。每个活页的内容框架标准化，可实现根据实际课时、学生需求灵活选择教学内容。

本书具有以下特点：

1）突出职业能力。本书中的每个任务都根据学生需要掌握的职业能力点，细分为多个职业能力活页。每个职业能力活页既有能力训练，又介绍了相关基本知识点。

2）提升操作能力。本书以“问题情境”的形式还原了实际操作中可能出现的问题，可以帮助学生突破能力训练难点。

3）灵活选择内容。本书采用活页式编排，每一个能力点都具有一定独立性与知识系统性。教师可根据实际教学要求，灵活选择职业能力点进行训练。

4）配套立体化资源。本书结合书中的重点、难点，制作了相关知识点和操作技能演示的动画或视频，并配套PPT课件及电子教案等教学资源，方便教学。

本书从学生的全面发展出发，着重培养其专业技能、方法能力与社会能力，力争达到如下目标：使学生掌握电类专业必备的电子技术基础知识与基本技能，具有分析和处理工作过程中出现的一般电子技术问题的基本能力，具备继续学习后续电类专业课程的基本能力，为获得相应职业技能等级认定证书打下基础，同时培养学生的职业道德与职业意识，提高学生的综合素质与职业能力，为学生的职业生涯发展奠定基础。

本书建议教学学时数如下表，考虑到不同地区、不同条件、不同学生的差异，具体学时数可由授课教师适当调整。

学习领域	学习任务	职业能力点	学时数	备注
电子基本技能	常用电子元器件识别	能识别电阻器、电容器、二极管、晶体管、晶闸管、单结晶体管等常用电子元器件	14	
	常用仪器仪表使用	会使用万用表、信号发生器、示波器等常用仪器仪表进行电子测量	10	
	手工焊接技能	能在多孔板与印制电路板上手工焊接各类电子元器件并达到工艺要求	12	

（续）

学习领域	学习任务	职业能力点	学时数	备注
基本电子线路装调	直流稳压电源电路装调	能装调常见直流稳压电源电路	14	
	放大电路装调	能装调各类典型放大电路	10	
	集成运算放大电路装调	能装调各类典型集成运算放大电路	6	
	正弦波振荡电路装调	能装调各类典型正弦波振荡电路	6	
	晶闸管电路装调	能装调晶闸管调光电路与晶闸管延时电路	6	
综合电子线路装调	无线遥控发射器电路装接	能根据工艺文件要求装接无线遥控发射器	4	
	温度控制自动调节电路调试	能综合调试温控电路，使之满足功能要求	4	
	声光控楼道灯电路装调	能装调声光控楼道灯电路	10	
	行走机器人电路装调	能装调行走机器人电路	10	
机动学时			4	
合计			110	

本书由许鸿雁主编，曹婉新、董新娥参编。许鸿雁编写了学习领域 A、学习领域 B 的主要内容，董新娥编写了学习领域 C 的内容，曹婉新对全书进行了图表校对及审核。

感谢企业专家张显华和邱伟明帮助本书编写团队梳理课程对应职业岗位所需的职业能力点，为本书内容框架建构提出了宝贵的意见与建议。

由于编者水平有限，书中难免存在疏漏之处，敬请读者批评指正。

编　者

二维码索引

目录

学习领域A

电子基本技能

学习任务A-1　常用电子元器件识别

学习任务A-2　常用仪器仪表使用

学习任务A-3　手工焊接技能

学习任务A-1

常用电子元器件识别

职业能力 A-1-1　能正确识别电阻器

一、核心概念

电阻器识别的核心概念如图 A1-1-1 所示。

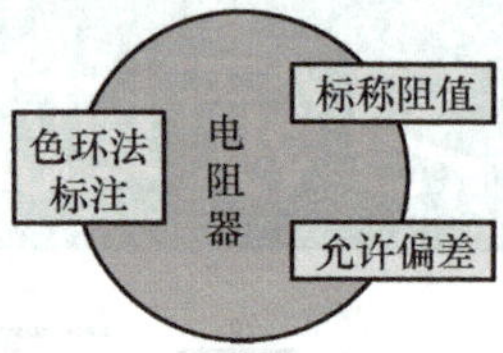

图 A1-1-1　电阻器识别的核心概念

二、学习目标

1. 能根据电阻器的外形特征辨识固定电阻器与可调电阻器并识记其电气符号。
2. 能熟记色环电阻器上各色环的含义，并正确识读电阻值。
3. 能熟练使用万用表电阻档测量色环电阻器的电阻值。
4. 能运用电阻知识正确判断色环电阻器的质量。
5. 能规范使用万用表，养成科学严谨的学习态度。

三、基本知识

（一）电阻的概念

【电阻】

导体对电流的阻碍作用称为电阻，用字母 R 或 r 表示，其国际单位为欧姆，简称欧，用符号 Ω 表示。当电阻值较大时，常用千欧（kΩ）、兆欧（MΩ）作为单位，它们之间的换算关系是：$1k\Omega = 10^3\Omega$，$1M\Omega = 10^3 k\Omega = 10^6\Omega$。

【电阻器】

利用物质材料对电流的阻碍作用制作而成的元件称为电阻器，通常称为电阻。电阻器是组成电路的基本元件之一，广泛用于各种电子产品和电力设备中，主要用来调整电路中的电流和电压，起限流和分压等作用。

【电阻器的分类】

电阻器按结构的不同可分为固定电阻器、可调电阻器和特种电阻器。其中，固定电阻器又可按材料的不同分为碳膜电阻器、金属膜电阻器、线绕电阻器等。常用固定电阻器外形如图 A1-1-2 所示，常用可调电阻器的外形如图 A1-1-3 所示。

【电阻器的电气符号】

电阻器的电气符号如图 A1-1-4 所示。

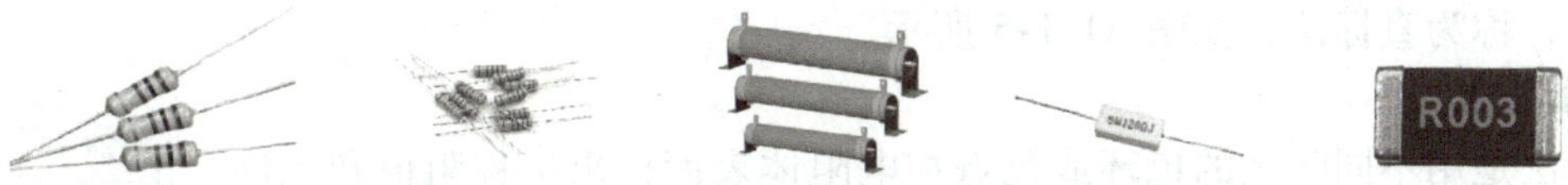

a) 碳膜电阻器　b) 金属膜电阻器　c) 线绕电阻器　d) 水泥电阻器　e) 金属膜贴片电阻器

图 A1-1-2　常用固定电阻器的外形

a) 微调电阻器　b) 电位器　c) 滑动变阻器　d) 带开关电位器

图 A1-1-3　常用可调电阻器的外形

a) 固定电阻器　b) 带滑动触点的电位器　c) 可调电阻器　d) 固定电阻器的国外常用符号

图 A1-1-4　电阻器的电气符号

【电阻器的主要参数】

电阻器的主要参数有标称阻值、允许偏差和额定功率等。

（1）标称阻值　电阻器的标称阻值有 E6、E12、E24、E48、E96、E192 六大系列，其中常用的有 E24、E12、E6 系列，见表 A1-1-1。电阻器的标称阻值应为表中所列数值的10^n倍，其中 n 为整数。

表 A1-1-1　电阻器常用标称阻值

系列名称	允许偏差	标称阻值							
E24	Ⅰ级（±5%）	1.0	1.1	1.2	1.3	1.5	1.6	1.8	2.0
		2.2	2.4	2.7	3.0	3.3	3.6	3.9	4.3
		4.7	5.1	5.6	6.2	6.8	7.5	8.2	9.1
E12	Ⅱ级（±10%）	1.0	1.2	1.5	1.8	2.2	2.7	3.3	3.9
		4.7	5.6	6.8	8.2	—	—	—	—
E6	Ⅲ级（±20%）	1.0	1.5	2.2	3.3	4.7	6.8	—	—

（2）允许偏差　实际电阻值与标称阻值的差值与标称阻值之比的百分数称为偏差，产品标准规定的最大偏差允许值称为允许偏差，它表示电阻器的精度。

（3）额定功率　电阻器的额定功率用来表示一般工作条件下，电阻器长期连续正常工作时所能承受的最大功率。电子仪器中常见的额定功率有 1/16W、1/8W、1/4W、1/2W、1W、2W 等，在一般工作条件下，超过额定功率，电阻器就会烧坏。一般来说，电阻器的额定功率越大，体积就越大。

（二）电阻器主要参数的识读

【直标法】

用阿拉伯数字和单位符号在电阻体表面直接标出标称阻值，并用百分比直接标出允许偏差的方法，称为直标法，如图 A1-1-5 所示。

【色标法】

色标法是用不同颜色的色环或色点在电阻体表面标出标称阻值和允许偏差的方法。色环电阻器目前主要有四色环和五色环两种。色环标示的含义如图 A1-1-6 所示。

色环电阻识读

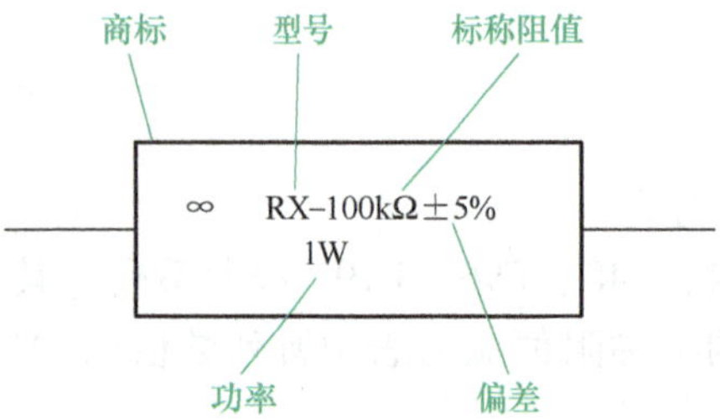

图 A1-1-5　直标法举例

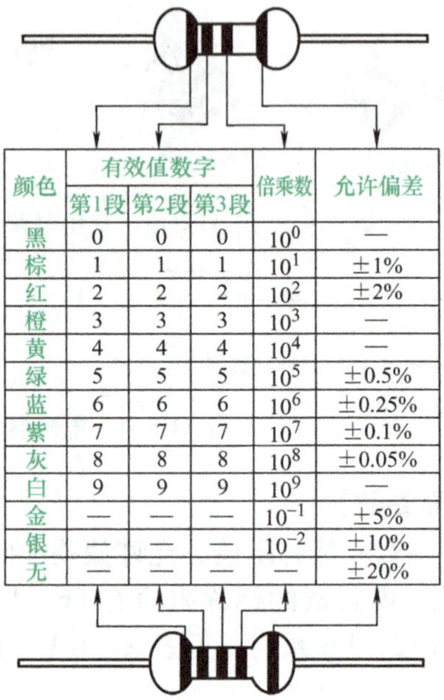

颜色	有效值数字			倍乘数	允许偏差
	第1段	第2段	第3段		
黑	0	0	0	10^0	—
棕	1	1	1	10^1	±1%
红	2	2	2	10^2	±2%
橙	3	3	3	10^3	—
黄	4	4	4	10^4	—
绿	5	5	5	10^5	±0.5%
蓝	6	6	6	10^6	±0.25%
紫	7	7	7	10^7	±0.1%
灰	8	8	8	10^8	±0.05%
白	9	9	9	10^9	—
金	—	—	—	10^{-1}	±5%
银	—	—	—	10^{-2}	±10%
无	—	—	—	—	±20%

图 A1-1-6　色环标示的含义

（1）四色环电阻器　普通电阻器用四条色环表示标称阻值和允许偏差，从左至右第一条和第二条色环表示电阻值，第三条色环表示倍乘数，第四条色环表示允许偏差（通常为金色或银色）。

（2）五色环电阻器　精密仪器中常用以五条色环表示标称阻值和允许偏差的电阻器。这时，从左至右第一～三条色环表示电阻值，第四条色环表示倍乘数，第五条色环表示允许偏差。通常表示允许偏差的色环与前面三条或四条色环之间的距离较大。

例如，有一个五色环电阻器的色环分别是绿、棕、黑、金、棕，则该电阻器的电阻值为 $510\times10^{-1}=51\Omega$，误差为 ±1%。

【色环识读注意事项】

读取色环电阻器的标称阻值时，需注意以下几点：

1）要确定色环电阻器的色环读取顺序，一般相邻色环的距离最大的那一端的色环为最后一条色环，则另一端的色环为第一条色环。

2）四色环电阻器的偏差环一般是金色或银色；五色环电阻器中，倒数第二条色环大多为金色或银色。

3）有效数字无金、银色（解释：若从某一端色环数起的第 1、2 条色环有金色或银色，则另一端的色环是第一环）；偏差环无橙、黄色（解释：若某一端色环是橙色或黄色，则一定是第一环）。

（三）电阻值的测量

【选择量程】

先预估被测电阻器的电阻值，将指针式万用表的量程选择开关旋到电阻档的合适量程上，使指针在测量时最好处于刻度线的中间区域。若无法预估阻值，可选择最大量程，通过试测来逐步缩小所选的量程，得到合适的量程。

【调零】

将指针式万用表的两支表笔短接后，调节电阻调零旋钮，使指针指在电阻刻度线的零位上，而且每换一个量程都要重新调零一次。

【测量】

右手握两支表笔，将表笔跨接在被测电阻器两端，如图 A1-1-7a 所示。人体不能同时接触被测电阻器的两根引线，以避免人体电阻对测量结果的影响。

【读数】

正视刻度盘，读出指针在电阻刻度线上所指读数。该读数与所选量程的倍率相乘，即可得到实际电阻值。一般测量出的实际电阻值与标称阻值不同，需根据实际情况进行判断，确定电阻的质量。若实际电阻值与标称阻值的差值超过允许偏差，则质量不佳，不能使用。

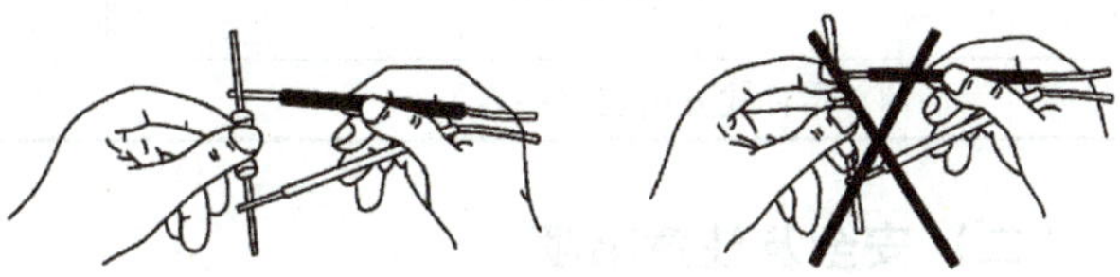

a) 正确测法　　b) 错误测法

图 A1-1-7　电阻器测量方法示意

例如：如果用 $R\times10\Omega$ 档测量一个电阻器，指针读数为 20，那么，被测电阻器的电阻值为 $20\Omega\times10=200\Omega$。

【测量注意事项】

（1）使用前

1）万用表按指定方式放置。具体从刻度盘上所标的工件位置符号可知。常见“┌─┐”符号表示标度 R 位置为水平放置。

2）检查指针是否停在机械零位（刻度盘最左端），如有偏离，可用螺钉旋具转动机械调零旋钮，使指针指零（机械调零不是每次测量必做的项目）。

3）表笔要正确插入插孔。红表笔接到红色接线柱或插入标有“+”的插孔，黑表笔接到黑色接线柱或插入标有“-”（或“*”“COM”）的插孔内。

（2）使用中

1）每次更换量程都必须进行“Ω”档调零。

2）调零时，若旋钮旋至最大，指针仍然无法达到 0，通常是由于表内电池电量不足造成的，此时应换上新电池再进行调零。

3）测量时，被测电阻器不能处于带电状态。在电路中若不能确定被测电阻器是否存在并联电阻，需把被测电阻器的一端从电路中断开再测量。

（3）使用后

1）拔出表笔插头，将转换开关旋至空挡或交流电压最高档。

2）若长期不用，应将表内电池取出，以防电池电解液渗漏而腐蚀内部电路。

四、能力训练

（一）操作条件

所需设备	
	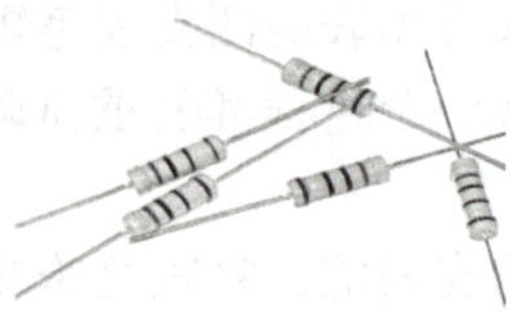
指针式万用表（一台）	四色环电阻器和五色环电阻器（各若干）

（二）安全及注意事项

1. 正确、规范放置万用表，合理选择万用表档位。
2. 注意万用表操作规范，减少操作不当对测量结果的影响。
3. 操作台面上的物品需有序放置，保持整齐、整洁。

（三）操作过程

识别色环电阻的操作过程见表 A1-1-2。

表 A1-1-2　识别色环电阻的操作过程

序号	步骤	操作方法及说明	质量标准
1	认识电阻器	根据教师所给的电阻器实物，依次记录电阻器名称于表 A1-1-3	正确识别并记录电阻器名称
2	电阻器符号识读	根据教师所给的电阻器实物，依次记录电阻器符号于表 A1-1-3	正确识读并记录电阻器符号
3	色环电阻器标称阻值及允许偏差识读	观察色环电阻器上的色环，依次写出其色环颜色，正确识读色环表示的标称阻值及允许偏差值，并记录于表 A1-1-4	依次写出色环颜色并正确填写识读结果
4	电阻值测量	选用合适的万用表 Ω 档，正确测量电阻器的电阻值并记录于表 A1-1-4	正确记录测量结果
5	电阻器质量判断	对比电阻器的测量值与标称阻值，并判断其质量	正确判断并记录电阻器的质量

（四）操作记录

【操作记录 1】（见表 A1-1-3）

表 A1-1-3　电阻器外形与符号识别记录表

序号	电阻器	电阻器名称	电阻器符号
1			
2			
3			

【操作记录 2】（见表 A1-1-4）

表 A1-1-4　色环电阻器识读与检测记录表

编号	色环颜色	标称阻值	允许偏差	测量档位	测量值	质量判断
1						
2						
3						

（五）问题情境

【问题情境 1】

识别色环电阻器的电阻值时，“绿-蓝”“棕-红”“黄-橙”等相近色容易混淆，导致其对应的数值被误读。有何办法可以更好地识别颜色与对应的数值？

解决途径：有些颜色相近的色环由于电阻器底色的干扰，容易被辨识错误，因此识读颜色时要仔细，尽量在自然光环境中辨认，以避免光线对视觉的干扰；还可以参照标称阻值系列来比照，降低出错风险；实在难以辨认的情况下，可以用万用表测量来帮助识别。

【问题情境 2】

测量电阻器的阻值时，其测量结果总是误差偏大，不知是何原因？

解决途径：电阻测量值误差偏大，主要可能有以下几个方面的原因：

1）档位改变时没有调零；

2）所选择的档位不合适，造成读数误差偏大；

3）读数时，视线没有垂直于表盘，造成读数误差偏大；

4）测量时仪表的放置方式不符合要求，影响测量值；

5）测量时把人体电阻或电路其他参数接入一起测量，导致测量误差；

6）仪表本身有故障也会导致测量结果误差偏大。

【问题情境 3】

在电路中连接电阻器时，不知道所选用的电阻器是否合适。那么在选用之前，要考虑电阻器的哪些技术指标呢？

解决途径：在电路中选用电阻器，首先考虑标称电阻值和额定功率，在二者满足电路要求的情况下再考虑电阻的精度，即允许偏差。

（六）学习结果评价

序号	评价内容	评价标准	评价结果（是/否）
1	能根据电阻器外形特征辨识固定电阻器与可调电阻器，并识记其符号	能根据外形、型号等特征识记电阻器的类型名称与符号	
2	能熟记色环电阻器各色环的含义并正确识读电阻值	根据色环的含义正确识读色环电阻器的标称阻值	
3	能熟练使用万用表电阻档测量色环电阻器的电阻值	使用万用表正确测量色环电阻器的电阻值	
4	能运用电阻知识正确判断色环电阻器的质量（好坏）	通过对比电阻器的测量值与标称阻值，判断电阻器的质量	

五、课后作业

【作业 1】

填写表 A1-1-5 中色环颜色对应的有效值数字。

表 A1-1-5　色环颜色对应的有效值数字

颜色	黑	棕	红	橙	黄	绿	蓝	紫	灰	白
数字										

【作业 2】

识读表 A1-1-6 中色环电阻器的标称阻值。

表 A1-1-6　色环电阻器识读

色环电阻器	色环颜色	标称电阻值（Ω）
	橙橙橙银	
	红红红银	
	黄紫黑银	
	白棕黄银	
	绿蓝棕银	
	棕黑黑黄棕	
	棕黑黑棕棕	

【作业 3】

请参照电阻器的标称电阻值系列，思考由红、黄、绿、蓝 4 种颜色组成的四色环电阻器，其对应的电阻值共有多少种？其中最大值为多少？

职业能力 A-1-2　能正确识别电容器

一、核心概念

电容器识别的核心概念如图 A1-2-1 所示。

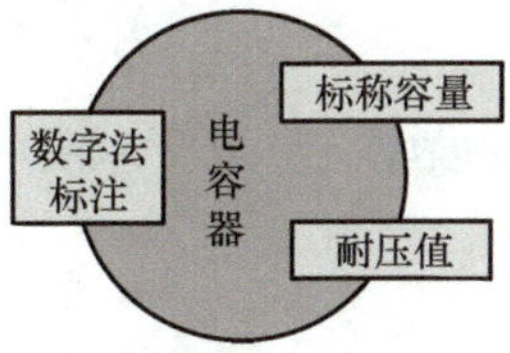

图 A1-2-1　电容器识别的核心概念

二、学习目标

1. 能根据电容器外形特征识读电容器的类型并识记其电气符号。
2. 能根据电容器的标志正确识读其容量标称值与耐压值。
3. 能根据电容器的引脚特征或标志正确识读电解电容器的极性。
4. 能使用万用表检测电容器质量并进行极性判断。
5. 能规范使用万用表，养成科学严谨的学习态度。

三、基本知识

（一）电容器

电容器是一种储存电能的元件，是电路中的重要元件之一，应用极为广泛。在电力系统中可用来提高功率因数，在电子技术中可用于滤波、耦合、隔直、旁路、选频等。

【电容器的结构】

将任意两片导体中间用绝缘介质隔开，就构成了一个电容器。这两片导体称为极板，通常两极板平行，称为平板电容器。平板电容器的结构如图 A1-2-2 所示。

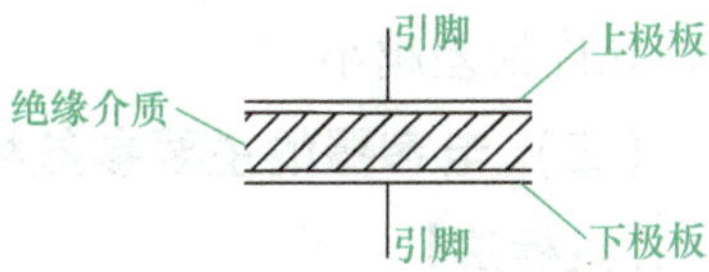

图 A1-2-2　平板电容器的结构

【电容器的分类与符号】

电容器有多种类型以满足不同需要，按结构不同可分为固定电容器、可变和微调电容器；按介质不同可分为空气电容器、纸质电容器、云母电容器、陶瓷电容器、涤纶电容器、玻璃釉电容器、电解电容器等。

在电路中，常用图 A1-2-3a 所示的符号来表示不同种类的电容器。图 A1-2-3b 为常用电容器的外形。

（二）电容器的电容量

【电容量】

电容量是用来表示电容器储存电荷能力大小的物理量，简称电容，用符号 C 表示。电容量的大小取决于电容器本身的结构，它和电容器极板的尺寸、相对位置及绝缘介质的性能有关。

【电容量的单位】

电容量的国际单位为法拉，简称法，符号为 F。法是非常大的单位值，实际中常采用较小的单位如毫法（mF）、微法（μF）、纳法（nF）和皮法（pF）。各单位之间的换算关系为

$$1\text{mF}=10^{-3}\text{F}\qquad 1\mu\text{F}=10^{-6}\text{F}$$

$$1\text{nF}=10^{-9}\text{F}\qquad 1\text{pF}=10^{-12}\text{F}$$

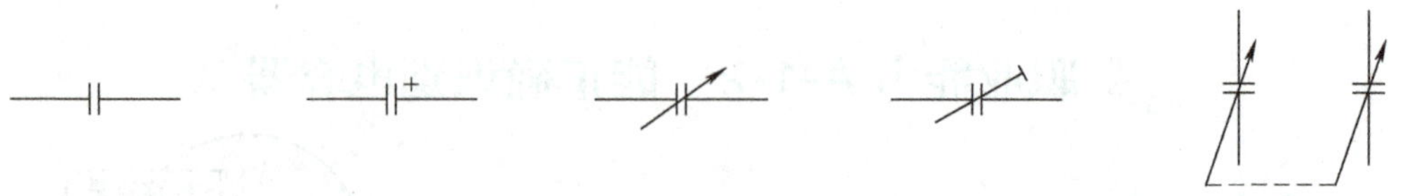

a) 电容器符号

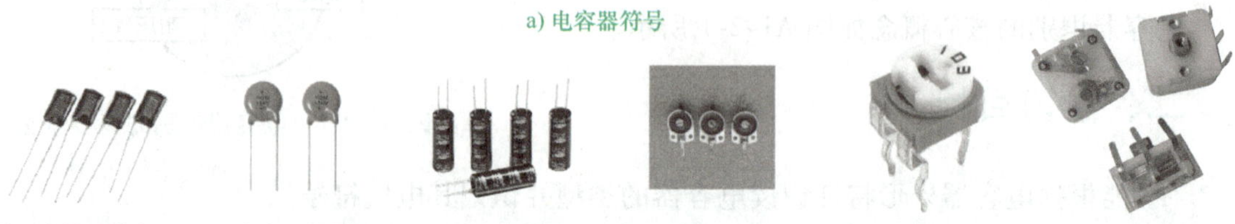

b) 常用电容器的外形

图 A1-2-3　不同种类电容器的符号及常用电容器的外形

【电容器的主要参数】

电容器的主要参数有标称容量、耐压值与允许偏差。

(1) 标称容量　电容器生产时预设的电容量，一般标注在电容器外壳表面。标称容量值也符合标准系列值（略，参照标称电阻值系列）。

(2) 耐压值　耐压值是指能保证电容器长时间稳定工作，并且电介质性能良好的最高电压数值。它是电容器能承受的最高电压，使用时实际电压不能超过电容器的耐压值。

(3) 允许偏差　实际电容量与标称容量之间允许的偏差称为允许偏差。通常电容量越小，允许偏差越小。

(三) 电容器的主要参数标识方法

【直标法】

直标法就是在电容器上直接标出标称容量、耐压值等，如图 A1-2-4 所示。

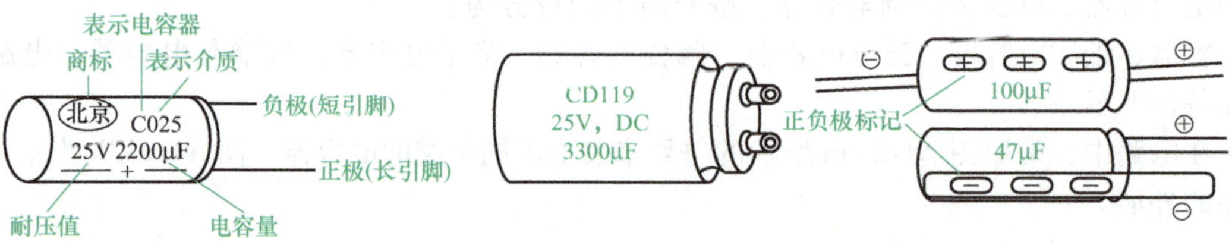

图 A1-2-4　电容器参数直标法示例

【文字符号法】

使用文字符号法时，电容量的整数部分写在单位符号词头的前面，小数部分写在单位符号词头的后面。允许偏差用文字符号 D（±0.5%）、F（±1%）、G（±2%）、J（±5%）、K（±10%）、M（±20%）表示。电容量的文字符号法示例如图 A1-2-5 所示。

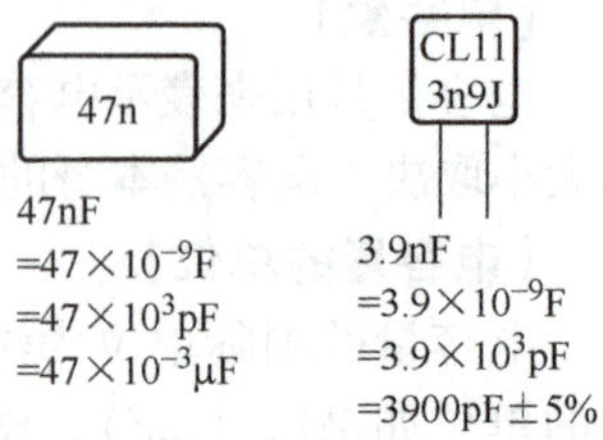

图 A1-2-5　电容器电容量的文字符号法示例

【数码法】

数码法是指用3位数字表示电容器电容量的大小，其单位为pF。其中第1位和第2位为有效值数字；第3位表示倍乘数，即表示有效值后“0”的个数。数码法示例如图A1-2-6所示。

10×10^3=10000pF=0.01μF　　68×10^2=6800pF±5%　　10×10^4=100000pF=0.1μF±10%

工作电压：100V

图 A1-2-6　电容器电容量的数码法示例

（四）电容器的识别与检测

【电解电容器的极性识别】

电容器检测操作

电解电容器分有极性和无极性两种，其中有极性电解电容器有正、负极性。使用时应使正极接高电位，负极接低电位。实际中，电解电容器通常采用长短不同的引脚来表示引脚极性，长引脚为正极，短引脚为负极，即“长正短负”。此外，有时也常在电解电容器的外壳上用符号“－”标出负极性引脚位置，也有一些电解电容器在外壳上标出正引脚位置，标志是“＋”。普通电容器则不需要进行极性判别。

【电容器的质量检测】

电容器的常见故障有击穿短路、开路、漏电或电容量变化等。通常情况下，可以用指针式万用表，测量其漏电阻大小及充电现象来判断电容器的好坏。

检测步骤如下：

1）检测前，应先将电容器内的残留电荷进行释放处理。通常小容量电容器可采用短路放电，即将其两引脚短接一下；容量较大的电容器需要通过电阻器进行放电，放电时应注意操作安全。

2）检测时，将指针式万用表置于$R\times1k\Omega$档，两表笔分别接电容器的两引脚，正反两次测量其漏电阻。

3）两表笔与引脚刚接触瞬间，万用表指针会向右偏转一定角度（对于同一电阻档，电容量越大，偏转角度越大），然后缓慢向左回摆，最后停留在某一位置。两次测量所得的值，分别是电容器的正反向漏电阻。漏电阻越大越好，一般应接近∞。反向漏电阻略小于正向漏电阻，即反向漏电流比正向漏电流要大。

4）在检测时，若发现电容器的漏电阻只有几十千欧，说明其漏电严重。若测量中指针偏转到右侧后不回摆，说明电容器已击穿。若正向、反向均无充电现象，指针不动，则说明电容器已开路。电容器检测操作如图A1-2-7所示。

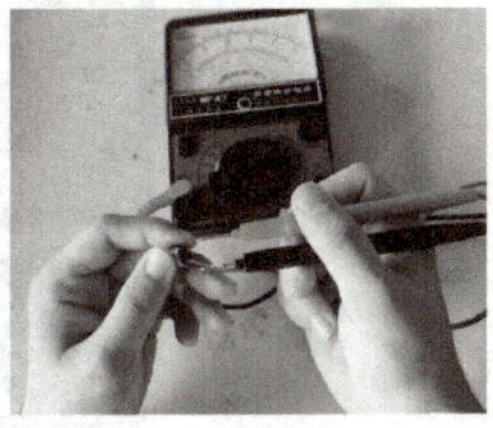

图 A1-2-7　电容器检测操作

用万用表检测电容器时量程的选择，一般如表A1-2-1所示。

表 A1-2-1　电容器检测的量程选择

可选量程	电容量范围	<1μF	1～47μF	>47μF
	相应量程	$R\times10\text{k}\Omega$	$R\times1\text{k}\Omega$	$R\times100\Omega$

（五）电解电容器的极性判别

电解电容器极性一般可以根据引脚长短识别，若无法识别，则需通过测量其漏电阻的大小来判别。具体方法如下：

1）先测量电解电容器任意两极间的漏电阻。

2）交换红表笔、黑表笔，再一次测量电解电容器的漏电阻。

3）如果电解电容器性能良好，在两次测量结果中，电阻值大的一次便是正向接法，即红表笔接的是电解电容器的负极，黑表笔接的是正极。

（六）电容器检测注意事项

1）第一次测量后，应先给电容器放电（一般对于小电容低电压的电容器，可用万用表表笔把电容器的两引脚短接一下即可），然后才可以进行第二次测量，否则可能观察不到充电现象。

2）测量过程中，手不得同时接触电容器两引脚，否则会影响测试结果。

3）用万用表的不同电阻档测量电容器的漏电阻，得到的结果可能不一样，这是因为不同电阻档的表内电压不同，而漏电阻与电容器的介质有关，介质的性能与其两端所加的电压有一定的关系。

4）选择电阻档的方法。若电容量较大，应选择低阻档；若电容量较小，应选择高阻档。原因是：若用低阻档检查电容量较小的电容器，由于充电时间极短，会出现指针摆动幅度小（对指针式万用表）或显示屏显示一直溢出（对数字式万用表）的情况，看不到变化过程；若用高阻档估测电容量较大的电容器，由于充电时间很长，测量过程将持续很久，浪费时间。

四、能力训练

（一）操作条件

所需设备	
	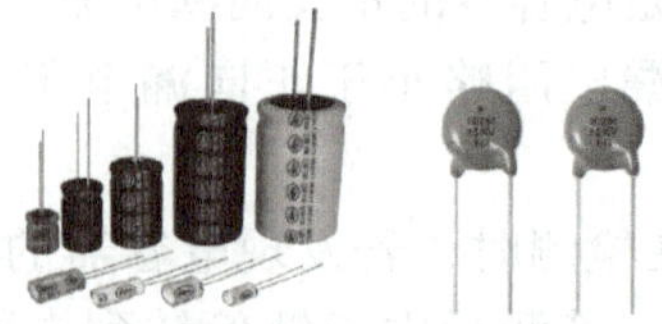
指针式万用表（一台）	电容器（若干）

（二）安全及注意事项

1. 正确、规范放置万用表，合理选择万用表档位。
2. 注意万用表操作规范，减少操作不当对测量结果的影响。
3. 操作台面上的物品需有序放置，保持整齐、整洁。
4. 大容量电容器检测时要注意及时释放电容电荷，避免触电伤害。

（三）操作过程

识别电容器的操作过程见表 A1-2-2。

表 A1-2-2　识别电容器的操作过程

序号	步骤	操作方法及说明	质量标准
1	电容器类别及电气符号识读	正确识读电容器类别及电气符号，并填写表 A1-2-3	正确识读并填写，实物、电气符号、名称对应一致
2	电容器主要参数识读	正确识读电容器标称容量、耐压值与极性，并填写表 A1-2-4	正确识读并填写
3	电容器质量检测	正确选用万用表的档位和量程，正确检测电容器质量并记录于表 A1-2-5	检测方法正确并记录测量结果

（四）操作记录

【操作记录 1】（见表 A1-2-3）

表 A1-2-3　电容器类别及电气符号识读记录表

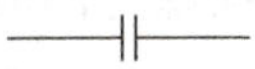	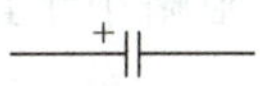	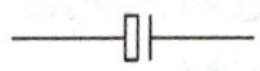
电容器名称：	电容器名称：	电容器名称：
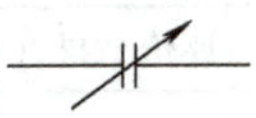	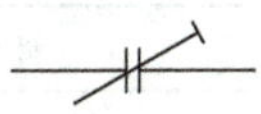	
电容器名称：	电容器名称：	

【操作记录 2】（见表 A1-2-4）

表 A1-2-4　电容器识别及规格参数识读记录表

编号	名称	电气符号	标称容量	耐压值	有无极性
1					
2					
3					
4					
5					

【操作记录3】（见表 A1-2-5）

表 A1-2-5 电容器质量检测记录表

编号	电容器类别	万用表档位	是否调零	正向漏电阻	反向漏电阻	是否放电	电容器质量判定
1	陶瓷电容器（0.1μF）						
2	纸介电容器（1μF）						
3	电解电容器（100μF）						
4	电解电容器（1000μF）						

（五）问题情境

【问题情境1】

在检测电容量约为5100pF的电容器时，发现万用表指针没有发生偏转，可能是何原因?

解决途径：对于电容量太大或太小的电容器检测，用常规的 $R\times100\Omega$ 或 $R\times1k\Omega$ 会出现因充电时间过长或过短，导致不容易观察万用表指针偏转情况（或数字万用表的数字变化过程）。一般电容量较小的电容器检测应选择 $R\times10k\Omega$ 档，电容量较大的电容器检测应选择 $R\times10\Omega$ 或 $R\times1\Omega$ 档。若依然无法测量，可采用具有测量电容器功能的数字式万用表来检测。

【问题情境2】

用一个电解电容器进行实验时，发现该电容器引脚长短一致、外部标志已经看不清，如何确定该电容器的极性?

解决途径：当无法通过电容器的外观特征识读其极性时，可用万用表的适当档位检测其正反向漏电阻来判断。电容器的反向漏电阻略小于正向漏电阻，测得正向漏电阻时，黑表笔所接的是正极。

（六）学习结果评价

序号	评价内容	评价标准	评价结果（是/否）
1	能根据电容器的外观特征识读电容器的类型并识记其符号	能熟练识别常见电容器、记住其电气符号	
2	能根据电容器的标志正确识读其标称容量与耐压值	正确识读电容器标注的标称容量、耐压值	
3	能根据电容器的引脚特征或标志正确识读电解电容器极性	根据外观与标志正确识读电解电容器的极性	
4	能使用万用表检测电容器质量并进行极性判断	熟练使用万用表检测电容器质量并判别极性	

五、课后作业

图 A1-2-8

【作业1】

图 A1-2-8 中电容器的耐压值是________，标称容量是________。

【作业 2】

1）图 A1-2-9 中电容器的标称容量是（　　）。

A. 63V　　B. 47nF　　C. 4.7nF　　D. 6.3nF

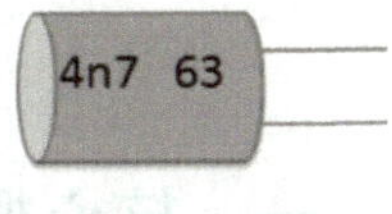

图 A1-2-9

2）在电容器标称容量标注的数码法中，共有 3 位数表示。若一电容器上标注为“332”，则表示此电容器的标称容量为（　　）。

A. 332pF　　B. 332F　　C. 3300pF　　D. 3300F

3）图 A1-2-10 中电容器的标称容量是（　　）。

A. 0.22μF　　B. 0.22pF　　C. 22F　　D. 0.22F

图 A1-2-10

【作业 3】

1）用万用表测量电容器前，如何对电容器进行放电？

2）用指针式万用表的电阻档测量电容器时，如何选择合适的量程？

职业能力 A-1-3　能正确识别二极管

一、核心概念

二极管识别的核心概念如图 A1-3-1 所示。

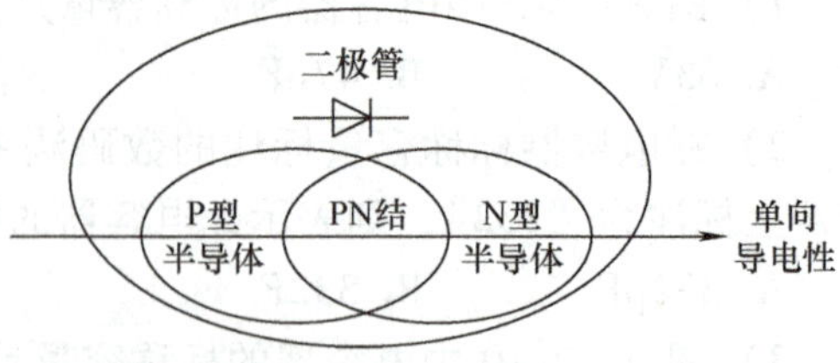

图 A1-3-1　二极管识别的核心概念

二、学习目标

1. 能根据二极管的外形特征辨识其类型并识记其电气符号。
2. 能通过二极管实验理解二极管的单向导电性和伏安特性。
3. 能根据二极管的型号与极性标志正确识读其管型与材料。
4. 能使用万用表检测二极管的极性与好坏。
5. 能规范使用万用表，养成科学严谨的学习态度。

三、基本知识

（一）认识二极管的基本特征

二极管因其用途及所采用的半导体材料、工艺和几何结构的不同，外形也不尽相同，如图 A1-3-2 所示。

【二极管内部结构】

二极管内部都是由半导体材料制成的，其核心是 PN 结。从 PN 结的 P 型区和 N 型区各引出一个引脚（分别称为阳极和阴极），再加以封装，就成为一只二极管，如图 A1-3-3 所示。

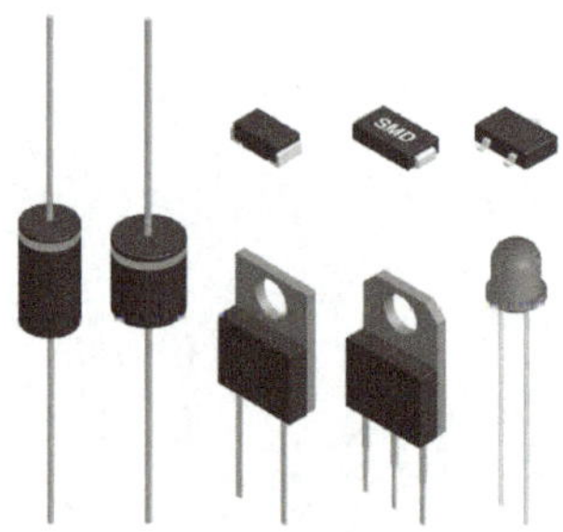

图 A1-3-2　常见的二极管外形

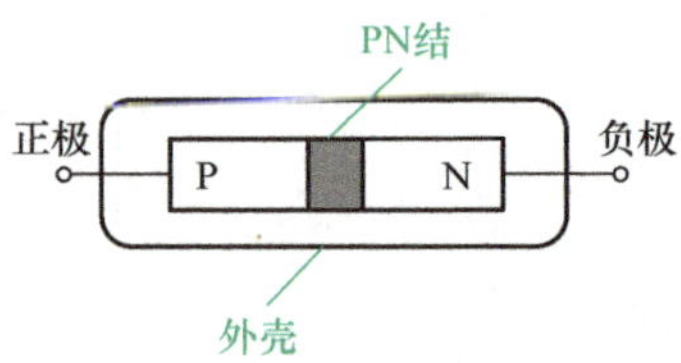

图 A1-3-3　二极管的内部结构

【二极管的电气符号与分类】

图 A1-3-4 为普通二极管在电路中的电气符号，A 为阳极（或正极），B 为阴极（或负极）。

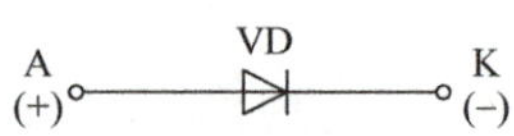

图 A1-3-4　普通二极管的电气符号

二极管按其内部工艺结构的不同可以分为点接触型和面接触型两类：

1）点接触型二极管的 PN 结的结面积和极间电容均很小，不能承受高的反向电压和大的工作电流，因而适合作为高频检波和脉冲数字电路里的开关元件，以及作为工作电流较小的整流管，如图 A1-3-5 所示。

2）面接触型二极管 PN 结的结面积比较大，结电容也较大，能够通过较大的电流，通常用于低频和大工作电流的场合，如图 A1-3-6 所示。

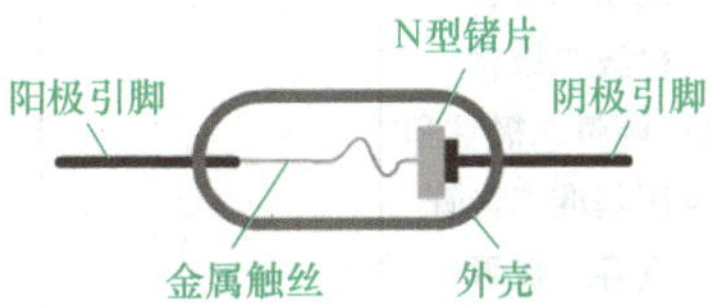

图 A1-3-5　点接触型二极管

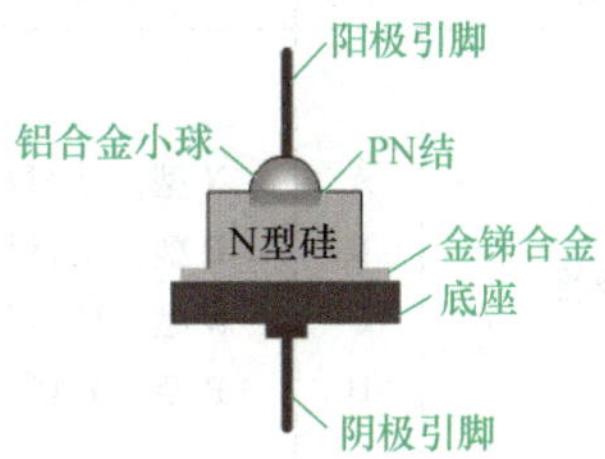

图 A1-3-6　面接触型二极管

二极管按构成的半导体材料，可分为硅管和锗管；按耗散功率，可分为大功率管和小功率管；按工作频率，可分为高频管和低频管；按用途，可分为普通二极管、整流二极管、变容二极管、稳压二极管、开关二极管、发光二极管、光电二极管和阻尼二极管等。

【二极管的主要参数】

二极管的参数比较多，其中较主要的参数见表 A1-3-1。

表 A1-3-1　二极管的主要参数

参数	符号	说明
最大整流电流	I_F	二极管在长时间正常使用时允许通过的最大电流。使用时不允许超过此值，否则将会烧坏二极管
反向电流	I_R	在规定的反向偏置电压下通过二极管的反向电流。此电流值越小，表明二极管的单向导电性能越好
最大反向工作电压	U_{RM}	二极管正常工作时所能承受的最大反向电压值。对于普通二极管，使用时不允许超过此值

【二极管的型号命名】

按照我国国家标准《半导体分立器件型号命名方法》GB/T 249—2017 的规定，二极管的型号命名由五部分组成。国产二极管型号的组成及其含义见表 A1-3-2。

国外半导体二极管型号命名方法与我国不同。例如，凡以“1N”开头的二极管都是由美国制造或以美国专利在其他国家制造的产品，以“1S”开头的则为日本注册产品，其中数字“1”的含义为器件有 1 个 PN 结。后面的数字为登记序号，不反映器件性能的任何特征，反映的是生产该产品的时间先后，通常数字越大，产品越新。常见的国外二极管型号有 1N4001、1N4007、1N4148、1N5408、1S1885 等，应用时可以查阅相关资料了解其参数。

表 A1-3-2　国产二极管的型号组成及其含义

第一部分		第二部分		第三部分		第四部分	第五部分
用阿拉伯数字表示器件的电极数目		用字母表示器件的材料和极性		用字母表示器件的类别		用阿拉伯数字表示登记顺序号	用字母表示规格号
符号	意义	符号	意义	符号	意义		
2	二极管	A B C D	N 型，锗材料 P 型，锗材料 N 型，硅材料 P 型，硅材料	P H V W C Z	小信号二极管 混频二极管 检波二极管 电压调整二极管和电压基准二极管 变容二极管 整流二极管		

（二）二极管的单向导电性

【二极管的导电特性】

二极管的单向导电性

二极管具有单向导电性，即在电路中，电流只能从二极管的阳极（正极）流入，阴极（负极）流出。通过下面的实验电路（见图 A1-3-7），可以说明二极管的单向导电特性。

当二极管正向连接接入实验电路时，小灯泡亮了（见图 A1-3-7a）；当二极管按反向连接接入实验电路时，小灯泡不亮（见图 A1-3-7b）。由此可得结论，二极管只能单向导电，即电流方向为阳极流入、阴极流出。

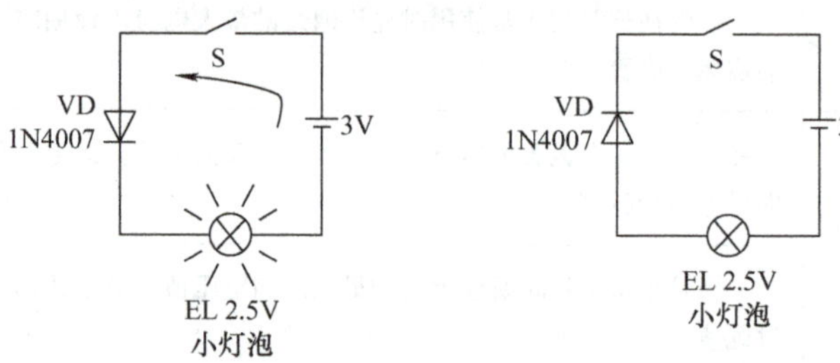

a) 正向连接实验电路　　b) 反向连接实验电路

图 A1-3-7　二极管单向导电性实验电路

PN结的形成

【PN 结的单向导电性】

二极管的导电特性，从本质上来说就是 PN 结的单向导电性。

利用特殊的掺杂工艺，在一块纯净的半导体（本征半导体）晶片两边分别掺入微量三价元素和五价元素，形成 P 型半导体［其空穴为多数载流子（简称多子），自由电子为少数载流子（简称少子）］和 N 型半导体（其自由电子为多子，空穴为少子），在两者的交界处形成的一个特殊的接触面，就称为 PN 结，如图 A1-3-8 所示。

PN 结加正向电压（即 P 区接电源正极，N 区接电源负极）时，外加电压产生的外电场与 PN 结的内电场方向相反，内电场被削弱，形成较大的扩散电流，即正向电流。这时，PN 结的正向电阻很小，处于正向导通状态，如图 A1-3-9a 所示。

PN 结加反向电压（即 N 区接电源正极，P 区接电源负极）时，外电场与 PN 结的内电场方向一致，增强了内电场，使 PN 结的反向电阻大，处于反向截止状态，如图 A1-3-9b 所示。

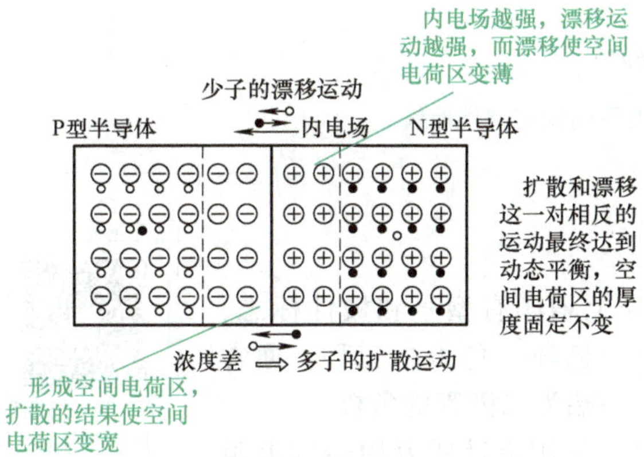

图 A1-3-8　PN 结形成示意图

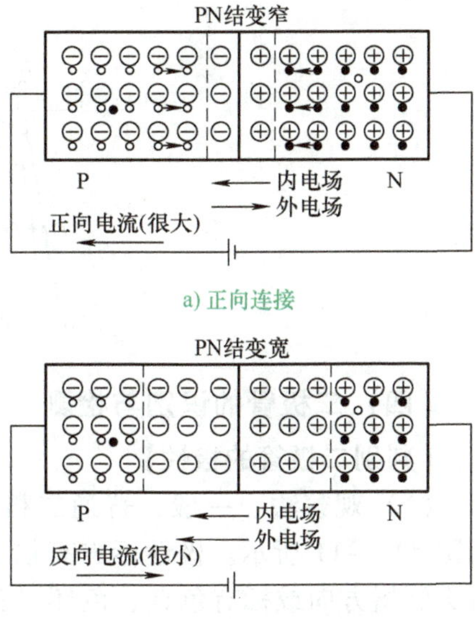

a) 正向连接

b) 反向连接

图 A1-3-9　PN 结单向导电性示意图

（三）二极管的伏安特性

【正向特性】

当正向电压较小时，该电压不足以克服 PN 结形成的内电场，内电场对多子的扩散仍有很大的阻碍作用。只有当加在二极管上的正向电压超过某一数值（称为开启电压）时，正向电流才会明显地增大。硅二极管的开启电压为 0.5V 左右，如图 A1-3-10 中 A 点所示，锗二极管的开启电压为 0.1V 左右，如图 A1-3-10 中 A'点所示。

当加在二极管两端的电压超过开启电压后，随着外加电压的增加，二极管的正向电流也迅速增加，这一段区域被称为正向导通区。二极管正向导通时，硅二极管的电压降为 0.7V 左右，锗二极管的电压降为 0.3V 左右，如图 A1-3-10 中 B 和 B'点所示。

【反向特性】

在反向电压作用下，二极管中 PN 结的内电场进一步加宽，阻止了多子的扩散，使少子的漂移运动加强，由于少子的数目很少，反向电流很小，因此这一段区域被称为反向截止区，如图 A1-3-10 中的 OC 段和 $O'C'$段所示。

当反向电压增加到一定数值（U_{BR}）时，反向电流会急剧增大，这种现象被称为二极管的反向击穿。这一区域则被称为二极管伏安特性曲线的反向击穿区，如图 A1-3-10 中 CD 和 $C'D'$段所示。

由不同的材料、结构和工艺制成的二极管，其伏安特性有一定差别，但伏安特性曲线的形状相似，都是非线性的，因此二极管是非线性器件。

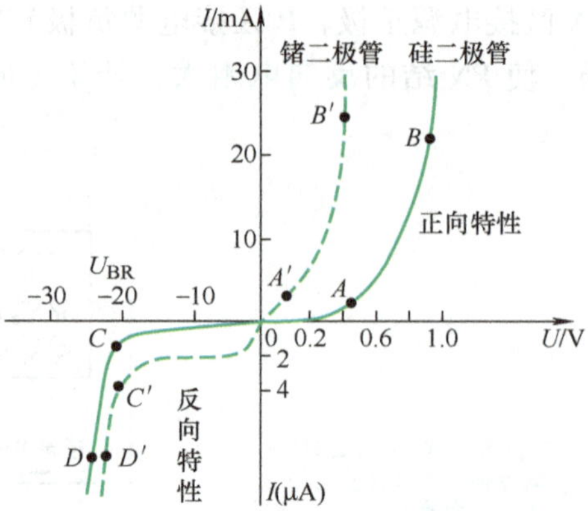

图 A1-3-10　二极管的伏安特性曲线

（四）二极管的识别与检测

【判别二极管的极性】

用万用表检测二极管

（1）观察法　一般，普通二极管的外壳上均印有型号和极性标志，如图 A1-3-11 所示。极性标志有箭头、色点、色环（色带）三种。通常箭头所指方向或标有色点、色环（色带）的一端为二极管的负极。

（2）表测法　若型号和标志无法辨识时，可用指针式万用表的电阻档进行极性判别。判别依据是二极管的单向导电性，即其反向电阻远大于正向电阻。电阻档一般选在 $R\times100\Omega$ 档或 $R\times1k\Omega$ 档，测量时两表笔分别接被测二极管的两极，如图 A1-3-12 所示。若测出的电阻值为几百欧到几千欧（对锗二极管，为 $100\sim1000\Omega$）之间，说明是正向电阻，这时黑表笔接的是二极管的正极，红表笔接的是二极管的负极；若电阻值在几十千欧到几百千欧之间，即为反向电阻，此时红表笔接的是二极管的正极，黑表笔接的是二极管的负极。

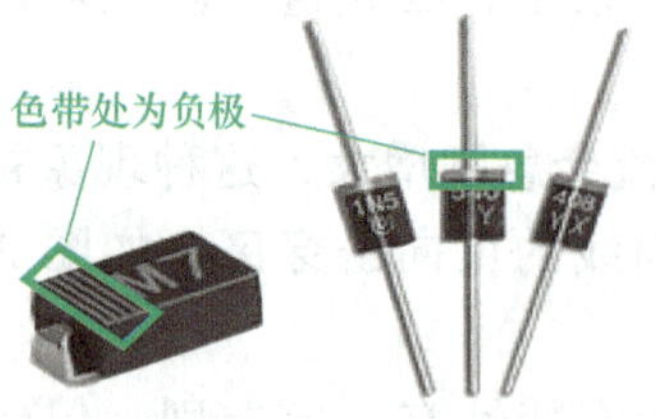

图 A1-3-11　二极管的极性标志

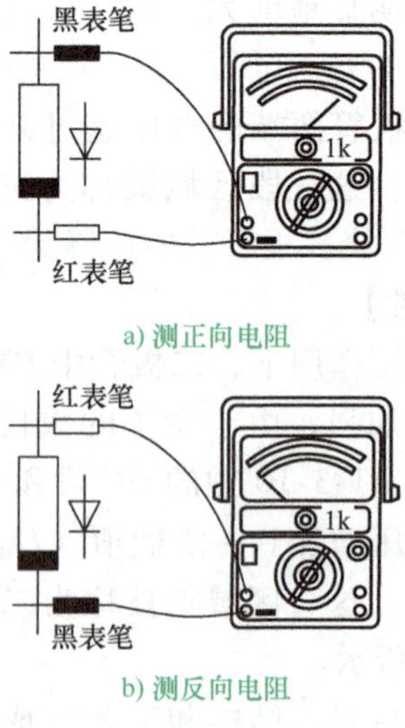

图 A1-3-12　用表测法判别二极管的极性

也可以用数字万用表的电阻档或蜂鸣器档进行测量，测得的电阻值较小（即为正向电阻）时或蜂鸣器响时，红表笔所接的是二极管的正极。

【二极管的质量检测】

通过测量正、反向电阻可以辨别二极管的好坏。具体辨别方法参考表 A1-3-3。

表 A1-3-3　二极管好坏辨别表

正向电阻	反向电阻	二极管质量
小（硅二极管为几百欧到几千欧，锗二极管为 100～1000Ω）	大（几十千欧到几百千欧）	好
0	0	已坏（短路）
∞	∞	已坏（开路）
正向电阻和反向电阻接近		质量不佳

四、能力训练

（一）操作条件

所需设备			

二极管（若干）	指针式万用表（一台）	直流稳压电源（一台）	白炽灯（一个）
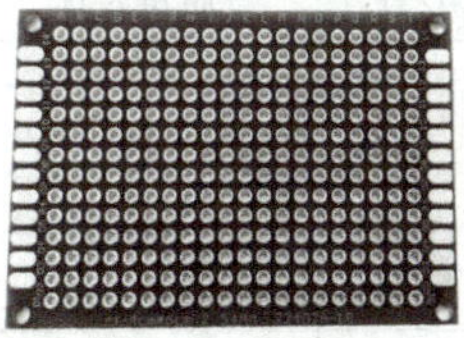			
多孔电路板（一块）	连接导线（若干）	电烙铁（一把）	焊锡丝（若干）

（二）安全及注意事项

1. 正确、规范放置万用表，合理选择万用表档位。
2. 操作台面上的物品需有序放置，保持整齐、整洁。
3. 正确、规范使用电烙铁，防止烫伤。

（三）操作过程

识别与检测二极管的操作过程见表 A1-3-4。

表 A1-3-4　识别与检测二极管的操作过程

序号	步骤	操作方法及说明	质量标准
1	二极管的型号认识	正确识别二极管的型号，并记录于表 A1-3-5	正确识读并填写
2	二极管外形认识	简要画出二极管的外形特征，并记录于表 A1-3-5	能画出引脚的极性标志
3	二极管电气符号认识	对照二极管外形示意图正确画出二极管的电气符号，并记录于表 A1-3-5	正确书写文字及图形符号
4	二极管质量判断	正确选用合适的万用表量程、档位测量二极管的正反向电阻，判断二极管的质量，并记录于表 A1-3-5	正确记录二极管的正反向电阻值及质量检测结果
5	二极管引脚极性判别	根据万用表测量结果，判别二极管引脚极性，并记录于表 A1-3-5 中的外形示意图上	在二极管外形示意图上正确标出引脚极性
6	二极管单向导电性的认识	1. 按图 A1-3-13 所示连接电路，观察指示灯的变化情况，将观察到的现象记录于表 A1-3-6。 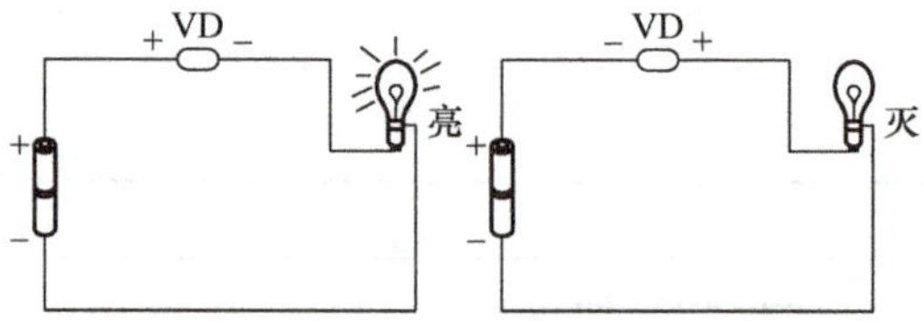 图 A1-3-13　二极管单向导电性实验电路示意图 2. 在图 A1-3-14 中正确填入二极管的电气符号，使灯亮，并总结出实验结论	1. 正确连接电路，并填写实验数据表 2. 正确填入二极管的电气符号，并总结出实验结论

（四）操作记录

【操作记录 1】（见表 A1-3-5）

表 A1-3-5　二极管的识别记录表

序号	二极管型号	外形示意图	电气符号	正向电阻/Ω	反向电阻/Ω	质量好坏
1	1N4001		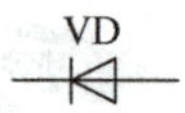			
2						

【操作记录 2】（见表 A1-3-6）

表 A1-3-6　二极管单向导电性实验数据表

项目	二极管的状态	指示灯的状态
施加正向电压		
施加反向电压		

【操作记录3】在图 A1-3-14 电路中正确填入二极管的电气图形符号。

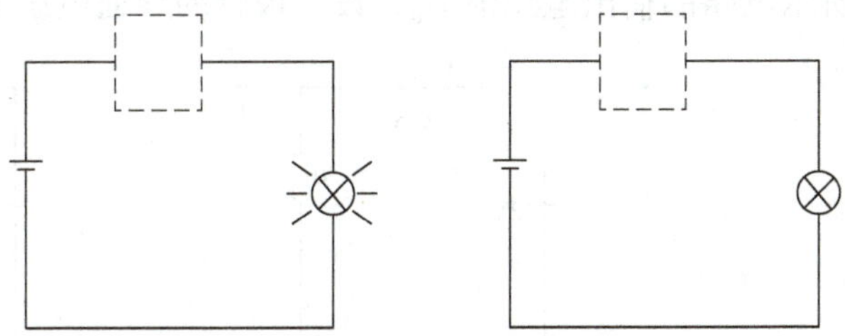

图 A1-3-14　二极管单向导电性实验记录图

【实验结论】

二极管具有________导电特性。

（五）问题情境

【问题情境1】

识别某二极管的极性时，发现由于该器件被反复使用，已经看不出上面标示的色环，该如何识别此二极管的极性呢？

解决途径：利用二极管的单向导电性，选用万用表合适的电阻档，测量其正反向电阻。当测得为正向电阻时，黑表笔所接的是二极管的正极，红表笔所接的是二极管的负极。

【问题情境2】

检测一个发光二极管的质量时，用检测普通二极管的方法，无法判别出其好坏，该怎么办？

解决途径：由于发光二极管的工作电流较普通二极管的正向整流电流大，故用 $R\times1\text{k}\Omega$ 档或 $R\times100\Omega$ 档测量时，会因档位电流过小而无法驱动万用表指针偏转指示。应该改用 $R\times1\Omega$ 档或 $R\times10\text{k}\Omega$ 档进行测量，发光二极管能够被点亮即为好。

（六）学习结果评价

序号	评价内容	评价标准	评价结果（是/否）
1	能根据二极管的外形特征辨识二极管类型并识记其电气符号	能正确画出二极管外形示意图与对应的电气符号	
2	能通过二极管实验理解二极管的单向导电性和伏安特性	能用万用表正确判别二极管的质量与极性	
3	能根据二极管的型号与极性标志识读其管型与材料	能正确写出二极管的型号名称，并正确标出极性	
4	能使用万用表检测二极管的极性与质量	能用万用表正确检测出二极管的质量与极性	

五、课后作业

【作业1】

请在图 A1-3-15 电路中，正确画出二极管图形符号，使得电路中的指示灯能够点亮。

【作业 2】

写出图 A1-3-16 所示电路的输出电压值 U_o，设二极管的导通电压为 0.7V。

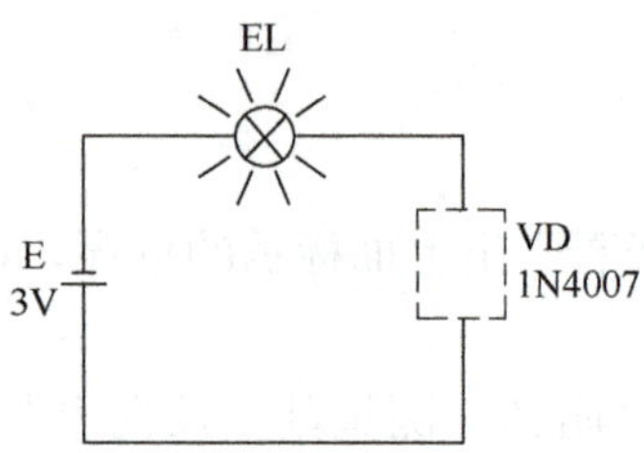

图 A1-3-15

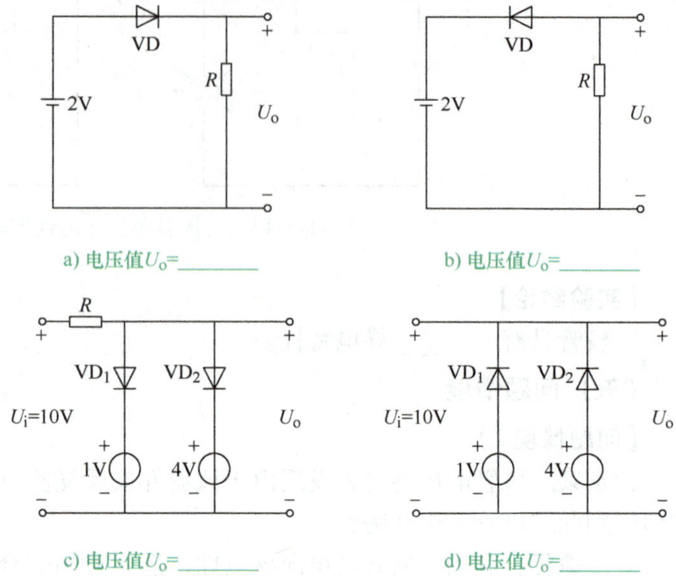

图 A1-3-16

职业能力 A-1-4 能正确识别三极管

一、核心概念

三极管的核心概念如图 A1-4-1 所示。

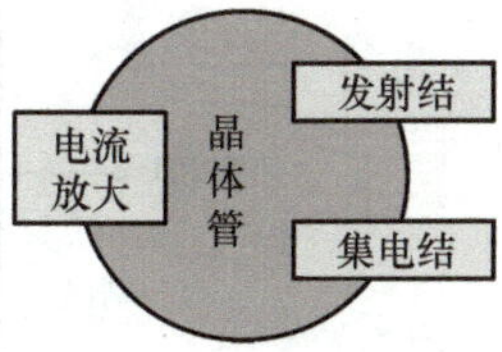

图 A1-4-1 三极管的核心概念

二、学习目标

1. 能根据三极管的型号命名辨识其类型与材料。
2. 能根据三极管的结构特征识记其电气符号与类型。
3. 能根据三极管的引脚排列特征识读并判别其引脚分布。
4. 能使用万用表检测三极管的管型与质量好坏。
5. 能规范使用万用表，养成科学严谨的学习态度。

三、基本知识

（一）三极管的结构与分类

晶体管具有两种载流子（电子与空穴）同时参与导电，故又称双极型晶体管（BJT），其基本功能是具有电流放大作用。常见三极管的外形如图 A1-4-2 所示。

图 A1-4-2 常见三极管的外形

【内部结构】

三极管的核心结构是两个互相连结的 PN 结。发射区、基区和集电区 3 层半导体区引出的电极分别为发射极 E、基极 B、集电极 C。E、B 间的 PN 结称为发射结，C、B 间的 PN 结称为集电结。按 PN 结的不同组合方式，三极管分为 PNP 型和 NPN 型两种，其结构与电气符号如图 A1-4-3 所示。

【分类】

1）按制造材料的不同，分为锗三极管和硅三极管。

2）按内部结构的不同，分为 NPN 型和 PNP 型两类。硅三极管大多数是 NPN 型。

3）按功率不同，分为小功率三极管、中功率三极管和大功率三极管等，如图 A1-4-2 所示。

4）按工作频率不同，分为低频三极管、高频三极管和超高频三极管。

（二）三极管的型号命名

国产三极管的型号命名原则与二极管相同，其组成部分及含义见表 A1-4-1。

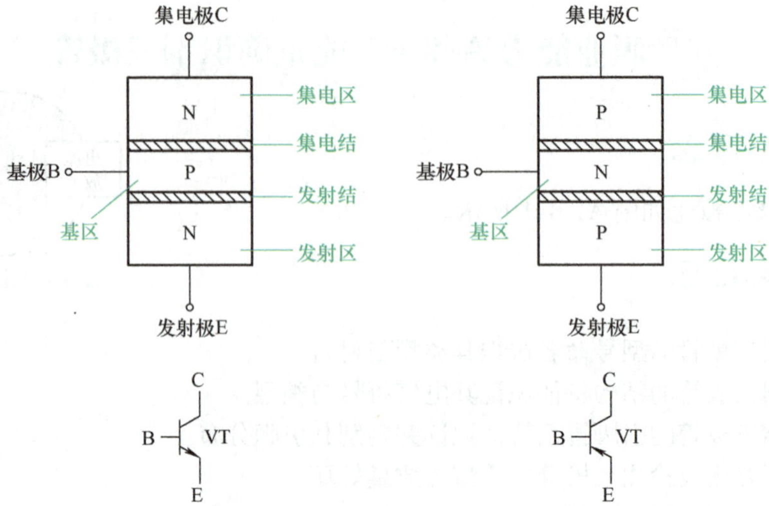

a) NPN型三极管结构与符号　　b) PNP型三极管结构与符号

图 A1-4-3　两种不同类型三极管的电气符号

表 A1-4-1　国产三极管的型号组成部分及其含义

第一部分		第二部分		第三部分		第四部分	第五部分
用数字表示器件的电极数目		用字母表示器件的材料和极性		用字母表示器件的类别		用数字表示器件序号	用字母表示规格号
符号	意义	符号	意义	符号	意义		
3	三极管	A	PNP 型，锗材料	D	低频大功率管		
		B	NPN 型，锗材料	X	低频小功率管		
		C	PNP 型，硅材料	A	高频大功率管		
		D	NPN 型，硅材料	G	高频小功率管		
		E	化合物或合金材料	BT	半导体特殊器件		

国外半导体三极管型号的命名方法与我国不同，例如，凡以“2N”开头的三极管都是由美国制造或以美国专利在其他国家或地区制造的产品。目前国际上较为流行的是 9000 系列的高频小功率管，9012 为 PNP 型，9013 为 NPN 型。应用时可以查阅相关资料了解其参数。

（三）三极管的放大原理

【三极管的放大条件】

三极管要实现电流放大作用，内部必须满足的条件：基区很薄，且掺杂浓度很低，集电区的掺杂浓度也较低，而发射区掺杂浓度高；集电结的面积比发射结的面积大。

三极管电流放大原理

此外，三极管具有电流放大作用还必须满足外部条件：发射结加正向电压，集电结加反向电压，即发射结正偏、集电结反偏。三极管各极的电位关系为：$U_C > U_B > U_E$（NPN 型）或 $U_C < U_B < U_E$（PNP 型管）。

【基本连接方式】

三极管有三个电极，在实际应用电路中必须有两个电极接输入回路，两个电极接输出回路，这样势必要有一个电极作为输入和输出回路的公共端。根据公共端的不同，三极管有三种基本连接方式，如图 A1-4-4 所示。

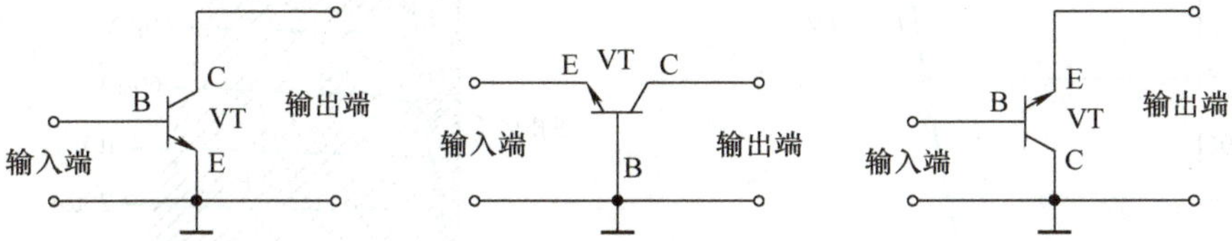

a) 共发射极连接　　b) 共基极连接　　c) 共集电极连接

图 A1-4-4　公共端的三种基本连接方式

【三个电极的电流关系】

1）三极管工作于放大状态时，三个电极上电流 I_B、I_C、I_E的分配关系为 $I_E = I_B + I_C$。

2）放大状态时，三极管基极电流 I_B的变化会引起集电极电流 I_C也随之变化，I_C受 I_B控制，且比例关系几乎保持不变，为一常数。三极管的这一特性称为直流电流放大作用，可表示为

$$\bar{\beta} = \frac{I_C}{I_B}$$

其中，$\bar{\beta}$ 为共发射极直流电流放大系数。

3）当三极管外加交流电压时，其交流电流放大倍数为

$$\beta = \frac{\Delta I_C}{\Delta I_B}$$

注意：一般低频时可认为 $\beta \approx \bar{\beta}$，估算时可通用。

（四）三极管的伏安特性

三极管的各极电流与极间电压之间的关系用伏安特性曲线族来描述，其包括输入特性曲线和输出特性曲线。

【输入特性曲线】

三极管的输入特性曲线是指当输出电压 U_{CE}保持一定值时，反映输入电流 I_B与输入电压 U_{BE}之间关系的曲线，如图 A1-4-5 所示。

三极管的输入特性曲线与二极管的正向特性曲线非常相似。在室温下，硅管的导通电压为 0.6～0.7V，锗管的导通电压为 0.2～0.3V。

【输出特性曲线】

三极管的输出特性曲线是指当输入电流 I_B一定时，反映输出电流 I_C与输出电压 U_{CE}之间关系的曲线族，如图 A1-4-6 所示。

1）截止区：在此区域，三极管的发射结和集电结均反偏，使三极管失去了电流放大作用，C、E 两极之间相当于一个断开的开关。

2）放大区：在此区域，三极管的发射结正偏、集电结反偏，I_C 受控于 I_B，使三极管具有电流放大作用。

3）饱和区：在此区域，三极管的发射结和集电结均正偏，I_C不受 I_B的控制，使三极管失去了电流放大作用，C、E 两极之间相当于一个闭合的开关。三极管饱和时，U_{CE} 的值称为饱和压降，记作 U_{CES}，小功率硅管的 U_{CES}约为 0.3V，锗管的 U_{CES}约为 0.1V。

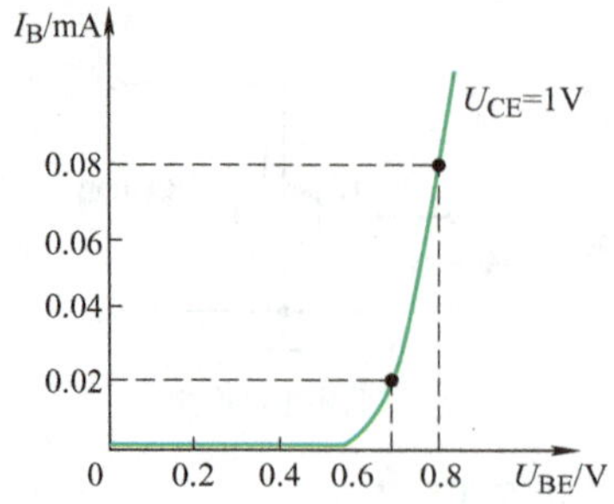

图 A1-4-5　输入特性曲线

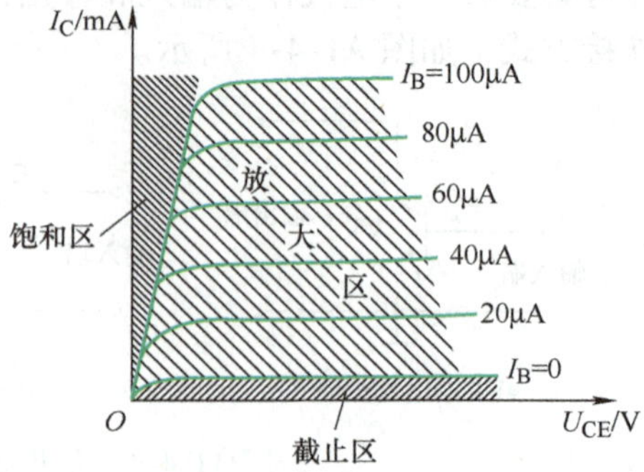

图 A1-4-6　输出特性曲线

（五）三极管的识别与检测

1. 三极管引脚的分布规律和识别方法

三极管引脚分布的方式因其封装形式的不同而不同，但有一定的规律，可以此进行识别，见表 A1-4-2。

2. 三极管检测

【判断基极和类型】

将指针式万用表置于 $R\times1\text{k}\Omega$ 档，用红表笔、黑表笔分别搭接三极管的三个电极正反测量各极间电阻共六次，其中测得四次阻值较大、两次阻值较小。在阻值较小两次中，表笔搭接的公共电极即为三极管的基极 B，若此时搭接基极的是黑表笔，则此管为 NPN 型管，反之为 PNP 型管。

表 A1-4-2　三极管引脚识别

封装形式	外形	引脚排列位置	识别方法
塑料封装			面对切角面，引脚向下，从左至右依次为发射极 E、基极 B、集电极 C
			面对平面，引脚向下，从左至右依次为发射极 E、基极 B、集电极 C
		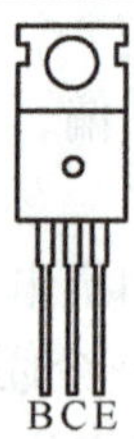	面对三极管正面（型号打印面，散热片为管背面），引脚向下，从左至右依次为基极 B、集电极 C、发射极 E

（续）

封装形式	外形	引脚排列位置	识别方法
金属封装		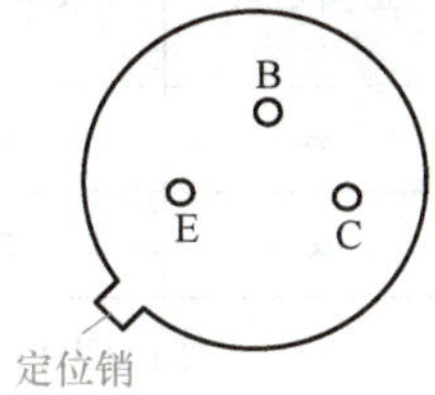	面对管底，由定位销起，按顺时针方向，引脚依次为发射极 E、基极 B、集电极 C
		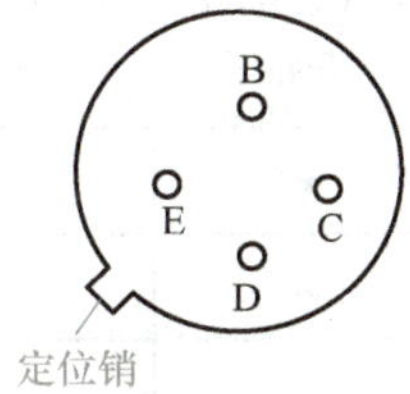	面对管底，由定位销起，按顺时针方向，引脚依次为发射极 E、基极 B、集电极 C、接地线 D。其中，D 与金属外壳相连，在电路中接地，起屏蔽作用
		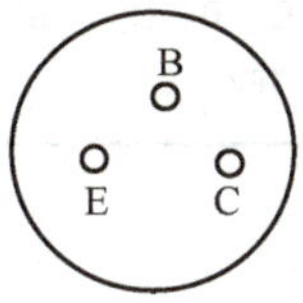	面对管底，使带引脚的半圆位于上方，按顺时针方向，引脚依次为发射极 E、基极 B、集电极 C
		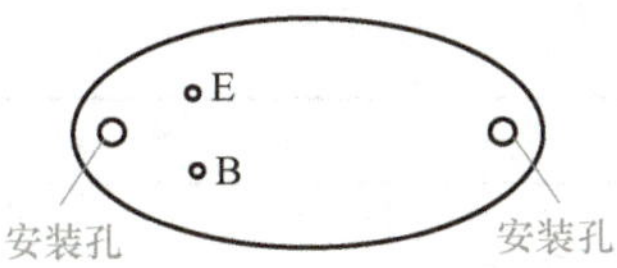	面对管底，使引脚均位于左侧，下面的引脚为基极 B，上面的引脚为发射极 E，管壳是集电极 C。管壳上有两个安装孔，用来固定三极管
贴片封装	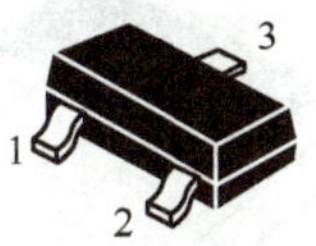	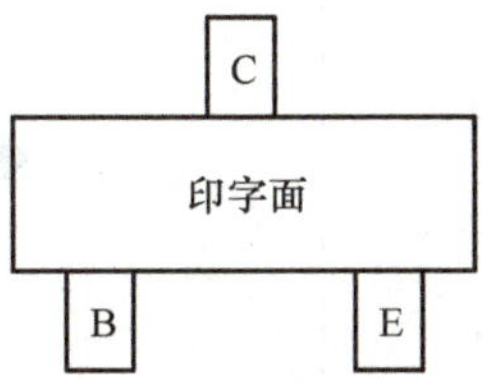	印字面向上，左下方引脚为基极，右下方引脚为发射极，上方引脚为集电极

【判断集电极和发射极】

选择能测量三极管h_{FE}的万用表，如 MF47 型指针式万用表。万用表置于h_{FE}档，首先将三极管基极 B 的引脚插入 NPN 或 PNP 对应的插孔，另两个引脚分别插入 NPN 或 PNP 的其他插孔，然后将三极管反插（基极 B 位置不变），再测一遍。两次测量结果会有明显不同，测得h_{FE}值比较大（指针摆动幅度大）的一次时，三极管的三个引脚极性分别对应 NPN 或 PNP 插孔上的 E、B、C。这时测得的h_{FE}值，即为该三极管的直流电流系数β的估测值。

【检测三极管质量】

将万用表置于$R\times1\text{k}\Omega$档，分别用红、黑表笔测量三极管各极间电阻值，然后将测量结果与表 A1-4-3 进行对照，即可大致判断该三极管的好坏。

表 A1-4-3　检测结果对照表

类型	测量电极	正向电阻	反向电阻	正向电阻	反向电阻	正向电阻	反向电阻
硅晶体管	B－E	几百欧至几千欧	＞500kΩ	∞	0	几百欧至几千欧	＜500kΩ
	B－C	几百欧至几千欧	＞500kΩ	∞	0	几百欧至几千欧	＜500kΩ
	C－E	大于 2MΩ					
	判断	正常		B－C、B－E 开路	B－C、B－E 短路	漏电严重	
锗晶体管	B－E	几百欧至几千欧	＞400kΩ	∞	0	几百欧至 1 千欧	＜400kΩ
	B－C	几百欧至几千欧	＞400kΩ	∞	0	几百欧至 1 千欧	＜400kΩ
	C－E	大于几千欧				大于几千欧	
	判断	正常		B－C、B－E 开路	B－C、B－E 短路	漏电严重	

四、能力训练

（一）操作条件

所需设备	
	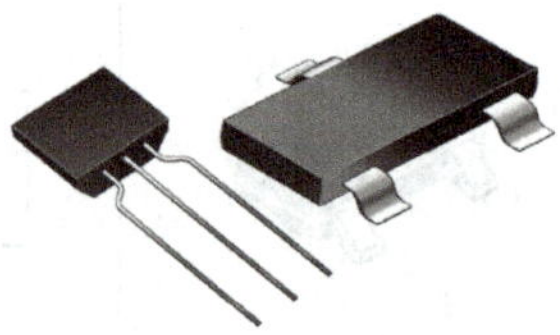
指针式万用表（一台）	晶体管（若干）

（二）安全及注意事项

1. 正确、规范放置万用表，合理选择万用表档位。
2. 操作台面上的物品需有序放置，保持整齐、整洁。
3. 应查阅产品手册或相关资料，不可主观臆测，更不可仅凭经验判断。

（三）操作过程

识别三极管的操作过程见表 A1-4-4。

表 A1-4-4 识别三极管的操作过程

序号	步骤	操作方法及说明	质量标准
1	三极管型号及命名识读	1. 正确识读三极管型号，并记录于表 A1-4-5 2. 查阅电工手册，说明三极管的材料、类型、用途，并记录于表 A1-4-5	会查阅电工手册，正确记录型号、材料、类型、与用途
2	三极管电气符号识记	正确画出三极管对应的电气符号，并记录于表 A1-4-5	能正确写出电气符号，标出各极名称
3	三极管引脚识读	根据所给三极管实物，画出其外形特征，标出三个极对应的名称，并记录于表 A1-4-6	能正确画出三极管外形特征，用文字符号正确标出引脚名称
4	三极管类型判别	用万用表合适档位测量并判别三极管的类型，并记录于表 A1-4-6	正确记录三极管的类型
5	三极管质量检测	选用合适的万用表档位及量程，正确检测三极管质量，并记录于表 A1-4-6	正确记录检测结果

（四）操作记录

【操作记录 1】（见表 A1-4-5）

表 A1-4-5 三极管型号识读记录表

实物序号	型号名称	材料	类型	用途	电气符号
1					
2					

【操作记录 2】（见表 A1-4-6）

表 A1-4-6 三极管引脚、管型与质量检测记录表

序号	三极管型号	外形特征与引脚名称	管型	质量
1	9012			
2	9013			
3	3DG56			

（五）问题情境

【问题情境 1】

对于一个塑料封装的、外形为半圆柱体的三极管，该如何识别其引脚呢？

解决途径：对于塑料封装的、外形为半圆柱体的三极管，在判断其引脚时，可将平面朝向自己，三个引脚向下，则这三个引脚从左至右依次为发射极 E、基极 B、集电极 C。

【问题情境 2】

是否只要有三个引脚的电子器件就一定是三极管？

解决途径：有三个引脚的电子器件不一定是三极管。除了三极管之外，场效应管、晶闸

管及各种常用的三端稳压集成电路芯片等也都是三个引脚，它们的功能与三极管完全不一样。

（六）学习结果评价

序号	评价内容	评价标准	评价结果（是/否）
1	能根据型号命名辨识出三极管的材料及管型	能正确写出三极管型号名称及其意义	
2	能根据结构特征识记三极管的符号与类型	能正确写出三极管的符号与类型	
3	能根据引脚排列特征识读及判别三极管引脚	能正确识读、判别三极管的引脚	
4	能使用万用表检测三极管的管型与质量好坏	能用万用表正确检测出三极管的管型与质量好坏	

五、课后作业

【作业 1】

判断图 A1-4-7 所示晶体管的工作状态。

a) 工作状态：________　　b) 工作状态：________

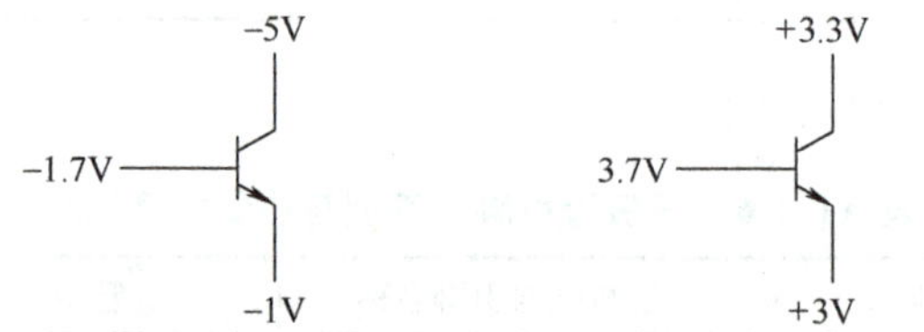

c) 工作状态：________　　d) 工作状态：________

图 A1-4-7

【作业 2】

三极管具有电流放大作用的外部条件是：发射结（　　），集电结（　　）。

A. 正偏，正偏　　B. 正偏，反偏　　C. 反偏，正偏　　D. 反偏，反偏

职业能力 A-1-5 能正确识别晶闸管

一、核心概念

晶闸管识别的核心概念如图 A1-5-1 所示。

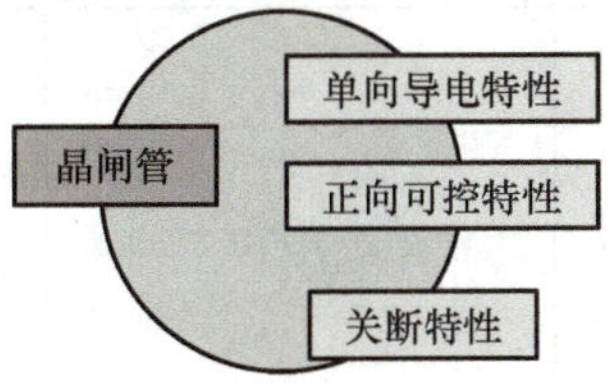

图 A1-5-1 晶闸管识别的核心概念

二、学习目标

1. 能通过晶闸管的内部结构识记其电气符号。
2. 能通过实验理解晶闸管导通与关断的条件。
3. 能根据晶闸管的外形特征识别其引脚。
4. 能使用万用表检测晶闸管的极性与质量。
5. 能规范使用万用表，养成科学严谨的学习态度。

三、基本知识

晶体闸流管简称晶闸管，俗称可控硅整流元件。在电路中用“VS”表示。它是一种大功率的半导体开关器件，常用的有单向晶闸管、双向晶闸管和光控晶闸管，主要用于可控整流、逆变、变频、交流调压、直流斩波和电子开关等方面。

（一）单向晶闸管的内部结构及电气符号

单向晶闸管（下文简称晶闸管）的内部结构及电气符号如图 A1-5-2 所示。它由 PNPN 四层半导体构成，中间形成 3 个 PN 结J_1、J_2、J_3，引出三个电极，分别是阳极 A、阴极 K、门极 G，如图 A1-5-2a 所示。电气图形符号如图 A1-5-2b所示。

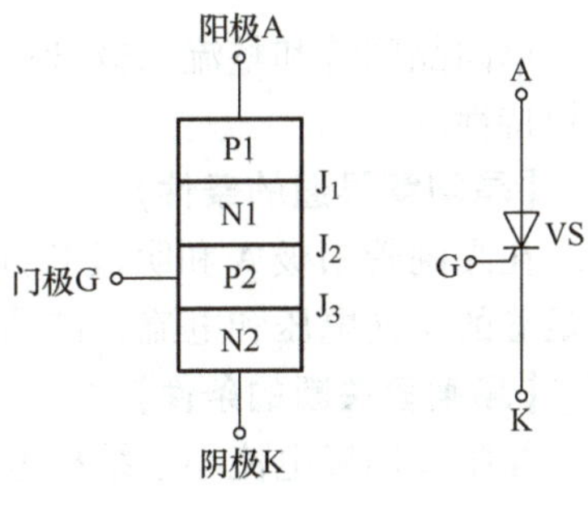

a) 内部结构　　b) 符号

图 A1-5-2 晶闸管的内部结构及电气图形符号

（二）晶闸管的外形分类

晶闸管的外形不尽相同，主要有螺栓式、平板式、塑封式三种，无论是哪种形状，都有三个电极：阳极 A、阴极 K 及门极 G。晶闸管的外形、引脚定义及应用说明见表 A1-5-1。

表 A1-5-1 晶闸管的外形、引脚定义及应用

类型	实物	引脚定义	应用说明
螺栓式		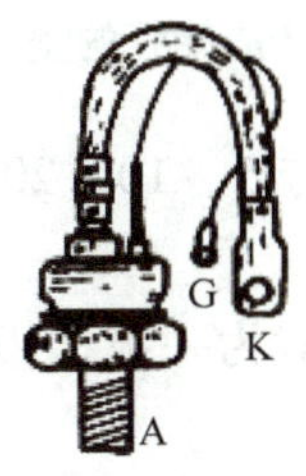	阳极是一个螺栓，使用时把它拧紧在散热器上；另一端有两根引线，其中较粗的是阴极，较细的是门极

（续）

类型	实物	引脚定义	应用说明
平板式		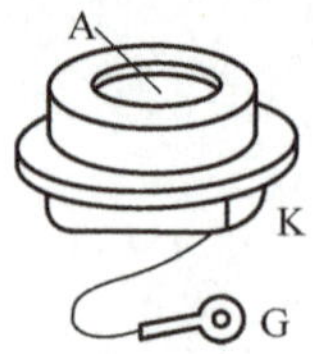	中间金属环是门极，下面是阴极，上面是阳极。区分阴阳极的方法是阴极与门极的距离较近。使用时，由相互绝缘的两个散热器将其夹固在中间，其散热效果比螺栓式好。一般200A以上的晶闸管多采用平板式
塑封式			有字的一面朝上时，三个引脚从左至右分别是阴极K、阳极A和门极G。这种晶闸管的上半部分有螺钉孔，用来安装散热片，适用于中等功率的场合

（三）晶闸管的导通和关断条件

单向晶闸管和整流二极管一样具有单向导电性，但还具有正向导通的可控特性。

晶闸管导通
实验演示

【晶闸管导通的条件】

在晶闸管阳极A和阴极K间加上正向电压，同时门极G和阴极K间加上足够的正向电压和电流，该晶闸管即可导通。

【晶闸管关断的条件】

晶闸管阳极电流小于维持电流。实际应用中，可以在晶闸管阳极和阴极间加上反向电压或将晶闸管阳极电压断开。

（四）晶闸管的型号

国产晶闸管的型号有两种表示方式，即KP系列和3CT系列，分别如图A1-5-3所示。

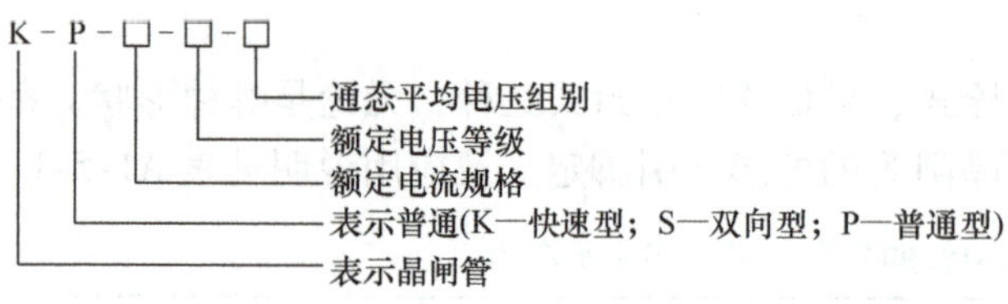

a) KP系列

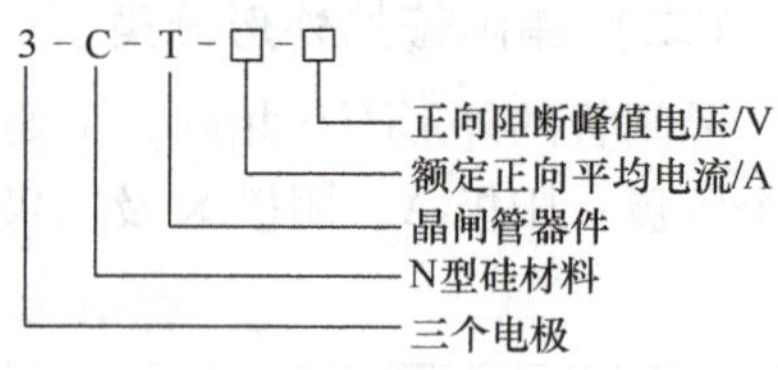

b) 3CT系列

图 A1-5-3　国产晶闸管的型号

晶闸管按额定正向平均电流，可分为1、5、10、20、30、50、100、200、300、400、500、600、900、1000（A）共14种规格。

额定电压等级划分：1000V以下的每100V为一级，1000～3000V的每200V为一级，用百位数（或千位及百位数组合）表示级数。

KP 系列的通态平均电压分为 9 级，用字母 A ~ I 表示 0.4 ~ 1.2V 的范围，每隔 0.1V 为一级。

例如：型号 KP200 - 10D 表示该器件为额定正向平均电流I_F = 200A、额定电压U_D = 1000V、通态平均电压U_F = 0.7V 的普通型晶闸管。

（五）晶闸管的检测

【极性判别】

将指针式万用表置于 $R\times1\text{k}\Omega$ 档或 $R\times100\Omega$ 档，依次交换表笔两两测量 3 个引脚间的正反向电阻，共测量 6 次。如果测得其中两个引脚间的正向电阻较小而交换表笔后测得反向电阻很大，那么以电阻值较小的一次为准，黑表笔所接的就是门极 G，红表笔所接的就是阴极 K，剩下的引脚为阳极 A。

【质量判别】

将指针式万用表置于 $R\times10\Omega$ 档，黑表笔接阳极 A，红表笔接阴极 K，尽管 A、K 间加正向电压，但 G、K 间没有触发电压，晶闸管不导通，因此指针应接近∞，如图 A1-5-4 所示。当合上开关 S 时，满足导通条件，指针应指向很小的电阻值，约为 60 ~ 200Ω，表明晶闸管能触发导通；断开 S，指针无法回到∞，表明晶闸管正常（有些晶闸管因为维持电流较大，万用表电流不足以维持它导通，当 S 断开后指针会回到∞，是正常现象）。如果 S 未合上时电阻值很小，或者 S 合上时指针不动，表明晶闸管质量太差或已被击穿、断极。

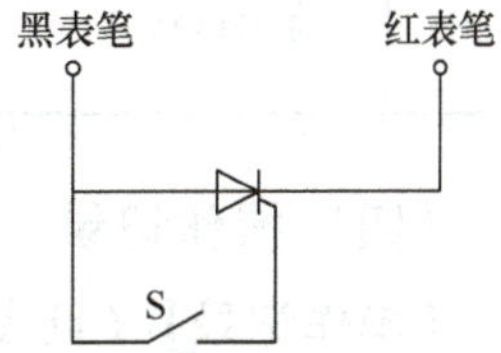

图 A1-5-4　晶闸管质量判断

四、能力训练

（一）操作条件

所需设备	

指针式万用表（一台）	晶闸管（若干）

（二）安全及注意事项

1. 正确、规范放置万用表，合理选择万用表档位。
2. 操作台面上的物品需有序放置，保持整齐、整洁。
3. 应查阅产品手册或相关资料，了解器件主要特性参数，不可主观臆测，更不可仅凭经验判断。

（三）操作过程

识别晶闸管的操作过程见表 A1-5-2。

表 A1-5-2　识别晶闸管的操作过程

序号	步骤	操作方法及说明	质量标准
1	型号与电气符号识读	正确记录所给晶闸管的型号，并绘制其电气符号，标出各极名称，记录于表 A1-5-3	正确记录与绘制
2	引脚识读与判别	画出所给晶闸管的外形示意图，用万用表检测实物晶闸管，判断出极性，标出各极名称，并记录于表 A1-5-3	外形示意图能形象地反映晶闸管特征，正确判断并标注各极名称
3	质量检测	用万用表检测晶闸管实物，判断其质量，并记录于表 A1-5-3	检测方法正确，并正确判断与填写晶闸管质量

（四）操作记录

【操作记录】（见表 A1-5-3）

表 A1-5-3　晶闸管识读与判别记录表

序号	实物	晶闸管型号	电气图形符号	外形示意图及各极名称	质量判断
1					
2					
3					

（五）问题情境

一个塑封式晶闸管与三极管在外形上没有区别，该如何区分这两种管子？

解决途径：有些小功率晶闸管与三极管在外形上确实基本一致，可以从其型号名称上加以识别。若看不清型号字符或看不懂型号名称，无法查阅产品手册，可以尝试用万用表进行检测。两者由于内部结构的不同，在用万用表依次测量三个极两两间的正反向电阻时，三极管可测得两次正向电阻，而晶闸管只能测得一次，由此可以区分判断。

（六）学习结果评价

序号	评价内容	评价标准	评价结果（是/否）
1	能通过晶闸管的内部结构识记其电气符号	能画出晶闸管的电气符号	
2	能通过实验加深理解晶闸管导通与关断的条件	理解晶闸管的导电特性	
3	能根据晶闸管的外形特征识别其引脚	知道常见晶闸管的引脚分布规律	
4	能使用万用表检测晶闸管的极性与质量	检测方法正确	

五、课后作业

如图 A1-5-5 所示电路，当开关 S_1、S_2 按①～④步骤进行操作时，分析晶闸管和灯泡的工作状态：

① 合上 S_2，灯泡________，晶闸管________。

② 合上 S_1，灯泡________，晶闸管________。

③ 断开 S_1，灯泡________，晶闸管________。

④ 断开 S_2，灯泡________，晶闸管________。

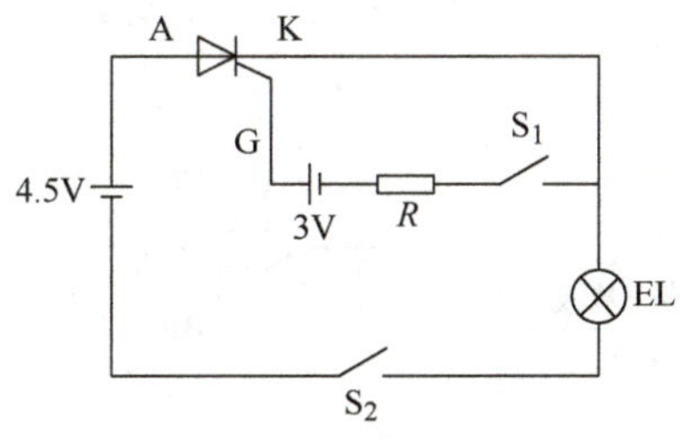

图 A1-5-5

职业能力 A-1-6　能正确识别单结晶体管

一、核心概念

单结晶体管识别的核心概念如图 A1-6-1 所示。

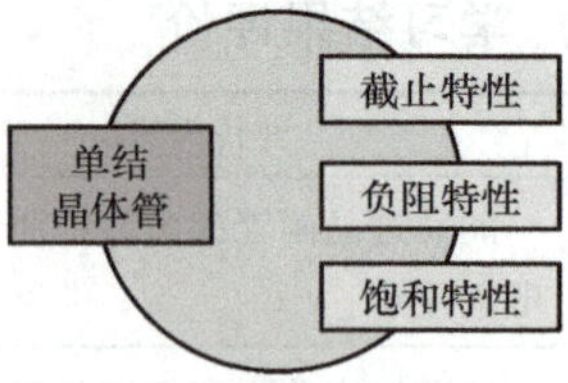

图 A1-6-1　单结晶体管识别的核心概念

二、学习目标

1. 能根据单结晶体管的外形特征识读其型号并识记其电气符号。
2. 能使用万用表正确检测单结晶体管的质量。
3. 能使用万用表正确判断单结晶体管的极性。
4. 能规范使用万用表，养成科学严谨的学习态度。

三、基本知识

（一）单结晶体管的内部结构与电气符号

图 A1-6-2a 为单结晶体管的结构：其内部有 1 个 PN 结，故称为单结晶体管；有三个电极，分别是发射极 E、第一基极B_1和第二基极B_2，所以又称为双基极二极管。图 A1-6-2b 为单结晶体管的图形符号，其文字符号为 V。图 A1-6-2c 为单结晶体管的外形。

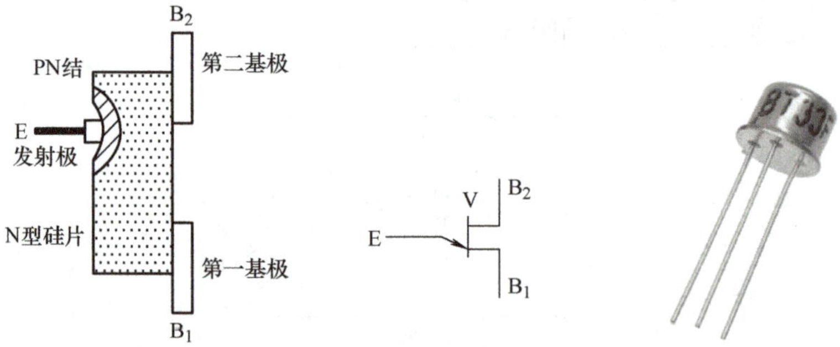

a) 结构　b) 图形符号　c) 外形

图 A1-6-2　单结晶体管

（二）单结晶体管的工作特性

单结晶体管的等效电路如图 A1-6-3 所示。假如在两个基极B_1与B_2之间加一个电压U_{BB}，则此电压在B_1 ~ E 与B_2 ~ E 之间按一定的比例分配。B_1 ~ E 之间的电压用U_P表示：

$$U_P = \frac{R_{B1}}{R_{B1} + R_{B2}} U_{BB} = \eta U_{BB}$$

式中　η——分压比（0.5 ~ 0.9），表明峰点电压随基极电压改变的程度；

U_P——峰点电压，单结晶体管由截止变为导通所需的发射极电压。

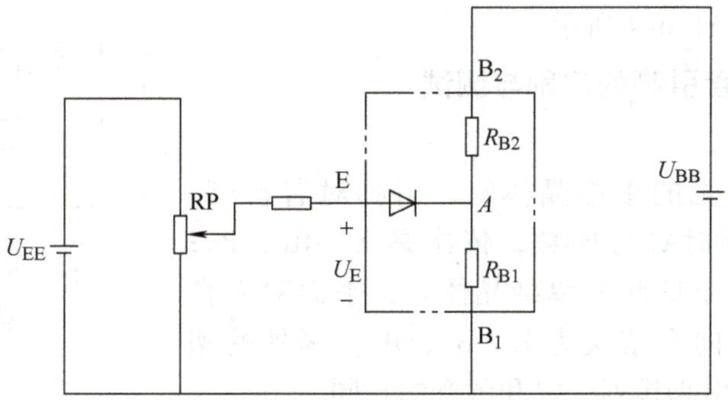

图 A1-6-3 单结晶体管的等效电路

单结晶体管的发射极特性曲线见表 A1-6-1。该图中，峰点 P 处的电压称为峰点电压，与之相对应的电流称为峰点电流。峰点电压是单结晶体管的一个很重要的参数，它表示单结晶体管导通前的最大发射极电压。负阻区与饱和区的分界点 V 称为谷点，谷点电压U_V和谷点电流I_V分别是维持单结管导通的最小电压和最小电流。

表 A1-6-1 单结晶体管的工作特性

状态区域	发射极特性曲线	工作特性
截止区	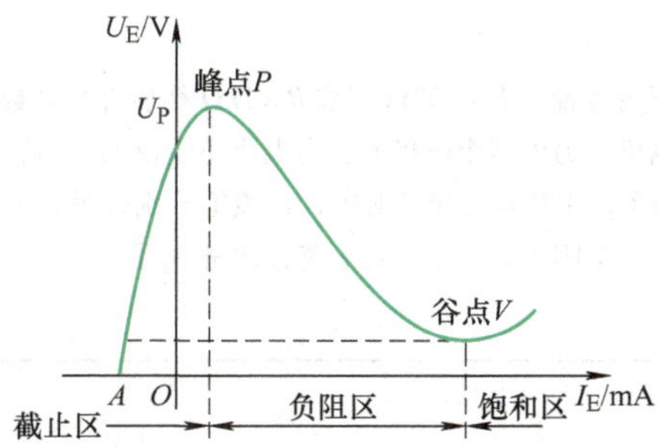	在发射极 E 与基极 B_1 间加一个电压 U_{EE}，将 U_{EE}通过可调电阻器 RP 接到 E 和 B_1 之间，当外加电压 $U_E < U_P$ 时，PN 结上承受了反向电压，等效二极管截止，发射极上只有很小的反向电流通过，单结晶体管处于截止状态
负阻区		当 $U_E > U_P$ 时，PN 结正偏，等效二极管导通，I_E 增大，R_{B1}急剧下降，U_E 随 I_E 的增大而减小，呈现负阻效应
饱和区		对应曲线中 V 点以后的那一段，过 V 点后 I_E 继续增大，R_{B1}将变大，单结晶体管进入饱和导通状态，又呈现正阻特性，与二极管的正向特性相似

综上所述，单结晶体管具有以下特点：

1）当发射极电压 U_E 等于峰点电压U_P时，单结晶体管导通。导通之后，当U_E减小到比谷点电压U_V还小时，单结晶体管由导通变为截止。一般单结晶体管的谷点电压为 2 ~5V。

2）单结晶体管的发射极与第一基极之间的电阻R_{B1}的电阻值随发射极电流的增大而变小，R_{B2}的电阻值则不受发射极电流的影响。

3）不同的单结晶体管有不同的U_P和U_V。同一个单结晶体管，若电源电压U_{BB}不同，则它的U_P和U_V也有所不同。在触发电路中常选用 η 稍大而U_V稍小的单结晶体管，以增大输出脉冲幅度和移相范围。

（三）单结晶体管的型号

国产单结晶体管的常见型号有 BT31、BT32、BT33、BT35 等。以 BT33 型单结晶体管为例，其型号含义如图 A1-6-4 所示。

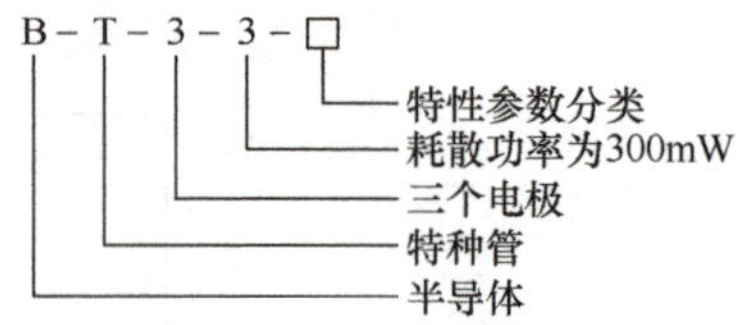

图 A1-6-4　单结晶体管的型号含义示例

（四）单结晶体管引脚的识别与测试

【外形识别法】

对于采用金属管壳的单结晶体管，引脚对着自己，以凸口为起始点，顺时针方向数，依次是 E、B_1、B_2；对于采用环氧封装的半球状的单结晶体管，平面对着自己，引脚向下，从左向右依次为 E、B_2、B_1。国外的塑料封装单结晶体管的引脚排列一般和国产的相同。

【万用表测试法】

利用万用表识别与测试单结晶体管引脚的方法见表 A1-6-2。

表 A1-6-2　单结晶体管引脚的识别与测试（万用表测试法）

序号	操作示意图	判断依据及结论
1	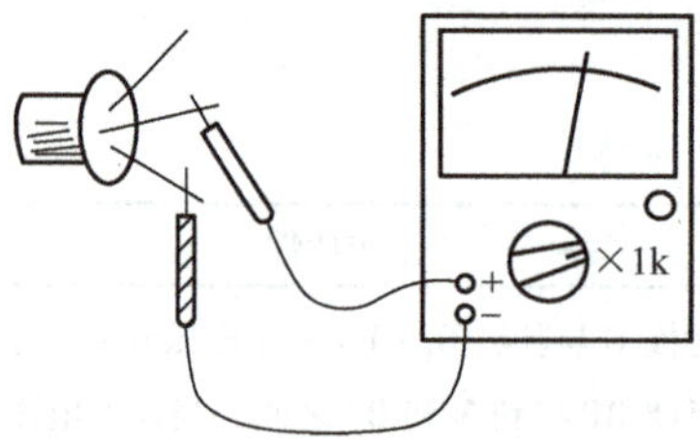	将万用表置于 $R\times100\Omega$ 档或 $R\times1\text{k}\Omega$ 档，表笔依次两两测量各极间正反向电阻，共 6 次。若看到 4 次有一定电阻值，两次电阻值接近∞，为正常；若只有一次有电阻值，则内部开路；若电阻值均为 0 则内部短路
2	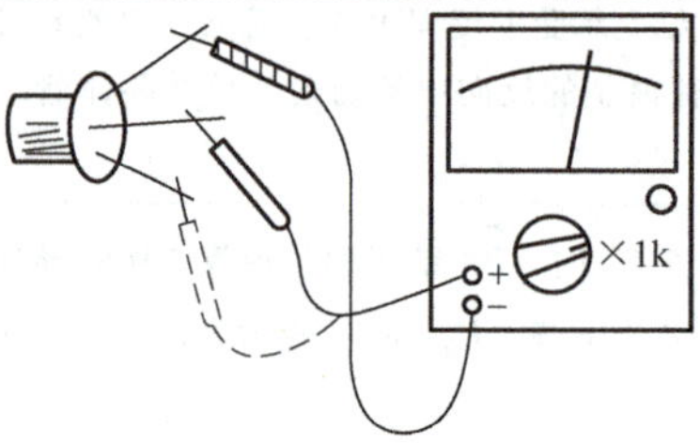	将万用表置于 $R\times100\Omega$ 档或 $R\times1\text{k}\Omega$ 档后进行测量，若晶体管某个电极与另外两个电极的正向电阻小于反向电阻，则该电极为发射极 E；用黑表笔接发射极，红表笔分别接另外两个极，两次测量中，电阻大的一次，红表笔接的是 B_1 极

四、能力训练

（一）操作条件

所需设备	

指针式万用表（一台）	单结晶体管（若干）

（二）安全及注意事项

1. 正确、规范放置万用表，合理选择万用表档位。

2. 操作台面上的物品需有序放置，保持整齐、整洁。

3. 应查阅产品手册或相关资料，了解器件主要特性参数，不可主观臆测，更不可仅凭经验判断。

（三）操作过程（见表 A1-6-3）

表 A1-6-3　识别单结晶体管的操作过程

序号	步骤	操作方法及说明	质量标准
1	型号识别	正确识读单结晶体管型号并记录于表 A1-6-4	正确识读并填写
2	引脚识别与检测	选用合适的万用表档位，完成单结晶体管引脚的识别与检测，并在示意图中标出各极名称，记录检测质量结果于表 A1-6-4	档位选择适当，检测方法正确，结果真实有效

（四）操作记录

【**操作记录**】（见表 A1-6-4）

表 A1-6-4　单结晶体管识读与检测记录表

序号	器件名称	型号	结果（标示引脚极性）	质量
1	单结晶体管		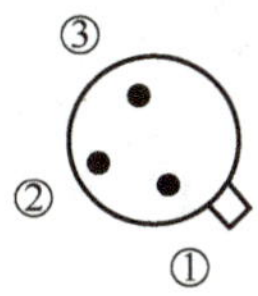	
2				

（五）问题情境

用万用表辨别单结晶体管和普通三极管时，感觉两者没有区别。该如何区别两者呢？

解决途径：单结晶体管不但外形与普通三极管相似，而且与 NPN 三极管的测量结果也有相似之处。单结晶体管的发射极 E 对两个基极 B_1、B_2 均呈现 PN 结正向特性。正小反大，与普通 NPN 型三极管的特性一样。可以利用单结晶体管 B_1 与 B_2 之间没有 PN 结特性的特点，将其与普通 NPN 三极管区别开。单结晶体管 B_1 与 B_2 间的正反向电阻都一样，为 3 ~ 10kΩ，而普通 NPN 型三极管的集电极与发射极之间是一个正向 PN 结与一个反向 PN 结串联，用万用表测量时正反向电阻都很大。

（六）学习结果评价

序号	评价内容	评价标准	评价结果（是/否）
1	能根据单结晶体管的外形特征识读其型号，并识记其电气符号	正确写出其型号名称与电气符号	
2	能使用万用表正确检测单结晶体管的质量	检测方法正确，记录结果真实有效	
3	能使用万用表正确判断单结晶体管的极性	正确判断出各极极性	

五、课后作业

1）单结晶体管有（　　）。

A. 2 个 PN 结，3 个电极　　B. 1 个 PN 结，3 个电极

C. 3 个 PN 结，2 个电极　　D. 3 个 PN 结，3 个电极

2）单结晶体管是一种特殊类型的（　　）。

A. 场效应管　　B. 晶闸管　　C. 晶体管　　D. 二极管

3）以下（　　）不属于单结晶体管的电极。

A. 第一基极　　B. 第二基极　　C. 集电极　　D. 发射极

学习任务A-2

常用仪器仪表使用

职业能力 A-2-1　能用万用表测量电压、电流

一、核心概念

用万用表测量电压、电流的核心概念如图 A2-1-1 所示。

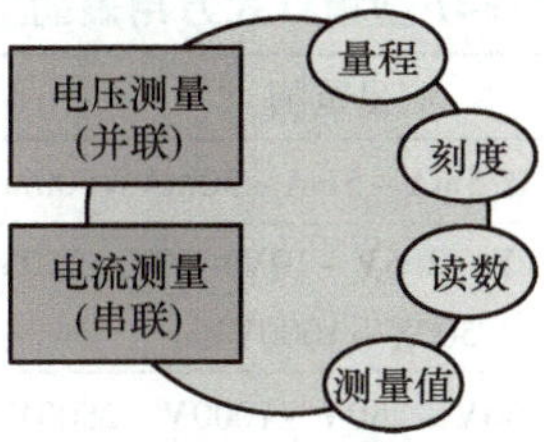

图 A2-1-1　用万用表测量电压、电流的核心概念

二、学习目标

1. 能识读简单的直流电路图并按图连接电路。
2. 能用指针式万用表正确测量电路中的电压值并读数。
3. 能用指针式万用表正确测量电路中的电位值并读数。
4. 能用指针式万用表正确测量电路中的电流值并读数。
5. 能用万用表测量交流电源电压。
6. 规范使用万用表，养成科学严谨的学习态度。

三、基本知识

在电子线路安装、调试、检测中，万用表是最常用的测量仪表，是一种多功能、多量程的便携式测量仪表。一般万用表可测量直流电流、直流电压、交流电压、电阻，有的还可以测量交流电流、电容量、电感量及半导体的一些参数（如 β）等。

万用表按测量原理可分为指针式万用表和数字式万用表。

（一）指针式万用表介绍

下面以 MF47 型万用表为例介绍指针式万用表的使用。

【外形与技术规格】

MF47 型指针式万用表可测量直流电流、直流电压、交流电压和电阻等，共有 19 个基本量程和 6 个附加量程。其外形如图 A2-1-2 所示，主要技术规格见表 A2-1-1 所示。

a) 外形

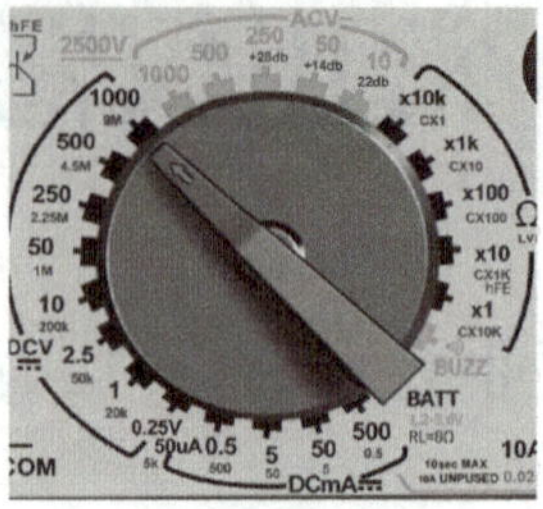

b) 量程转换开关

图 A2-1-2　MF47 型指针式万用表的外形及量程转换开关

表 A2-1-1　MF47 型指针式万用表的主要技术规格

测量种类	测量范围	灵敏度/kΩ · V^{-1}	准确度等级
直流电流	0 ~ 50μA ~ 0. 5mA ~ 5mA ~ 50mA ~ 500mA	—	2. 5
直流电压	0 ~ 0. 25V ~ 1V ~ 2. 5V ~ 10V ~ 50V ~ 250V ~ 500V ~ 1000V	20	2. 5
交流电压	0 ~ 10V ~ 50V ~ 250V ~ 1000V ~ 2500V	4	5. 0
电阻	$R\times1\Omega$，$R\times10\Omega$，$R\times100\Omega$，$R\times1k\Omega$，$R\times10k\Omega$	—	2. 5
晶体管直流放大倍数	0 ~ 300	—	—

【操作面板】

1）“ + ”“$\overline{\text{COM}}$”插孔：用来插入红表笔（ + ）、黑表笔（$\overline{\text{COM}}$）。

2）NPN、PNP 插孔：用于测量晶体管的直流放大系数h_{FE}，使用时根据被测晶体管的类型将其分别插入相应插孔，并且将量程选择开关置于 h_{FE} 档。

3）2500V、10A 插孔：分别测量交流电压 2500V、直流电流 10A 时将红表笔插入该孔内。

4）机械调零：用平口螺钉旋具缓缓调节该处，使指针指在左侧刻度起始线上。

5）电阻档调零：使用各电阻档测量电阻值时，必须用该旋钮进行调零。方法是：将红、黑两支表笔触碰（短接）在一起，旋动调零旋钮，使指针指向“0Ω”处。

6）转换开关（也称量程选择开关）：用来选择测量的功能和适当量程，详见图 A2-1-3。

【表盘刻度】

由于 MF47 型指针式万用表的所有测量操作均使用其内部的同一个表头，所以其表盘上有 8 条标度尺，如图 A2-1-3 所示。采用不同功能或档位进行测量时，应分别从相应的刻度线上读取数据。

从上往下数，表盘上的第 1 条刻度线右侧边上标有“Ω”字样，即电阻测量刻度线，表明该刻度线上的数字为被测电阻值，这是一条非均匀刻度线；第 2 条刻度线左侧有符号“DCV”“ACV”，右侧有“DCMA”，是供交流电压和直流电流、电压测量共用的均匀刻度线；第 3 条刻度线的右侧标有“AC10V”，专供 10V 交流电压档使用；第 4 条刻度线两侧标有“C（μF）”，是专供测电容量的读数；第 5 条刻度线左侧标有“h_{FE}”，是专供测量三极管电流放大系数β值。

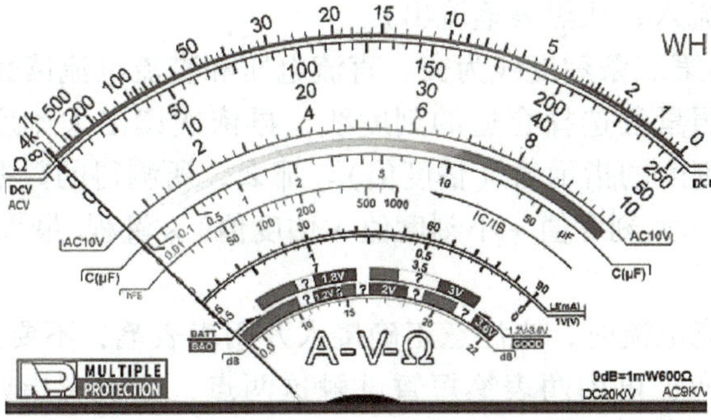

图 A2-1-3　MF47 型指针式万用表的表盘

交流电压和直流电流测量共用的刻度线上有两组刻度，用于不同量程的读数换算。

（二）指针式万用表使用注意事项

【使用前】

1）万用表在使用时应按指定方式放置，一般以水平放置为好。

2）检查指针是否停在表盘左端的零位，如有偏离，可用螺钉旋具轻轻转动机械调零旋钮，使指针指零（注意：机械调零不是每次测量必做的项目）。

3）将表笔正确插入表笔插孔。红表笔接到红色接线柱或插入标有“+”的插孔内，黑表笔接到黑色接线柱或标有“-”（“*”或“COM”）的插孔内。

4）根据不同测量对象，将转换开关旋到相应的档位和量程上。

【使用中】

1）将表笔正确接入被测线路中，若指针满偏或反偏，应立即撤离表笔，防止表头损坏。

2）读数时，视线应正对指针，若表盘上有反射镜，眼睛看到的指针应与倒影重合。

3）正确选择测量档位，如果误用电阻档或电流档测量电压，易烧坏万用表。

4）若处于带电测量状态下，不能带电转换量程或档位。

【使用后】

1）测量完毕，拔出表笔，将量程选择开关旋钮旋至最高的交流电压档位或空档。

2）若长期不用，应将万用表内部的电池取出，避免电池因存放过久而导致电解液漏出、腐蚀万用表零件。

（三）直流电压、直流电流的测量

【测量步骤】

1）将表笔插入万用表的正确插孔。

2）选择合适的量程。若不知道被测电压或电流的大小，应先用最大量程，再选用合适的量程来测量，以免指针偏转过度而被打弯。测电压、电流时，应尽量使指针偏转到满刻度的 1/2 及以上位置。

3）将万用表正确接入被测电路。

测电压时，万用表两表笔与被测电路并联（红表笔接被测电路的高电位点，即电压

“+”极性端，黑表笔接低电位点，即电压“-”极性端）；测电流时，万用表与被测电路串联（即电流从红表笔流入，从黑表笔流出）。

4）读数。表盘上的第二条刻度线为交、直流电压和直流电流读数的共用刻度线。

读取数据时，先按照量程选择合适的刻度线，再依次读出大刻度的数值、小刻度的数值，最后估读不足最小刻度的指示值（估度值）。那么，所测得的数据为

$$读数=(大刻度值+小刻度值+估度值)\times 量程/最大刻度$$

【点测法】

测量直流电压和直流电流时，应注意正确接入万用表表笔，不要接错。如不知道被测两点电压及电流的实际方向，可用两表笔短暂试触这两点，如发现指针反偏，应立即撤离表笔，交换两表笔接触的测试点位置，以免损坏指针及表头。该方法称为点测法。

（四）数字式万用表介绍

数字万用表具有使用方便、测量准确、显示清晰等优点，得到了广泛应用。现以DT9205A 型数字式万用表为例来说明其测量范围与使用方法。DT9205A 型数字式万用表的操作面板如图 A2-1-4 所示。

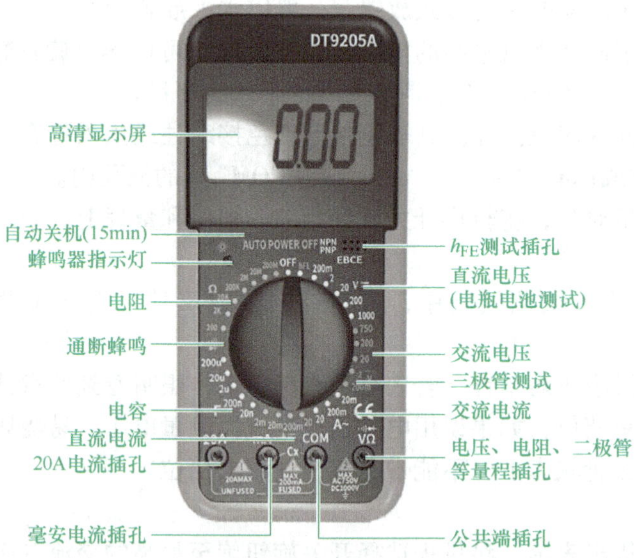

图 A2-1-4　DT9205A 型数字式万用表的操作面板

【测量范围】

1）直流电压分五档：200mV、2V、20V、200V、1000V。输入阻抗为 10MΩ。

2）交流电压分五档：200mV、2V、20V、200V、750V。输入阻抗为 10MΩ，频率范围为 40～400Hz，显示正弦波有效值。

3）交流电流分三档：20mA、200mA、20A。频率范围为 40～400Hz，显示正弦波有效值。

4）直流电流分四档：2mA、20mA、200mA、20A。

5）电阻值分七档：200Ω、20kΩ、20kΩ、200kΩ、2MΩ、20MΩ、200MΩ。

6）电容值分五档：20nF、200nF、2μF、20μF、200μF。

【使用方法】

（1）直流电压测量　将黑表笔插入COM插孔，红表笔插入VΩ插孔。将转换开关转至相应的直流电压档上，然后将两表笔跨接在被测电路上，红表笔所接的该点电压与极性显示在屏幕上。被测电压不能超过1000V，若难以预估被测电压，应将转换开关转至最高档位进行测量。测量时如在高位显示1，表明已过量程，需将转换开关转至较高档位上。

（2）交流电压的测量　将黑表笔插入COM插孔，红表笔插入VΩ插孔。将转换开关转至相应的交流电压档上，然后将两表笔跨接在被测电路上，红表笔所接的该点电压与极性显示在屏幕上。被测电压不能超过750V。测量时如在高位显示1，表明已过量程。

（3）直流电流的测量　将黑表笔插入COM插孔，红表笔插入mA插孔（最大为200mA）或20A插孔（最大为20A）。将转换开关转至相应的直流电流档上，然后将两表笔串联接入被测电路，流过仪表的电流值与极性显示在屏幕上。测量时如在高位显示1，表明已过量程。

（4）交流电流的测量　将黑表笔插入COM插孔，红表笔插入mA插孔（最大为200mA）或20A插孔（最大为20A）。将转换开关转至相应的交流电流档上，然后将两表笔串联接入被测电路，流过仪表的电流值与极性显示在屏幕上。测量时如在高位显示1，表明已过量程。

（5）电阻值的测量　将黑表笔插入COM插孔，红表笔插入VΩ插孔。将转换开关转至相应的电阻档上，然后将两表笔跨接在被测电阻器上。如果电阻值超过所选量程的最大值时会显示1，这时应将转换开关调高1档。当测量电路中的电阻值时，应将被测电路的电源切断，如果电路中有电容器，需将其放电后才能测量。

四、能力训练

（一）操作条件

所需设备		
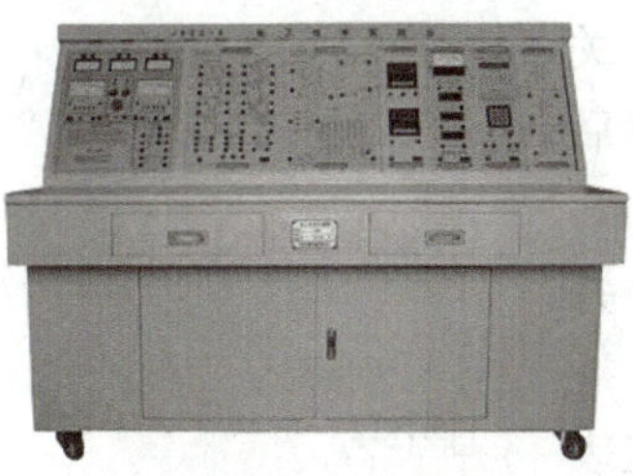		
电工实验台（一台）	指针式万用表（一台）	电烙铁（一把）
	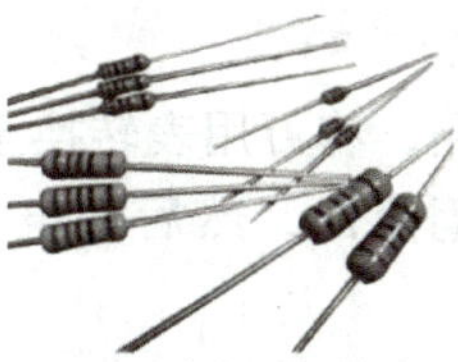	
多孔板（一块）	色环电阻若干	导线（若干）

（二）安全及注意事项

1. 正确、规范放置万用表，合理选择万用表档位。
2. 操作台面上的物品需有序放置，保持整齐、整洁。
3. 安全、规范地操作、调试电路，注意人身安全。
4. 爱护仪表，增强环保意识，注意节约耗材，避免浪费。

（三）操作过程（表 A2-1-2）

表 A2-1-2　用万用表测量电压、电流的操作过程

序号	步骤	操作方法及说明	质量标准
1	直流测量电路搭建	按照图 A2-1-5 直流测量电路原理图，在多孔板上正确安装元器件并连接导线，断电状态下，接到实验台电源上，然后正确通电	正确安装元器件并连接测试电路，并按要求正确通电
2	直流电位测量	黑表笔接电路的参考点，红表笔依次测量各点电位，并记录于表 A2-1-3	使用万用表正确测量电位值并记录
3	直流电压测量	按照表 A2-1-3 依次测量相关电压参数并记录	使用万用表正确测量电压并记录
4	直流电流测量	按照测量要求，正确测量电路中的直流电流值并记录于表 A2-1-3	使用万用表正确测量电流并记录
5	交流电压测量	检测电工实验台上的交流电源电压值并记录于表 A2-1-4	使用万用表正确测量交流电压并记录

（四）操作记录

【操作记录 1】

1）按图 A2-1-5 连接好电路，将直流稳压电源调节到 9V。关断直流电源开关后，将 A 点接正电源 9V，H 点接电源负极，然后打开开关通电。

2）以 H 点为参考点，测量 V_A，V_B，…，V_H各点电位值，并记录于表 A2-1-3。

3）测量 U_{AC}、U_{EB}、U_{BC}、U_{CD}并记录于表 A2-1-3（注意红表笔接下脚标中前面字母对应的点，黑表笔接下脚标中后面字母对应的点）；

4）以 F 点为参考点，重复步骤 2），3）。

5）断开电源，在 B 点处断开电路，将万用表转换至直流电流档，使电流从红表笔流入，从黑表笔流出，然后通电测量电流，并记录于表 A2-1-3。

6）切断电源，拆除电源连接，结束测量操作。

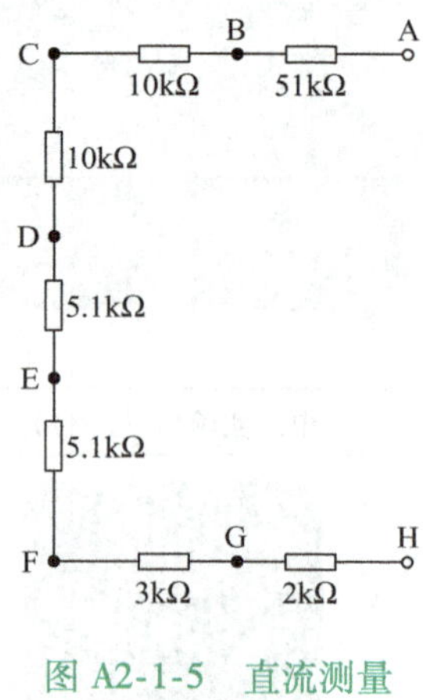

图 A2-1-5　直流测量电路原理图

表 A2-1-3　电位与电压测量记录表

	V_A	V_B	V_C	V_D	V_E	V_F	V_G	V_H	U_{AC}	U_{EB}	U_{BC}	U_{CD}
以 H 为参考点												
以 F 为参考点												
电路电流值 I												

【操作记录 2】

图 A2-1-6 为电工实验台上的单相交流电源与三相交流电源插座面板，用万用表依次测量各插孔间的电压值并记录在表 A2-1-4 中。注意：此处非安全电压，测量时应注意仪表与人身安全，规范操作！

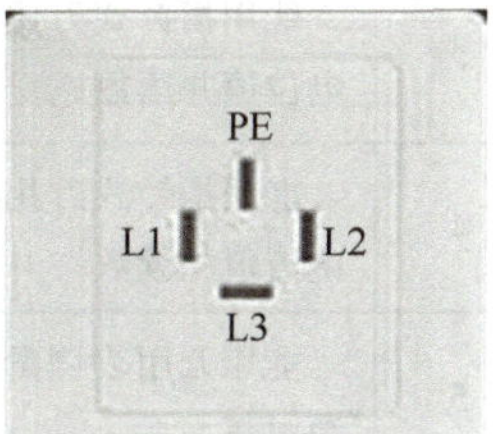

图 A2-1-6　插座面板

操作步骤：

1）正确选择交流电压量程和档位。

2）通电状态下将万用表红、黑表笔正确插入被测点，注意避免触碰表笔金属部位，以免触电！

3）正确、规范测量并读数。

4）撤开表笔后，记录测量值。

表 A2-1-4　交流电源电压测量记录表

	U_{L-N}	U_{L-PE}	U_{N-PE}	U_{L1-L2}	U_{L2-L3}	U_{L3-L1}	U_{L1-PE}	U_{L2-PE}	U_{L3-PE}
测量值									

（五）问题情境

【问题情境 1】

在测量电路中的电位与电压参数时，选取不同参考点，同一点的电位值不同，但是相同两点间的电压值却是相同的。不知测量数据是否正确？

解决途径：以上测量数据的规律是正确的。电压是绝对值，电路中两点之间的电压大小，仅取决于这两点电位的差值，与参考点无关；电位是相对量，其大小与参考点的选择有关。

【问题情境 2】

在用 10V 直流电压档测量读数时，看第三条满刻度为 10V 的红色刻度线来读数，是否正确？

解决途径：表盘上第三条 10V 红色刻度线为专供 10V 交流电压档使用的。在使用 10V 直流电压档时不能因为读数换算方便而错误读数。同理，在选用 1000V 交流电压档测量时，也不能用 10V 专用刻度线读数。

（六）学习结果评价

序号	评价内容	评价标准	评价结果（是/否）
1	能认识简单的直流电路并按电路原理图连接电路	正确搭建电路并通电	
2	能用指针式万用表正确测量电路中的电压值并读数	正确完成测量操作、读数与记录	
3	能用指针式万用表正确测量电路中的电位值并读数	正确完成测量操作、读数与记录	
4	能用指针式万用表正确测量电路中的电流值并读数	正确完成测量操作、读数与记录	
5	能用万用表测量电工实验台的交流电源电压	正确完成测量操作、读数与记录	

五、课后作业

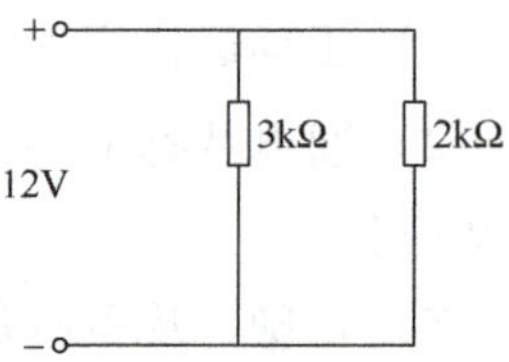

图 A2-1-7

【作业 1】

请在图 A2-1-7 所示测量电路中，用电流表符号Ⓐ画出测量电路总电流 I 和分别通过 3kΩ 电阻器和 2kΩ 电阻器的电流I_1、I_2的测量位置。

【作业 2】

请在图 A2-1-8 测量电路中，用电压表符号Ⓥ画出测量总电压 U 和分别通过 3kΩ 电阻器和 2kΩ 电阻器的电压U_1、U_2的测量位置。

【作业 3】

若某表头刻度指示如图 A2-1-9 箭头所示位置，电压量程选择为 10V 档，请正确读数并写出读数换算过程。

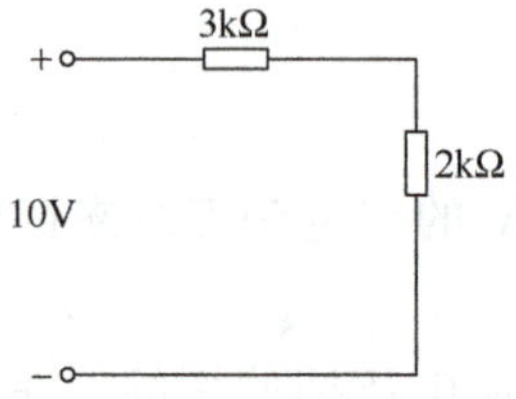

图 A2-1-8

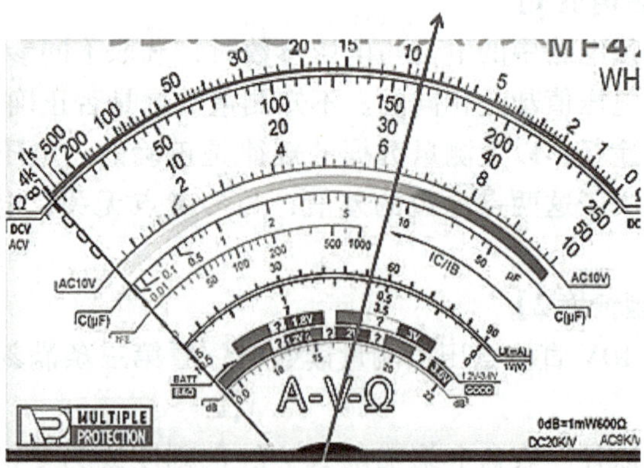

图 A2-1-9

职业能力 A-2-2　能用信号发生器产生各种信号输出

一、核心概念

用信号发生器产生各种信号输出的核心概念如图 A2-2-1 所示。

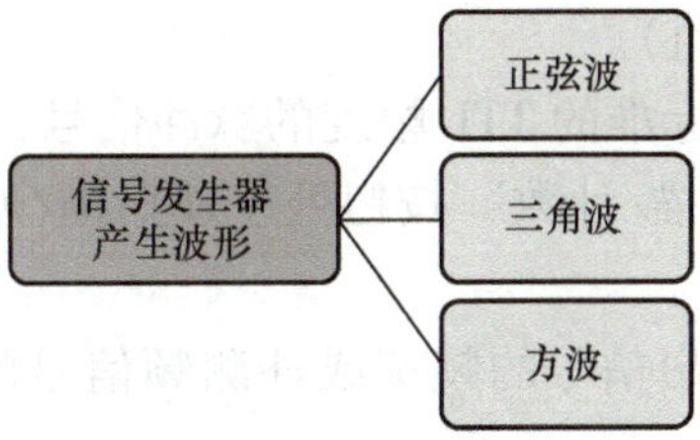

图 A2-2-1　用信号发生器产生各种信号输出的核心概念

二、学习目标

1. 能通过仪器面板及型号辨识出信号发生器并知道其基本用途。
2. 能使用信号发生器调节输出所需的信号。
3. 能用晶体管毫伏表（简称毫伏表）正确测量正弦波信号电压。
4. 能规范使用仪器仪表，养成科学、严谨的学习态度。

三、基本知识

信号发生器是产生各种不同波形信号的电子仪器。在工厂或实验室中，信号发生器一般作为电路的输入信号源，广泛用于电子电路的调试或维修。通常，它输出的信号频率与幅度在一定范围内都是连续可调的。

信号发生器的种类很多，按照信号源的频率范围可分为低频信号发生器和高频信号发生器；按产生的波形可分为正弦波信号发生器、函数信号发生器及脉冲信号发生器等。

（一）函数信号发生器

图 A2-2-2 为 EE1641B1 型函数信号发生器/计数器。它能产生某些特定的周期性时间函数波形（正弦波、方波、三角波等）信号，频率范围可从几赫兹到几兆赫兹。

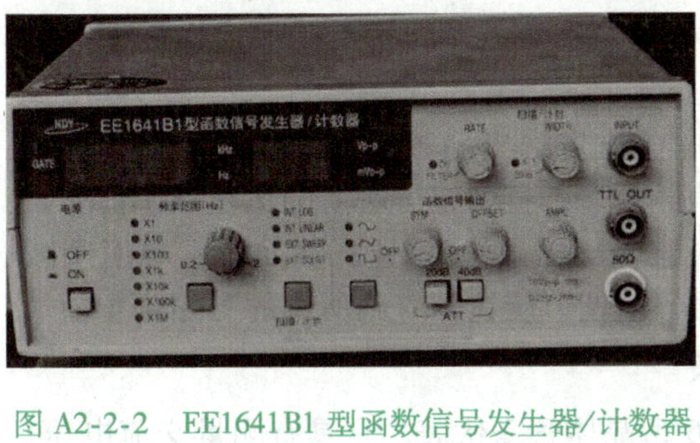

图 A2-2-2　EE1641B1 型函数信号发生器/计数器

【面板功能介绍】

1）电源开关按钮：此按钮按下时，机内电源接通，整机工作；再次按下此按钮（即弹开）为关机。

2）输出波形选择按钮：可选择正弦波、三角波、脉冲波输出。连续按下该按钮，可循环切换波形输出，对应指示灯亮。

3）函数信号输出端：输出多种波形受控的函数信号，输出幅度为20V（1MΩ负载，峰峰值）、10V（50Ω负载，峰峰值）。

4）TTL信号输出端：输出标准的TTL幅度的脉冲信号，输出阻抗为600Ω。

5）外部输入插座：当“扫描/计数”按钮处于外扫描/外计数状态时，外扫描控制信号或外测频信号由此输入。

6）频率显示窗口：显示输出信号的频率或外测频信号的频率，“Hz”或“kHz”前的指示灯亮，指示对应的单位。

7）幅度显示窗口：显示函数输出信号的幅度（高阻负载时的峰值，50Ω负载时的峰值为显示值的一半）。

8）频率范围粗选择按钮：调节此按钮可改变输出频率的1个频程，对应的指示灯点亮进行指示。

9）频率细调旋钮：调节此旋钮可精细调节输出信号的频率。

10）输出波形对称性调节旋钮：调节此旋钮可改变输出信号的对称性。当电位器处在“OFF”位置时，则输出对称信号。

11）输出信号直流电平预置调节旋钮：调节范围为 -5 ~ 5V（50W负载），当电位器处在“OFF”位置时，则电平为0。

12）输出信号幅度调节旋钮：信号输出幅度调节范围为20dB。

13）输出波形幅度衰减开关：“20dB”“40dB”按钮均不按下，输出信号不经衰减直接输出到插座口。按下“20dB”或“40dB”按钮，则可选择20dB或40dB衰减。

14）“扫描/计数”按钮：可选择多种扫描方式和外测频方式。

15）扫描宽度调节旋钮：调节此电位器可以改变内扫描的时间。在外测频时，逆时针旋到底（绿灯亮），为外输入测量信号经过衰减“20dB”进入测量系统。

16）扫描速率调节旋钮：调节此电位器可改变内扫描的时间长短。在外测频时，逆时针旋到底（绿灯亮），为外输入测量信号经过低通开关后进入测量系统。

【用函数信号发生器输出正弦波波形的操作步骤】

1）选择输出波形：按动操作面板上的输出波形选择按钮，选择正弦波。

2）调节输出频率：首先选定输出函数信号的频段，然后通过频率细调旋钮调整输出信号频率，直到获得所需的工作频率值。

3）调节输出电压幅度：根据需要灵活选择输出波形幅度衰减开关，然后转动输出信号幅度调节旋钮，直到所需的工作幅度值。

图 A2-2-3　DA - 16 型晶体管毫伏表

（二）晶体管毫伏表

图 A2-2-3 为 DA - 16 型晶体管毫伏表。它具有测量交流电压、测试电平、监视输出三大功能。交流电压的测量范围是100mV～300V、5Hz～2MHz，分为1mV、3mV、10mV、30mV、0.1V、0.3V、1V、3V、10V、30V、100V、300V共12档。

【使用步骤与方法】

(1) 机械调零　DA－16使用时应垂直放置，若通电前指针不在零位，则应调节表头上的“机械零位”校准螺钉使指针指零。

(2) 电气调零　开机前将通道输入端测试探头上的红色鳄鱼夹、黑色鳄鱼夹短接，将量程开关置于最高量程（300V）位置。按下电源开关，电源指示灯亮，仪器立刻工作。为了保证仪器稳定性，需预热10s后使用，开机后10s内指针无规则摆动属正常。

接通电源后，通过调节“调零”旋钮使指针指零。

(3) 量程选择　将输入端测试探头上的红色鳄鱼夹、黑色鳄鱼夹断开后，与被测信号电压并联（红色鳄鱼夹接被测电路的正端，黑色鳄鱼夹接地端），观察指针在刻度盘上所指的位置，若指针在起始点位置基本没动，说明被测电路中的电压很小，且毫伏表量程选得过高，此时要用递减法由高量程向低量程切换，直到指针指到满刻度的2/3左右为止。

(4) 准确读数　毫伏表的刻度盘上共有四条刻度线。第一条和第二条为测量交流电压有效值的专用刻度，第三条和第四条为测量分贝值的刻度。读数方法同指针式万用表测电压。

(5) 接线顺序　毫伏表接入被测电路时，先把输入电缆的屏蔽线夹头与被测电路的接地端连接，再把中心的导线夹头与被测端连接。测量完毕取下夹头时顺序相反，否则，感应信号可能使指针过量程。

【注意事项】

1) 仪器在通电之前，一定要将输入端测试探头上的红色鳄鱼夹、黑色鳄鱼夹相互短接，以防仪器在通电时因外界干扰信号通过输入电缆进入电路放大后，再进入表头将指针打弯。

2) 测量前应短路调零。凡面板无调零电位器的，内部设置的调零电位器已调好。若指针未指在零位，应检查测试线是否断路或接触不良，以及时更换测试线。

3) 毫伏表的灵敏度较高，打开电源后，在较小量程时由于干扰信号（感应信号）的作用，指针会发生偏转，称为自起现象。所以在不测试信号时应将量程旋钮旋到较大量程档，以防打弯指针。

4) 毫伏表接入被测电路时，其地端（黑色鳄鱼夹）应始终接在被测电路的地端（称为公共接地），以防干扰。

5) 毫伏表表盘刻度分为0—10和0—3两种刻度，量程旋钮可切换的量程分为逢一量程（1mV、10mV、0.1V……）和逢三量程（3mV、30mV、0.3V……），凡逢一的量程直接在0—10刻度线上读取数据，凡逢三的量程直接在0—3刻度线上读取数据，单位为该量程的单位，无需换算。

6) 使用前应先检查量程旋钮与量程标志是否一致，若错位会产生读数错误。

7) 毫伏表只能用来测量正弦交流信号的有效值，若测量非正弦交流信号要经过换算。

注意：不可用万用表的交流电压档代替毫伏表测量交流电压（万用表的内阻较低，仅用于测量50Hz的工频电压）。

四、能力训练

（一）操作条件

所需设备	
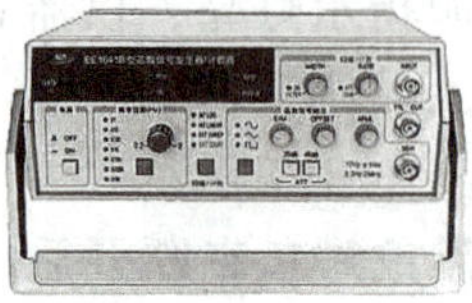	
信号发生器（一台）	晶体管毫伏表（一台）

（二）安全及注意事项

1. 操作台面仪器仪表应规范、有序放置，保持整齐、整洁。
2. 安全、规范地操作仪器，爱护仪器仪表。

（三）操作过程（表 A2-2-1）

表 A2-2-1 信号发生器的操作过程

序号	步骤	操作方法及说明	质量标准
1	信号发生器面板观察	仔细观察信号发生器面板，记录其型号及能产生波形的种类于表 A2-2-2	正确记录仪器型号及波形功能
2	波形调节输出	按表 A2-2-2 要求正确调节信号发生器，输出所需的波形	正确调节，输出波形符合表 A2-2-2 的要求
3	毫伏表测量	用毫伏表测量信号发生器输出的正弦波信号，观察晶体管毫伏表测量值与信号发生器显示值，并记录于表 A2-2-2	找出晶体管毫伏表测量值与信号发生器显示值的关系

（四）操作记录

按表 A2-2-2 的要求调节信号发生器，输出相应的信号，用毫伏表测量并记录。

表 A2-2-2 用信号发生器调节信号操作记录表

需调节输出的波形	频率检查（√或×）	幅度检查（√或×）	波形检查（√或×）	毫伏表测量值	毫伏表测量值与信号发生器显示值的关系
1kHz、10mV 的正弦波					
50Hz、5V 的正弦波					
10kHz、±5V 的方波				—	
20kHz、±3V（峰峰值）的三角波				—	

（五）问题情境

【问题情境 1】

调节信号发生器输出 1kHz、10mV 的正弦波信号后，再用毫伏表测量其输出电压，发现毫伏表读数与信号发生器显示值不一致。是何原因？

解决途径：毫伏表测量得到的是正弦波的有效值，信号发生器显示的是波形的峰峰值（即最高点到最低点间的幅度值）。因此要得到 10mV 的正弦波，是指有效值为 10mV，那么峰峰值应为 $10\text{mV}\times\sqrt{2}\times 2=28.28\text{mV}$。两者以毫伏表测得数值为准。

【问题情境 2】

调节信号发生器输出 10kHz、±5V 的方波信号后，再用毫伏表测量其输出电压，发现毫伏表读数与信号发生器显示值不一致。是何原因？

解决途径：毫伏表只能测量正弦波的有效值，不能测量方波等其他波形的值。信号发生器显示的是波形的峰峰值。因此要得到 ±5V 的方波信号，应以信号发生器显示为准。

（六）学习结果评价

序号	评价内容	评价标准	评价结果（是/否）
1	能通过仪器面板及型号辨识出信号发生器并知道其基本用途	正确识读仪器面板，辨识仪器基本功能	
2	能使用信号发生器调节输出所需的波形信号	按要求进行调节，得到正确波形	
3	能用毫伏表正确测量正弦波信号电压	正确测量正弦波信号的电压值，并找出两者间关系	

五、课后作业

【作业 1】

请在图 A2-2-4 中将毫伏表测量信号发生器输出的正弦波信号电压的接线画出来（用红、黑两色区分信号线与屏蔽线）。

【作业 2】

正确调节信号发生器，使之输出 20kHz、±3V（峰峰值）三角波，如图 A2-2-5 所示。请在坐标轴上标出其幅度、周期的值。

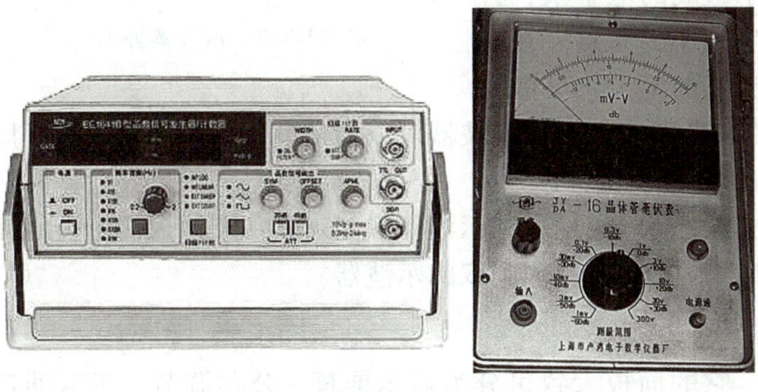

图 A2-2-4

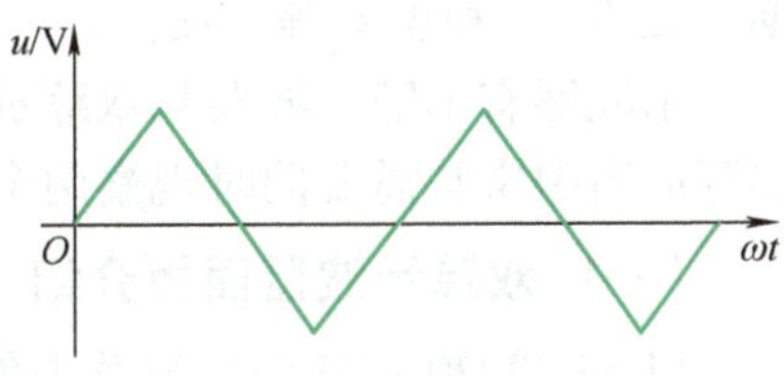

图 A2-2-5

职业能力 A-2-3　能用示波器观察并记录波形

一、核心概念

用示波器观察并记录波形的核心概念如图 A2-3-1 所示。

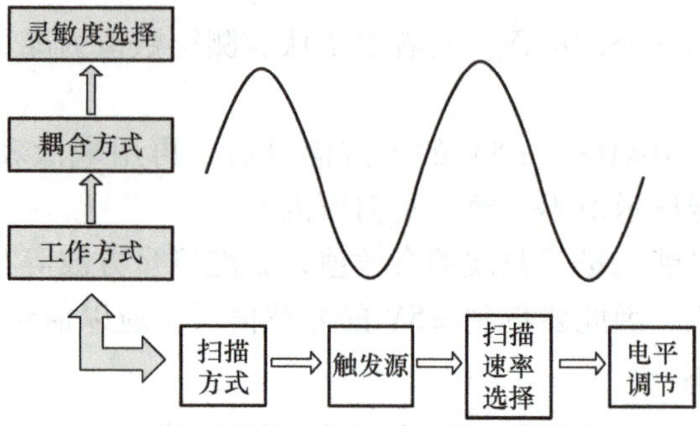

图 A2-3-1　用示波器观察并记录波形的核心概念

二、学习目标

1. 能根据示波器面板认识其型号与基本功能。
2. 能熟练使用示波器面板的主要按钮与旋钮。
3. 能使用示波器灵活调节显示波形。
4. 能结合波形显示情况正确调整示波器的相应按钮与旋钮。
5. 能规范使用仪器仪表，养成科学、严谨的学习态度。

三、基本知识

示波器是一种能把随时间变化的电学过程用图像显示出来的测量仪器，主要用来观察电信号的波形，外形如图 A2-3-2 所示。

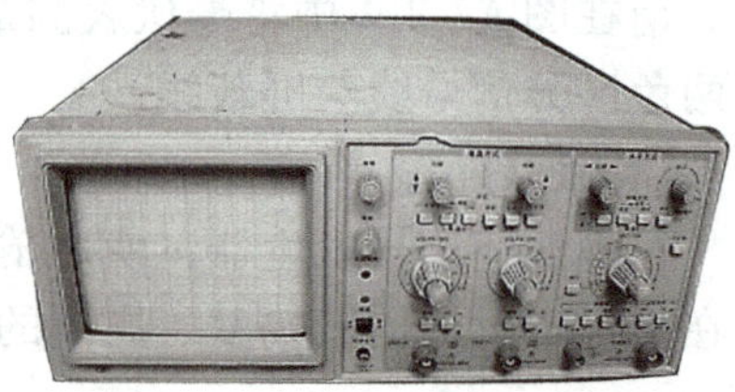

图 A2-3-2　示波器外形

示波器利用狭窄的、由高速电子组成的电子束，打在涂有荧光物质的屏面上，就可产生细小的光点。在被测信号的作用下，电子束就好像一支笔的笔尖，可以在屏面上描绘出被测信号的瞬时值的变化曲线。因此，示波器可以测量电信号波形的幅度、周期（频率）、相位差等参数。

示波器有单踪示波器与双踪示波器之分。使用单踪示波器只能观察一个输入波形，而在实际应用中常常需要同时观察两个波形，这就需要用到双踪示波器。

（一）双踪示波器面板介绍

以 YB43020 型双踪示波器为例，它的面板大致可分为显示屏幕、公共调节、垂直通道调节、水平通道调节四个部分。

【显示屏幕】

显示屏幕用来显示波形图像，通过读取屏幕上的格数，配合相关选择开关的量程参数，可以得到波形相关参数的值。一般屏幕格数为 10 格（水平方向）×8 格（垂直方向），水平中心线与垂直中心线上又各被五等分，如图 A2-3-3 所示。

【公共调节】

YB43020 型双踪示波器面板上的公共调节旋钮如图 A2-3-4 左侧部分所示，其功能介绍如下。

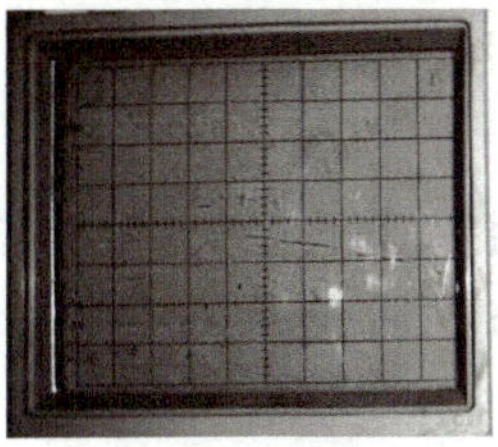

图 A2-3-3　示波器的显示屏幕

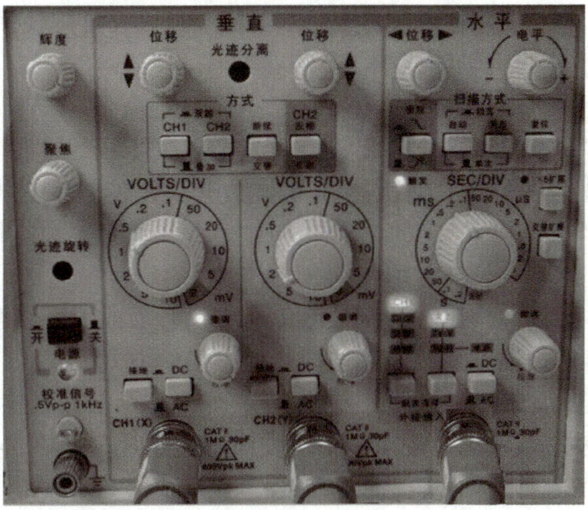

图 A2-3-4　YB43020 型双踪示波器面板

1）辉度旋钮：调节光迹或亮点的亮度，顺时针方向旋转则光迹增亮。

2）聚焦旋钮：调节光迹线或亮点的聚焦程度（即清晰度）。

3）光迹旋转旋钮：半固定的电位器，用来调整水平光迹与刻度线的平行度。

4）电源开关：按下为接通电源，弹出则为关闭电源。

5）电源指示灯：当电源接通时，电源指示灯亮。

6）校准信号输出端：输出频率为 1kHz、幅度为 0.5V 的方波信号，用于校正 10:1 探极以及示波器的垂直和水平偏转因素。

7）GND（⏚）：示波器机箱的接地端子。

【垂直通道调节】

1）♦垂直位移旋钮：调节光迹在屏幕上的垂直位置，使波形上下移动。

2）垂直方式按钮：选择垂直系统的工作模式。

“CH1”或“CH2”单独按下，为通道 1 或通道 2 单独显示；“双踪”为两个通道同时显示；“叠加”为显示两个通道的代数和（CH1 + CH2）；“交替”用于同时观察两路信号，此时两路信号交替显示，该方式适合在扫描速率较快时使用；“断续”为两路信号断续工作，适合在扫描速率较慢时观察信号；“CH2 反相”未按下时，CH2 的信号为常态显示，按下时，CH2 的信号被反相。

示波器调节操作演示

3）垂直衰减选择开关（VOLTS/DIV）：调节垂直偏转灵敏度，调节范围为 5mV/DIV ~

5V/DIV，分 10 档，可分级调节波形垂直方向的大小。当对应的 Y 轴微调旋钮在校准位置时，刻度即为每格的电压值。

4）输入耦合方式 AC－GND－DC 选择开关：选择输入信号的输入方式。

“AC”为交流耦合；“接地”为垂直放大器的输入接地，输入端断开；“DC”为直流耦合。

5）CH1（X）输入端：双功能端口，在常规使用时，为垂直通道 1 的输入端；在 X－Y 模式下，为 X 轴输入端。

CH2（Y）输入端：也是双功能端口，在常规使用时，为垂直通道 2 输入端口；在 X－Y 模式下，为 Y 轴输入端。

【水平通道调节】

1）◀▶水平位移旋钮：调节光迹在屏幕上的水平位置，使波形水平移动。

2）触发电平旋钮：调节触发电平，使被测信号达到某一电平时才被触发扫描，显示一个同步、稳定的波形。向“＋”旋转触发电平向上移，向“－”旋转触发电平向下移。

3）极性按钮：选择被测信号在上升沿或下降沿触发扫描。

4）扫描方式按钮：选择产生扫描的方式。

自动：当无触发信号输入时，屏幕显示扫描光迹，一旦有触发信号输入，电路自动转换为触发扫描状态，调节电平可使波形稳定地显示在屏幕上。此方式适合观察频率在 50Hz 以上的信号。

常态：无信号输入时，屏幕上无光迹显示，有信号输入且触发电平旋钮在合适位置时，电路被触发扫描。当被测信号的频率低于 50Hz 时，选择常态触发方式。

锁定：仪器工作在锁定状态后，无需调节电平即可使波形稳定地显示在屏幕上。

单次：产生单次扫描。进入单次状态后，按动复位键，电路工作在单次扫描方式：扫描电路处于等待状态，当触发信号输入时，扫描只产生一次，下次扫描需再次按复位键。

5）扫描速率选择开关（SEC/DIV）：选择范围为 0.2μs/DIV～0.5s/DIV，分 20 档，需根据被测信号的频率高低，选择合适的档位。当扫描微调旋钮处于校准位置时，可根据刻度盘的位置和波形在水平轴的距离读出被测信号的时间参数。

6）扫描扩展按钮：按下时扫描速度扩展 5 倍。

7）触发源选择：选择不同的触发源。

CH1：双踪显示时，触发信号来自 CH1；单踪显示时，则来自被显示的通道。

CH2：双踪显示时，触发信号来自 CH2；单踪显示时，则来自被显示的通道。

交替：在双踪显示时，触发信号交替来自于两个输入通道。

外接：触发信号来自于外接输入端口。

常态：用于一般常规信号的测量。

TV－V：用于观察电视场信号。

TV－H：用于观察电视行信号。

电源：用于与市电信号同步。

8）外触发输入端：当选择外触发方式时，触发信号由此端口输入。

（二）探头

图 A2-3-5 为示波器的探头。示波器探头的衰减比有 10∶1 和 1∶1。衰减比为 10∶1 时，输入阻抗为 10MΩ，输入电容量约为 16pF；衰减比为 1∶1 的探头多用于观察小幅度信号，此时输入阻抗为 1MΩ，输入电容量约为 70pF。

图 A2-3-5　示波器的探头

（三）示波器的基本设置及操作

【按钮和控制旋钮的基本设置】

示波器面板上按钮和控制旋钮的初始推荐设置见表 A2-3-1。

表 A2-3-1　示波器面板上按钮和控制旋钮的初始推荐设置

功能	设置	功能	设置
电源	关	AC -接地 DC（输入耦合方式）	GND
辉度	居中	触发	CH1
聚焦	居中	极性	+
垂直方式	CH1	触发/交替选择	释放
交替/断续	释放	扫描方式	自动
CH2 反相常态	释放	SEC/DIV（扫描速率）	0.5ms/DIV
垂直位移（▲▼）	居中	右侧微调	校准位置
VOLTS/DIV（垂直衰减）	0.5V/DIV	水平位移（◀▶）	居中
左侧微调	校准位置	×5 扩展	释放

【基本操作】

1）电源接通，电源指示灯亮，约 20s 后屏幕出现光迹。如果 60s 后还没有出现光迹，请重新检查开关和控制旋钮的设置。

2）分别调节辉度旋钮、聚焦旋钮，使光迹亮度适中、清晰。

3）调节 CH1 位移旋钮与光迹旋转电位器，使光迹与水平刻度平行，如图 A2-3-6 所示。

4）用 10∶1 探头将校正信号输入至 CH1 输入端。

5）将 AC -接地- DC 按钮设置在 AC 状态。一个方波将会出现在屏幕上，如图 A2-3-7 所示。

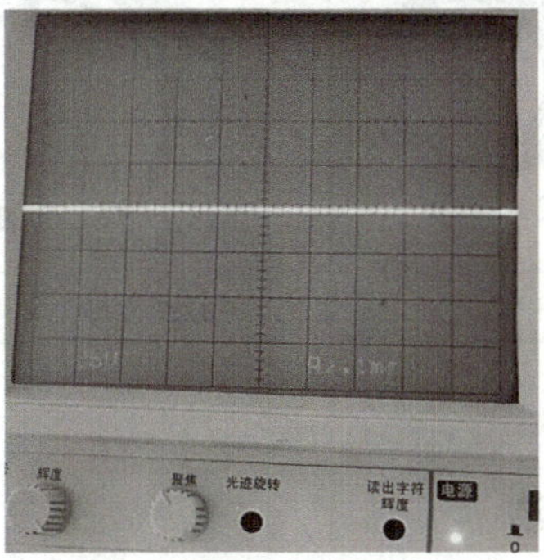

图 A2-3-6　示波器的光迹

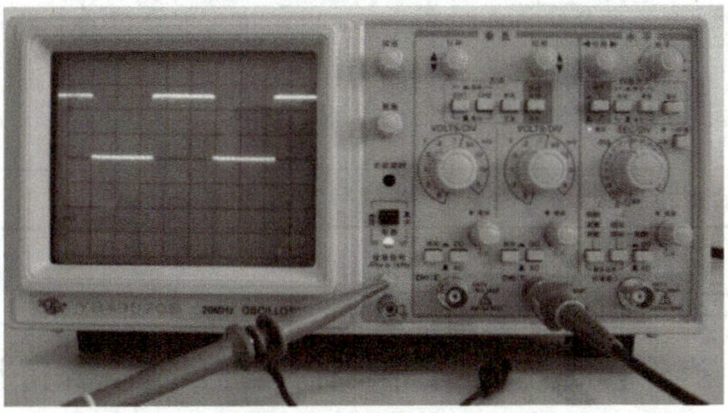

图 A2-3-7　示波器的校准信号

6）调整聚焦旋钮，使图形清晰。

7）对于其他信号的观察，可通过调整垂直衰减旋钮、扫描速率到合适的位置，从而得到清晰的图形。调节 CH1 垂直衰减旋钮，使在屏幕上的被测信号波形在可读的范围内达到最大；调节水平扫描范围旋钮，使被测信号在屏幕上显示 1 ~ 3 个完整波形；如果显示波形不稳定，可调节“电平”选择旋钮。

8）调整垂直位移旋钮和水平位移旋钮，使得波形的幅度与时间方便读出。

【双通道的操作】

改变垂直方式到双踪状态，于是 CH2 的光迹也会出现在屏幕上（与 CH1 相同）。这时 CH1 显示一个方波（来自校正信号输出的波形），而 CH2 因为没有信号接到该通道则仅显示一条直线。

1）将校正信号接到 CH2 的输入端，与 CH1 一致，将 AC -接地- DC 开关设置到 AC 状态，调整垂直位移旋钮，显示两通道的波形。

2）释放交替/断续按钮（置于交替方式），使 CH1 和 CH2 的信号交替地显示在屏幕上，此设定用于观察扫描时间较短的两路信号。按下交替/断续按钮（置于断续方式），CH1 与 CH2 的信号以 250kHz 的频率独立地显示在屏幕上，此设定用于观察扫描时间较长的两路信号。

3）在进行双通道操作时（双踪或加减方式），必须通过触发/交替选择按钮来选择 CH1 或 CH2 的信号作为触发信号。如果 CH1 与 CH2 的信号同步，则两个波形都会稳定地显示出来。反之，则仅有触发信号源的信号可以稳定地显示出来；如果按下触发・交替选择按钮，则两个波形都会同时稳定地显示出来。

【加减操作】

将垂直方式按钮设置为“叠加”，可以显示 CH1 与 CH2 信号的代数和，如果 CH2 反相开关被按下则为代数减。为了得到加减的精确值，两个通道的衰减设置必须一致。垂直位置可以通过垂直位移旋钮来调整。

四、能力训练

（一）操作条件

所需设备			
	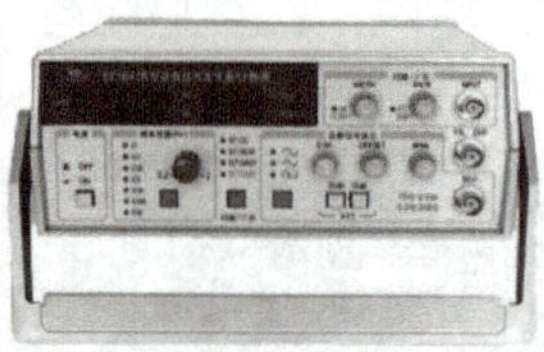	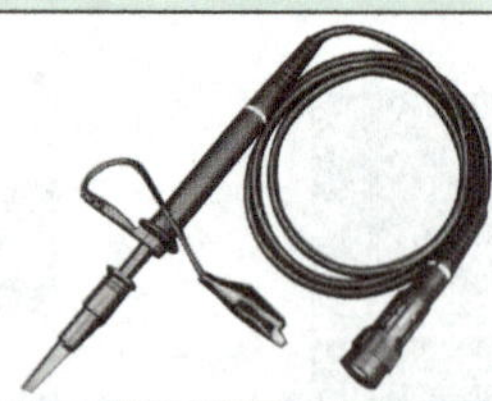	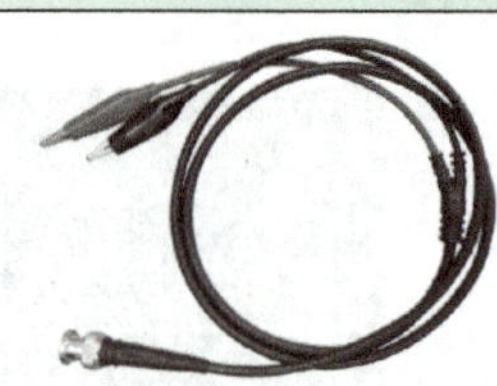
示波器（一台）	信号发生器（一台）	探头（一支）	屏蔽连接线（一根）

（二）安全及注意事项

1. 操作台面上的仪器仪表需有序放置，保持整齐、整洁。
2. 安全、规范地操作仪器，爱护仪器仪表。
3. 养成仔细、严谨、踏实的工作态度。

（三）操作过程（见表 A2-3-2）

表 A2-3-2　示波器调节的操作过程

序号	步骤	操作方法及说明	质量标准
1	型号与基本功能识别	在表 A2-3-3 中正确填写所用示波器的型号，确认是单踪示波器还是双踪示波器	正确、如实填写操作记录表
2	扫描光迹显示调节	通过调节示波器使屏幕上清晰地显示一条水平扫描光迹	光迹清晰地显示在屏幕中心位置
3	校准方波显示调节	正确使用探头把示波器校准方波信号接入，调节示波器使屏幕清晰、稳定地显示一到两个周期的方波，并记录于图 A2-3-8	方波清晰、稳定地显示一到两个周期
4	面板主要旋钮功能体会	依次调节示波器面板上的旋钮，观察方波显示的变化，体会其功能，并在表 A2-3-4 中正确填写示波器主要旋钮的功能	正确填写表 A2-3-4
5	正弦波显示调节	用信号发生器产生一个 1kHz、30mV（峰峰值）的正弦波信号，将其输入示波器，使其清晰、稳定地显示在屏幕上，并记录于图 A2-3-9	正弦波清晰、稳定显示
6	任意波形的调节	由教师任意设置一个不能清晰、稳定显示的任意波形，学生分析实际情况进行调节，得到正常显示的波形	准确、快速地进行调节，得到正常显示的波形

（四）操作记录

【操作记录 1】（见表 A2-3-3）

表 A2-3-3　示波器选择

示波器型号	示波器功能（单踪/双踪）

【操作记录 2】

请用探头接入本机校准信号，调节示波器显示一到两个周期的方波并仔细观察，然后如实将波形绘制在图 A2-3-8中。

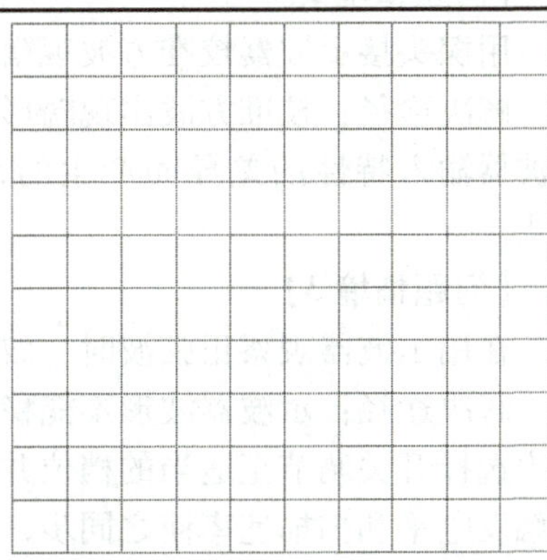

图 A2-3-8　本机校准信号波形

【操作记录3】（见表A2-3-4）

表 A2-3-4　旋钮功能记录表

示波器面板旋钮	功能
辉度旋钮	
聚焦旋钮	
垂直位移旋钮	
水平位移旋钮	
触发电平旋钮	
垂直衰减旋钮	
扫描速率选择旋钮	

【操作记录4】

请用信号发生器调节输出一个1kHz、30mV（峰峰值）的正弦波信号，用探头接入示波器；调节示波器，显示一到两个周期的正弦波并仔细观察，然后如实将波形绘制在图A2-3-9中。

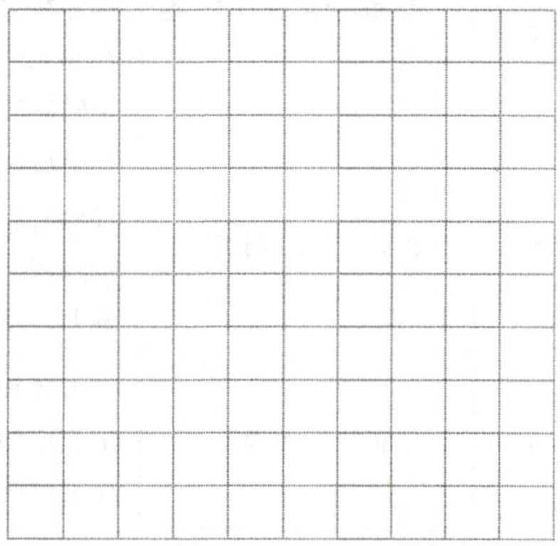

图 A2-3-9　正弦波信号波形

（五）问题情境

【问题情境1】

调节示波器得到的水平光迹线不水平，该如何处理？

解决途径：水平光迹线不水平，需要用专用螺钉旋具调节光迹旋转旋钮，使光迹与水平刻度线平行。注意：不能随意用小刀等尖锐物去旋动旋钮。

【问题情境2】

用探头接示波器校准方波观察，波形出现畸形，有上下翘起的现象，该如何调节？

解决途径：校准方波出现畸形，波形有上下翘起的现象，这是波形过冲现象。这是由于示波器输入特性的差异而产生的，可通过调节探头上的微调旋钮调整补偿电容，使波形适当。

【问题情境3】

在用示波器观察正弦波时，波形显示始终不够稳定，该如何调节？

解决途径：示波器波形不能稳定显示时，首先要确定触发源选择是否得当，然后将扫描速率选择开关调节至适当的档位并配合微调旋钮，最后可适当调节电平旋钮，得到一个合适的触发电平和扫描速率使之同步，从而得到稳定的波形。

（六）学习结果评价

序号	评价内容	评价标准	评价结果（是/否）
1	能熟练使用示波器面板的主要按钮与旋钮	正确写出所用示波器的型号，确认是单踪示波器还是双踪示波器	
2	熟悉示波器面板的主要按钮与旋钮的功能	熟悉示波器面板的主要按钮与旋钮的功能	
3	会使用示波器灵活调节显示波形	能灵活调节示波器，显示任意波形	
4	会结合波形显示情况正确调整示波器的相应开关与旋钮	能结合任意波形的情况灵活调节示波器，得到最佳观察波形	

五、课后作业

用示波器观察某一频率的正弦波时，显示波形出现图 A2-3-10 所示图形，请判断波形显示是否适当？若不当，该如何调节？

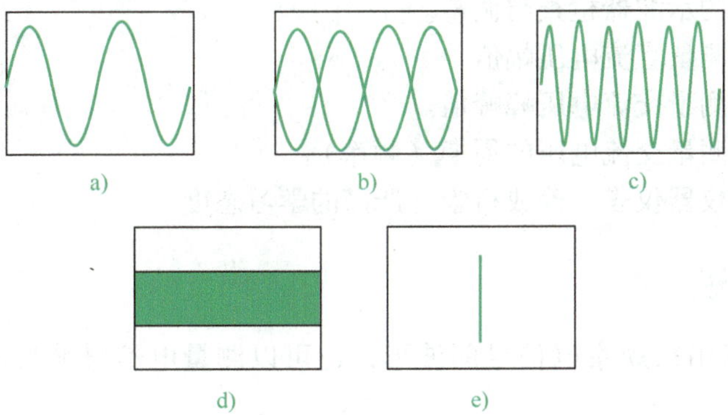

图 A2-3-10

职业能力 A-2-4 能用示波器测量信号参数

一、核心概念

用示波器测量信号参数的核心概念如图 A2-4-1 所示。

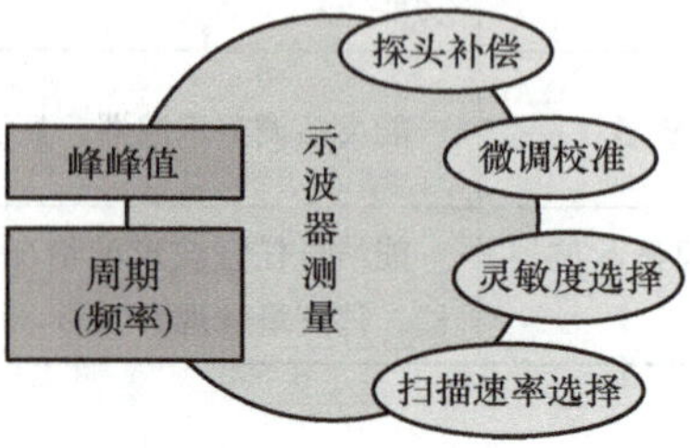

图 A2-4-1 用示波器测量信号参数的核心概念

二、学习目标

1. 能进行简单的示波器检查与调整。
2. 能用示波器测量直流电压幅值。
3. 能用示波器测量交流电压峰峰值。
4. 能用示波器测量交流电压的周期（频率）。
5. 能规范使用仪器仪表，养成科学、严谨的学习态度。

三、基本知识

示波器不仅可以用来观察电信号的波形，还可以测量电信号波形的周期（频率）、幅度、相位等参数。

（一）示波器测量前的检查和调整

为了得到较高的测量准确度，减小测量误差，测量前应对光迹、探头等进行检查和调整。

【光迹旋转】

当光迹在水平方向轻微倾斜时，可以调节光迹旋转旋钮，使光迹与水平刻度线平行。

【探头补偿】

进行信号测量时，示波器一般使用探头作为信号输入线，探头端部一般均有 10:1 与 1:1 衰减开关。为减少探头对被测信号的影响，可以使用 10:1 档（即探头衰减旋钮拨到 ×10 位置）。如果观察信号幅度较小，应使用 1:1 档（即探头衰减旋钮拨到 ×1 位置）。

对探头的调整可用于补偿由于示波器输入特性的差异而产生的误差，将探头（10:1）输入插座与本机校正信号连接，屏幕上获得如图 A2-4-2a 所示的标准方波，则为补偿适当。若波形有过冲（见图 A2-4-2b）或下塌（见图 A2-4-2c）现象，则为过补偿或欠补偿，可调节探头微调器（见图 A2-4-2d），使波形显示正常。

（二）直流电压测量

当测量被测信号的直流电压或含直流成分的电压时，操作步骤如下。

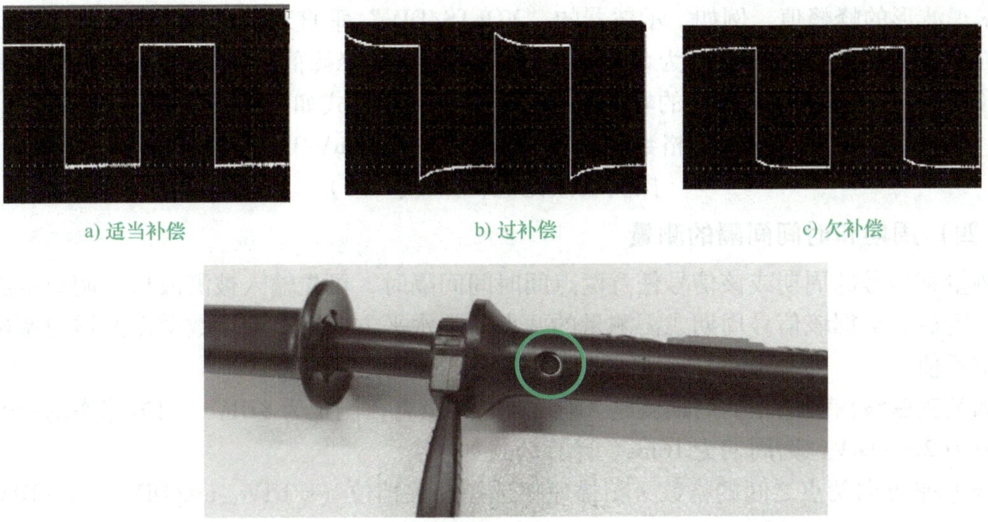

a) 适当补偿　b) 过补偿　c) 欠补偿

d) 探头微调器的调整方法

图 A2-4-2　波形误差及探头微调器的调整方法

（1）确定电压的极性

将示波器的 AC -接地- DC 按钮置于“接地”档，调节垂直位移旋钮，将屏幕上的水平亮线（时基线）移至屏幕的中央位置，即水平坐标轴上。调整垂直衰减旋钮于适当档位，将示波器的 AC -接地- DC 按钮置于“DC”档，观察水平亮线的偏转方向（灵敏度不合适时，亮线可能消失，此时需要调整灵敏度）：若向上偏转，则被测电压为正极性；若向下偏转，则被测电压为负极性。

（2）定零电压线

将示波器的 AC -接地- DC 按钮置于“接地”档，调节垂直位移旋钮，将屏幕上的水平亮线（时基线）向与其极性相反的方向移动，置于屏幕的最顶端或最底端的坐标线上：若被测电压为正极性，就将时基线移至最底端的坐标线上；反之，则将时基线移至最顶端的坐标线上。此时，时基线所在位置即为零电压所在位置。在此后的测量中，不能再移动零电压线，即不能再调节垂直位移旋钮。

（3）测量读数

将示波器的 AC -接地- DC 按钮置于“DC”档，调整垂直衰减旋钮于适当档位，读出此时屏幕上水平亮线与零电压线之间的垂直距离的格数，乘以示波器的垂直衰减旋钮的指示值，即可得到被测电压的大小。若使用的探头置于 10∶1 位置，由于信号经过探头输入示波器时已经衰减了 10 倍，则实际的信号值应将该值乘以 10。

（三）交流电压峰峰值的测量

交流电压的测量与直流电压一样，首先将零电平参考基准线定位到屏幕的最佳位置。如果交流电压信号被重叠在一个直流电压上，此时应将 Y 轴 AC -接地- DC 按钮置于“AC”档，隔开信号的直流部分，仅耦合交流电压信号部分。从 CH1 或 CH2 的输入端加入被测信号电压，把微调旋钮置于校准位置，调节“VOLTS/DIV”，使波形在屏幕中的显示幅度适中，调节电平旋钮使波形稳定，调节垂直位移，以便读取波形峰峰值。

根据“VOLTS/DIV”垂直衰减选择开关的指示值和波形在垂直方向显示的坐标格数，

可以求得波形的峰峰值。例如，示波器的“VOLTS/DIV”垂直衰减选择开关位于0.2V/DIV，被测波形占 Y 轴的坐标幅度 H 为5DIV，则此信号电压的峰峰值为1V。如果测量时探头开关在×10 位置，则被测信号电压的峰峰值就为10V。计算公式如下：

$$U_{PP}=\text{垂直方向的格数}\times\text{“VOLTS/DIV”档位(mV/DIV 或 V/DIV)}\times\text{探头衰减比值}(\times1\text{ 或 }\times10)$$

（四）周期和时间间隔的测量

测量某信号的周期或该信号任意两点间时间间隔时，可先输入被测波形，调节示波器使波形稳定后，根据该信号周期或需测量的两点间的水平方向距离的格数乘以扫描速率选择旋钮的指示值。

如某正弦波信号电压的周期就是 AB 两点间的距离，测定为8DIV，扫描速率选择开关的指示值为2ms/DIV，则周期为16ms。计算公式如下：

$$T=\text{水平方向两点之间的格数}\times\text{扫描速率选择开关档位（s/DIV、ms/DIV 或 }\mu\text{s/DIV）}$$

（五）频率的测量

用示波器测量信号频率的方法有周期法和图形法两种基本方法。这里介绍周期法。

对于任何周期信号，可用前述的时间间隔的测量方法，先测定其每个周期的时间 T，再根据 $f=1/T$ 求出频率 f。

例如，示波器上显示的被测波形，一个周期为8DIV，扫描速率选择开关置于“1μs/DIV”位置，其微调旋钮置于校准位置，则其周期和频率计算如下：

$$T=1\mu\text{s/DIV}\times8\text{DIV}=8\mu\text{s}$$

$$f=\frac{1}{8\mu\text{s}}=125\text{kHz}$$

所以，被测波形的频率为125kHz。

四、能力训练

（一）操作条件

所需设备		
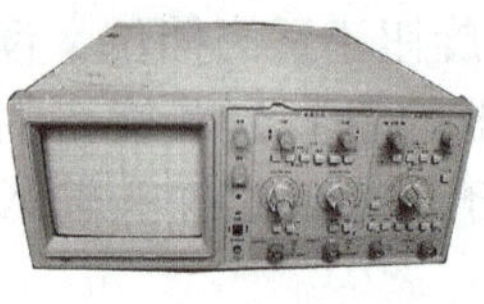	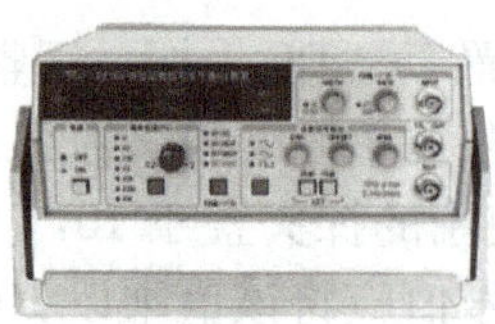	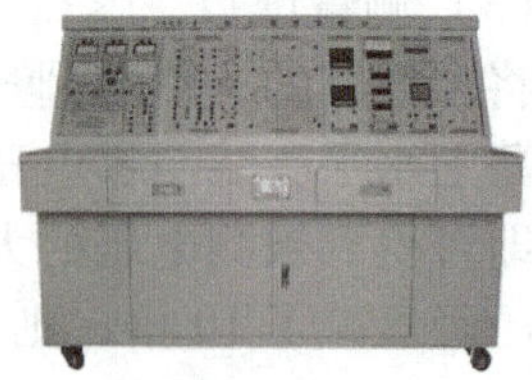
示波器（一台）	信号发生器（一台）	电工实验台（一个）

（二）安全及注意事项

1. 操作台面上的仪器仪表需有序放置，保持整齐、整洁。
2. 安全、规范地操作仪器，爱护仪器仪表。
3. 养成仔细、严谨、踏实的工作态度。

（三）操作过程（见表 A2-4-1）

表 A2-4-1 示波器测量的操作过程

序号	步骤	操作方法及说明	质量标准
1	示波器检查与调整	1. 调节示波器，显示一条水平光迹线，检查并调整其水平度 2. 将探头连接至本机校准方波信号输出端口，调节示波器，使其清晰、稳定地显示方波，并检查、调整探头补偿 3. 在表 A2-4-2 中如实记录调整前后的波形质量情况	显示的水平光迹与水平刻度线平行，方波波形显示适当
2	直流电压幅值的测量	在电工实验台直流电源单元上调节得到某数值的直流电压，用示波器观察并调节，使之清晰、稳定地显示直流电压波形，在表 A2-4-3 中如实记录波形，并正确读数与计算	读数正确，计算正确
3	交流信号电压峰峰值的测量	将示波器探头接到本机校准方波信号上，调节示波器，使之清晰地显示波形，在表 A2-4-4 中如实记录波形、正确读数与计算	读数正确，计算正确
4	信号周期与频率的测量	用信号发生器调节得到一个信号，调节示波器并观察，使之清晰、稳定地显示交流电压波形，在表 A2-4-5 中如实记录波形，并正确读数与计算	读数正确，计算正确

（四）操作记录

【操作记录 1】（见表 A2-4-2）

表 A2-4-2 检查光迹与校准方波，并正确调整示波器

操作内容	调整前显示质量（好/差）	调整后显示质量（好/差）
水平光迹调整		
校准方波调整		

【操作记录 2】

在电工实验台直流电源单元上，调节一个 5V 直流电压并输出，用探头接入示波器。请调节示波器，使之显示稳定的直流电压波形并仔细观察，然后在表 A2-4-3 中如实绘制波形，并按表中要求进行数据测量、记录与计算。

表 A2-4-3 直流电压波形绘制表

<table>
<tr><th>记录示波器波形：直流电压</th><th colspan="2">示波器测量值</th></tr>
<tr><td rowspan="3">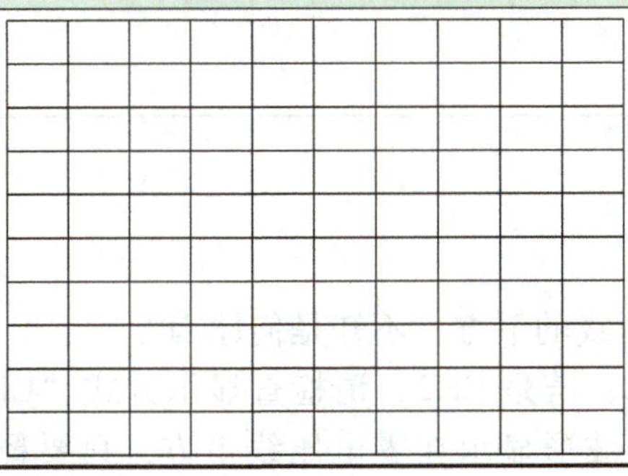</td><td>幅度档位：</td><td>时间档位：</td></tr>
<tr><td rowspan="2">峰峰值：</td><td>周期读数：</td></tr>
<tr><td>频率读数：</td></tr>
</table>

【操作记录 3】

请将探头接到本机校准方波信号上，调节示波器，使之显示稳定的方波电压波形并仔细观察，然后在表 A2-4-4 中如实绘制波形，并按表中要求进行数据测量、记录与计算。

表 A2-4-4　标准方波信号波形绘制表

记录示波器波形：方波信号	示波器测量值	
	幅度档位： 峰峰值：	时间档位： 周期读数： 频率读数：

【操作记录 4】

请用信号发生器调节输出一个 1kHz、10mV（峰峰值）的正弦波信号，用探头接入示波器；调节示波器，使之显示稳定的交流电压波形并仔细观察，然后在表 A2-4-5 中如实绘制波形，并按表中要求进行数据测量、记录与计算。

表 A2-4-5　正弦波信号波形绘制表

记录示波器波形：正弦波信号	示波器测量值	
	幅度档位： 峰峰值：	时间档位： 周期读数： 频率读数：

（五）问题情境

【问题情境 1】

在观察 5V 直流电压波形时，波形在参考零电压线的下方，不知是何原因？

解决途径：首先检查输入通道是 CH1 还是 CH2；若是 CH2，请检查显示方式“CH2 反相”按钮是否按下，若已按下则信号被反相，所以波形显示在零电压线下方，只要释放该按钮即可；若是 CH1，说明信号输入探头时的接线极性接反，只要将信号输入端所接探头的探针与黑色鳄鱼夹对调即可。

【问题情境 2】

在测量 1kHz 正弦波电压时，频率计算值误差较大，不知是何原因？

解决途径：请检查扫描速率微调旋钮是否在校准位置，顺时针旋到底即可。

（六）学习结果评价

序号	评价内容	评价标准	评价结果（是/否）
1	能进行简单的示波器检查与调整	正确调整示波器的水平光迹线与校准方波	
2	能用示波器测量直流电压幅值	正确调节直流电压波形并记录、测量与计算数据	
3	能用示波器测量交流电压峰峰值	正确调节交流信号波形并记录测量数据，正确计算信号幅度	
4	能用示波器测量交流电压的周期（频率）	正确调节交流信号波形并记录测量数据，正确计算信号周期与频率	

五、课后作业

用示波器观察一个正弦波电信号，屏幕上正好出现一个完整的波形。此时，“VOLTS/DIV”垂直衰减选择开关置于“0.5V/DIV”，正弦波最高处与最低处相差 4.0DIV。扫描速率选择开关 SEC/DIV 置于“1ms/DIV”。试回答：

（1）该电压信号波形的峰峰值 U_{PP}、最大值 U_m 和有效值 U 各等于多少？

（2）该信号的周期 T、频率 f 为多少？

（3）欲使屏幕上出现两个完整波形，如何调整“SEC/DIV”旋钮？

学习任务A-3

手工焊接技能

职业能力 A-3-1 能正确选用电子焊接工具与材料

一、核心概念

焊接工具与材料的核心概念如图 A3-1-1 所示。

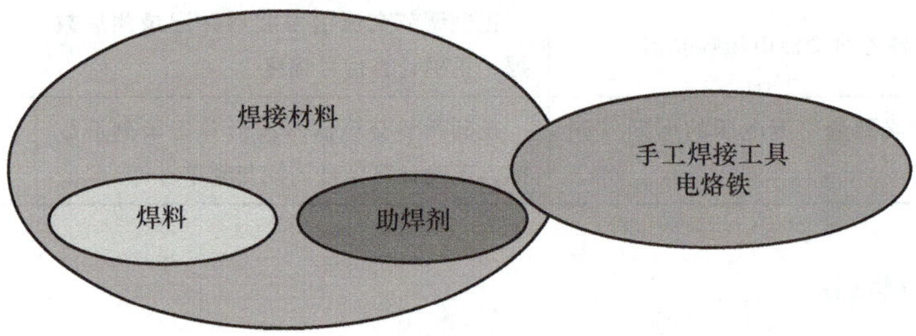

图 A3-1-1 焊接工具与材料的核心概念

二、学习目标

1. 能选择适当工具正确拆解与组装内热式电烙铁或外热式电烙铁。
2. 能通过仔细检查电烙铁外观发现并处理不安全因素。
3. 会用万用表检测电烙铁的部件。
4. 能养成规范整理工具与材料的习惯，增强安全意识与节约意识。

三、基本知识

装配电子元器件时主要使用的焊接方法是锡焊，是一种不需要熔化被焊金属，而将两种金属连接起来的工艺过程。

（一）电烙铁的选用与维护

1. 常见电烙铁的种类

电烙铁是进行手工焊接最常用的工具，它把电能转换成热能来加热工件、熔化焊锡，使元器件与导线牢固地连接在一起。常见电烙铁按对烙铁头的加热方式可分为内热式与外热式两种，其的种类和特点见表 A3-1-1。

表 A3-1-1　电烙铁的种类和特点

种类	外形	特点
外热式电烙铁		烙铁头按加热方式可分为内热式和外热式两种。 作为加热部分的烙铁芯套在烙铁头的外面，大部分的热散发到外部空间，加热效率低、加热速度较缓慢，一般要预热 6 ~ 7min 才能焊接。但它具有烙铁头使用时间较长、功率较大的优点，常见的功率有 25W、30W、40W、60W、100W 等。功率越大，烙铁头的温度越高
内热式电烙铁	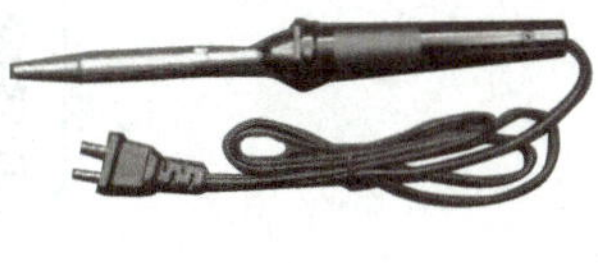	作为加热部分的烙铁芯安装在烙铁头里面，发热快、热利用率高。内热式电烙铁有升温快、质量小、耗电少、体积小、热效率高的特点，适用于焊接小型元器件。但温度高时很容易使烙铁头“烧死”，从而不“吃”锡，影响焊接工作
恒温电烙铁		烙铁头内装有带磁铁的温度控制器，可通过控制通电时间实现温控。在焊接温度不宜过高、焊接时间不宜过长的元器件时，应选用恒温电烙铁，但它价格较高
恒温电焊台		一般用于精密电子元器件的焊接，具有快速升温、瞬间温度补偿、温控精确稳定等优点。有多款烙铁头可供选用，具有防静电设计，而且备有温度调节锁定装置，可防止操作中随意调整温度，有效保障生产工艺
吸锡电烙铁	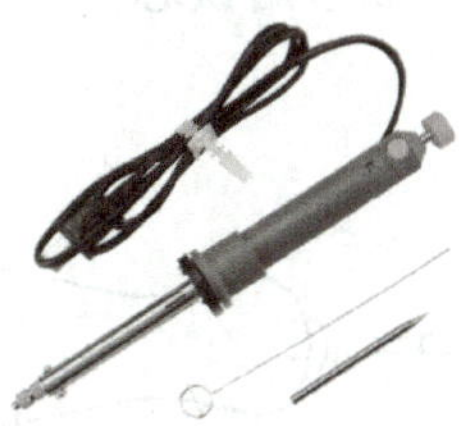	将电烙铁和活塞式吸锡器组合在一起的拆焊工具。拆焊元器件时，先用电烙铁加热焊点上的钎料，再用吸锡器将钎料吸走，能很方便地拆卸、更换元器件，特别是拆卸多焊点的元器件时更加省时省力。不足之处是每次只能对一个焊点进行拆焊，在使用时要及时排出吸锡器内的钎料，价格也较高

2. 电烙铁的选用

烙铁头的顶端温度要与钎料的熔点相适应，一般要比钎料熔点高 30 ~ 80℃。烙铁头的温度恢复时间要与被焊物表面的要求相适应。它与电烙铁功率、热容量以及烙铁头的形状、长短有关。

1）烙铁头的形状要适应被焊物表面要求和产品装配密度。烙铁头的形状、体积大小和长度都对电烙铁的温度热性能有一定影响。常见的烙铁头形状如图 A3-1-2 所示，有圆面式、尖锥式、圆头式、扁平式等，以适应不同焊接面的需要。

圆面式烙铁头的工作面（刃口）呈圆斜面，适用于焊接电路板上不太拥挤的一般焊点：

扁平式烙铁头适用于大面积的焊接；尖锥式烙铁头适用于高密度、小面积的焊接；圆头式适用于较大焊点的焊接。

2）选择合适功率的电烙铁。电烙铁的功率越大，热量越高，烙铁头的温度越高。

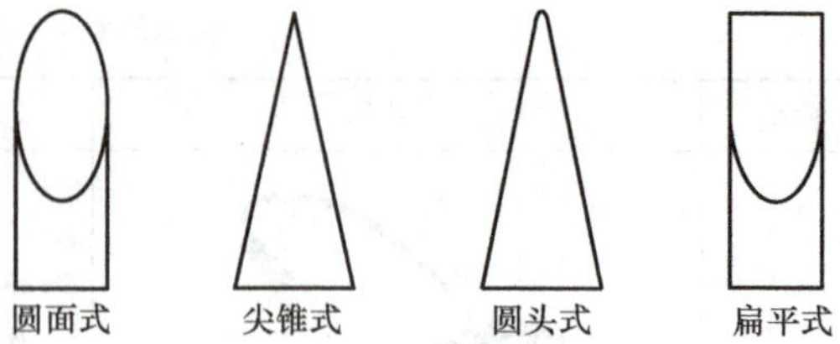

图 A3-1-2　常见的烙铁头外形

焊接集成电路、印制电路板、CMOS 电路时一般应选用温度较低的电烙铁。若电烙铁功率过大，容易烫坏元器件，使印制导线从基板上脱落；反之，使用的电烙铁功率太小，钎料不能充分熔化，助焊剂不能挥发出来，焊点不光滑、不牢固，易产生虚焊。

3）温升快，热效率高。

4）体积小，操作方便，工作寿命长。

电烙铁结构拆解

3. 电烙铁的拆装

【外热式电烙铁的拆装方法】

外热式电烙铁的拆装示意图如图 A3-1-3 所示。

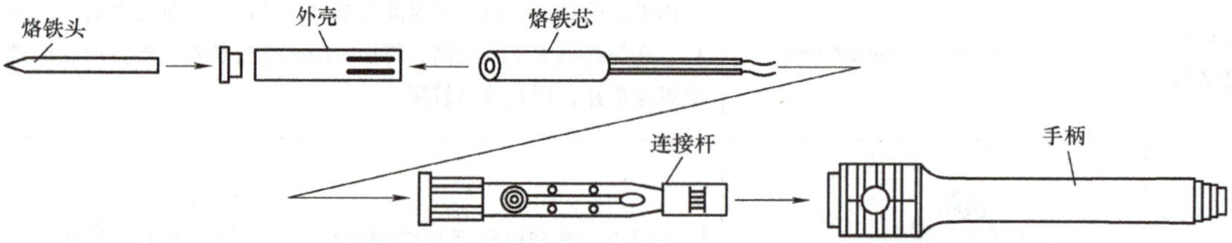

图 A3-1-3　外热式电烙铁的拆装示意图

1）先将电烙铁手柄与外壳的连接螺钉旋下，将手柄与外壳分离。

2）再将电烙铁外壳上的两个螺钉旋下并将烙铁头取下，与外壳分离。

3）将烙铁心与电源线的两个连接点断开，从外壳的前面取下烙铁芯。

【内热式电烙铁的拆装方法】

内热式电烙铁的拆装示意图如图 A3-1-4 所示。

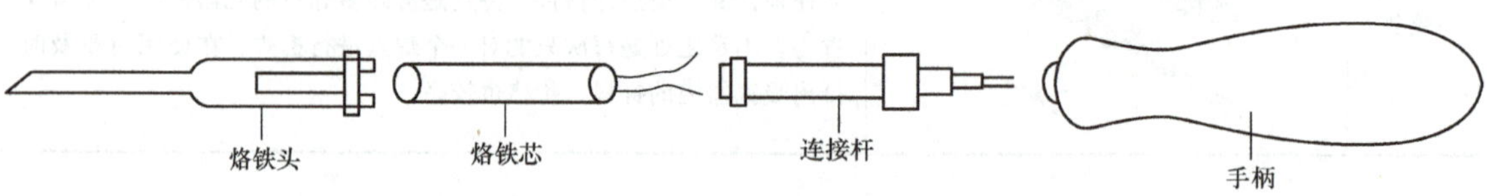

图 A3-1-4　内热式电烙铁的拆装示意图

1）先将电烙铁手柄与外壳的连接螺钉旋下，将手柄与外壳分离。

2）将电烙铁外壳上的两个螺钉旋松，并将电源线取下，再分别旋转两个接线柱将烙铁芯的引线取下。

3）将烙铁头从前面的外壳中拉出，再将烙铁芯轻轻拉出。

4. 电烙铁的检测

一般电烙铁的工作电压都是 220V，使用时一定要注意安全。

【外观检查】

使用前要检查电烙铁的电源线是否损坏，如有损坏应及时更换或用绝缘胶布包好。发现手柄松动要及时拧紧，否则容易把电源线与烙铁芯的接线柱之间的连接线头绞断，发生脱落或短路；发现烙铁头松动要及时紧固。

【电源线检测】

电源线要经常用万用表的电阻档进行测试，除了测量插头两端是不是有短路或者开路外，还要测量插头与金属外壳之间的绝缘电阻。如果指针不动，或绝缘电阻值大于5MΩ，就可以使用。否则要查出漏电原因，在排除之后才能使用。

【烙铁芯检测】

烙铁芯一般用万用表的 $R\times100\Omega$ 档检查好坏。对于35W电烙铁，如果测得电阻值约为1.3kΩ左右，则烙铁芯为正常，如果电阻值为无穷大或为0，则烙铁芯已损坏，需更换。

【烙铁头检查】

经常检查烙铁头是否发黑或有异物、是否能上锡，铜质烙铁头上是否有凹陷等。若发现烙铁头有上述现象，则需要将其整修、加热清理后才能使用。

5. 电烙铁的正确使用

【电烙铁的常用握法】

电烙铁的握法一般有反握、正握和握笔三种，如图A3-1-5所示，具体方法因电烙铁大小、焊接对象而定。其中，握笔法较适合初学者和使用小功率电烙铁焊接印制电路板的场景。

【电烙铁使用维护】

正确使用和维护电烙铁，能延长其使用寿命，确保焊接质量。

(1) 使用过程中不要随意敲击电烙铁头，以免损坏。内热式电烙铁连接杆的钢管壁厚度只有0.2mm，不能用钳子夹，以免损坏。在使用过程中应经常维护，保证烙铁头挂上一层薄锡。

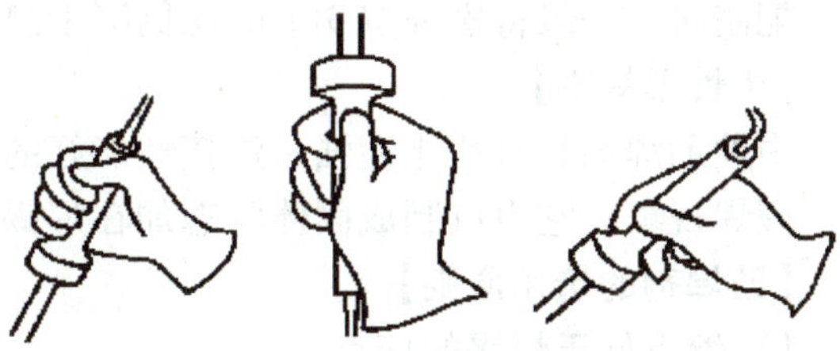

a) 反握法　b) 正握法　c) 握笔法

图 A3-1-5　电烙铁的握法示意图

(2) 电烙铁若长时间不用，应切断电源，否则，会使烙铁芯加速氧化而烧断，缩短其寿命，同时也会使烙铁头因长时间加热而氧化，甚至被"烧死"，不再"吃锡"。

(3) 要经常清理外热式电烙铁外壳内的氧化物，防止烙铁头卡死在外壳内，给检修电烙铁带来困难。

(二) 焊接材料的选用

焊接材料主要是指图A3-1-6所示的能连接被焊金属的钎料和清除金属表面氧化物的助焊剂。

1. 钎料

用于电子整机产品焊接的钎料一般为锡基合金，俗称焊锡。过去最常用锡铅合金，现在随着电子产品的无铅化，大量无铅锡基焊料逐渐取代了锡铅合金焊料。广泛应用的无铅焊锡主要有锡银、锡铜、锡铋、锡锌等。焊锡产品形态有膏状、条状、丝状、箔状等。常见的丝状主要指焊锡丝，多用于手工焊接和维修，有空芯和实芯之分。常见的空芯焊锡丝内芯填充固态助焊剂，一般直径有 0.5、0.8、1.0mm 等，也有多芯焊锡丝（最多 5 芯）。

a) 焊锡丝(钎料)　　b) 松香(助焊剂)

图 A3-1-6　焊接材料示例

表 A3-1-2　常用焊锡的组成和用途

分类	组成	一般用途
管状焊锡丝	助焊剂夹在焊锡管中，与焊锡一起制作成管状	适用于手工焊接
抗氧化焊锡	焊锡中加入少量的活性金属，可保护焊锡不被继续氧化	适用于浸焊、波峰焊
含银焊锡	焊锡中加入少量的银金属	适用于镀银焊件的焊接
焊膏	由焊粉、有机物和溶剂组成，并制成糊状物	表面贴装技术中的一种重要材料

2. 助焊剂

在焊接过程中，助焊剂的作用是净化钎料、去除金属表面的氧化膜，并防止钎料和被焊金属表面再次氧化，以保持焊接接触面纯净，增加钎料的流动性。它是保证焊接顺利进行并获得高质量焊点必不可少的辅助材料。电子产品的焊接常用的是树脂类助焊剂，常见有松香酒精助焊剂和中性助焊剂等。

【松香酒精助焊剂】

在常温下，松香呈固态不易挥发，而加热后极易挥发，有微量腐蚀作用，且绝缘性能好。配制时，一般将松香按 3∶1 的比例溶于酒精溶液中，制成松香酒精助焊剂。

【中性助焊剂】

中性助焊剂具有活化性强、焊接性能好的特点，而且焊前不必清洗，能有效避免产生虚焊、假焊现象。它也可制成固体状态加在焊锡丝中。

【助焊剂的选用原则】

1）熔点低于焊锡的熔点。

2）在焊接过程中有较高的活化性，黏度小于焊锡。

3）绝缘性好，无腐蚀性，焊接后残留物无副作用，易清洗。

四、能力训练

（一）操作条件

所需设备		
		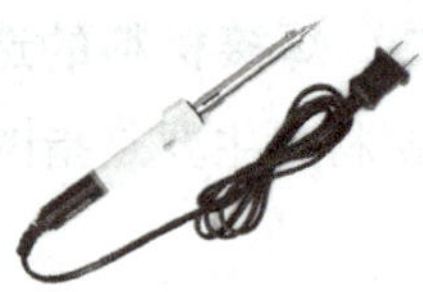
数字式万用表（一台）	内热式电烙铁（一把）	外热式电烙铁（一把）

（续）

所需设备		
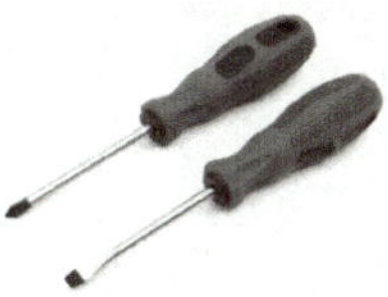		
（一字/十字）螺钉旋具（各一把）	焊锡丝（若干）	尖嘴钳（一把）

（二）安全及注意事项

1. 正确使用与放置电烙铁，避免干烧或烫坏其他物品。
2. 安全、规范地操作，注意人身安全。
3. 正确使用、爱护仪表与工具。
4. 增强环保意识，注意节约耗材，避免浪费。

（三）操作过程（见表 A3-1-3）

表 A3-1-3　电烙铁选用维护的操作过程

序号	步骤	操作方法及说明	质量标准
1	电烙铁拆解	按正确顺序拆解电烙铁，并按操作步骤记录部件名称于表 A3-1-4	拆解方法正确，不损坏各部件
2	电烙铁组装	按正确顺序完成电烙铁的组装，并按操作步骤记录部件名称于表 A3-1-4	组装方法正确，不损坏各部件
3	外观检查	1. 检查组装好的电烙铁电源线有无破损 2. 检查电烙铁上的螺钉、烙铁头有无松动	检查仔细，发现问题，及时记录
4	烙铁芯检测	测量烙铁芯的电阻值，判断是否正常，并记录于表 A3-1-4	记录测量的烙铁芯电阻值，并做出质量判断
5	电烙铁通电上焊锡	给电烙铁通电加热并正确上焊锡	使烙铁头覆盖一层均匀的焊锡

（四）操作记录

【操作记录】

请按操作步骤与要求，将操作结果正确记录于表 A3-1-4 中。

表 A3-1-4　手工焊接记录表

操作内容	序号	按操作步骤，记录部件名称		自评与互评
拆解电烙铁步骤记录	1			
	2			
	3			
	4			

（续）

<table>
<tr><th>操作内容</th><th>序号</th><th colspan="3">按操作步骤，记录部件名称</th><th>自评与互评</th></tr>
<tr><td rowspan="4">组装电烙铁步骤记录</td><td>1</td><td colspan="3"></td><td rowspan="4"></td></tr>
<tr><td>2</td><td colspan="3"></td></tr>
<tr><td>3</td><td colspan="3"></td></tr>
<tr><td>4</td><td colspan="3"></td></tr>
<tr><td rowspan="4">电烙铁外观检查</td><td colspan="2">检查内容</td><td colspan="2">结果记录（有/无）</td><td rowspan="4"></td></tr>
<tr><td colspan="2">电源线破损</td><td colspan="2"></td></tr>
<tr><td colspan="2">螺钉松动</td><td colspan="2"></td></tr>
<tr><td colspan="2">烙铁头松动</td><td colspan="2"></td></tr>
<tr><td rowspan="2">烙铁芯检测</td><td colspan="2">万用表档位</td><td>烙铁芯电阻值（Ω）</td><td>质量判断（好/坏）</td><td rowspan="2"></td></tr>
<tr><td colspan="2"></td><td></td><td></td></tr>
<tr><td>通电上钎料（锡）</td><td colspan="4">给电烙铁通电加热并正确上锡，使烙铁头覆盖一层均匀的焊锡</td><td></td></tr>
</table>

（五）问题情境

【问题情境 1】

在给一个新的电烙铁头上锡时，工作面上有一小处发黑无法上锡，该如何处理？

解决途径：新的烙铁头无法上锡，主要问题是没有清除干净烙铁头表面的氧化层或者是过度加热导致氧化。应停止加热，待烙铁头冷却后，用锉刀或借助适量助焊剂清除氧化物，再重新上锡。

【问题情境 2】

在电烙铁使用完后，为了让它快点冷却，把它放在冷水中进行降温，此举是否恰当？

解决途径：这样操作会对烙铁芯有所损害，影响其使用寿命。

（六）学习结果评价

序号	评价内容	评价标准	评价结果（是/否）
1	能选择适当工具正确拆解与组装内热式电烙铁或外热式电烙铁	拆解、组装方法与步骤正确，电烙铁电源线无破损，螺钉、烙铁头无松动	
2	能通过仔细检查电烙铁外观发现并处理不安全因素	仔细检查出外观问题并解决	
3	会用万用表检测电烙铁的部件	使用万用表检测烙铁芯好坏及烙铁头是否符合焊接要求	

五、课后作业

【作业 1】

连连看：以下几种焊点，适用于哪种烙铁头外形？

高密集型小面积焊点

不太拥挤的一般焊点

大面积焊点

【作业 2】

常见的烙铁头加热方式可以分为哪两种？

职业能力 A-3-2　能熟练进行手工焊接操作

一、核心概念

手工焊接的核心概念如图 A3-2-1 所示。

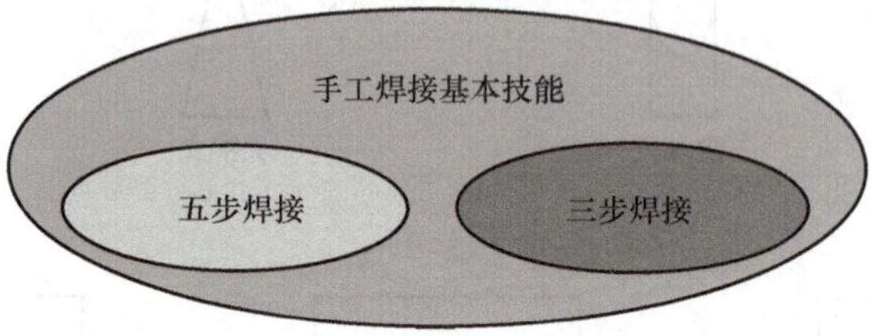

图 A3-2-1　手工焊接的核心概念

二、学习目标

1. 能按不同要求进行镀锡裸铜丝成形加工与安装。
2. 能熟练掌握焊接法，进行焊接操作，符合标准焊点质量要求。
3. 能遵守安全文明操作规程进行手工焊接。
4. 能养成规范整理工具与材料的习惯，增强安全与节约意识。

三、基本知识

（一）手工焊接的基本条件

1. 保持清洁的焊接表面是保证焊接质量的先决条件

若焊接表面被氧化或有杂物，一般可用锯条/片、小刀或镊子反复刮净被焊面的氧化层；而对于印制电路板的氧化层，则可用细砂纸轻轻磨去；对于较少的氧化层则可用工业酒精反复涂擦氧化层，使其溶化。

2. 选择合适的焊锡丝、助焊剂及电烙铁

焊盘等较大的焊点一般选用 ϕ1.5mm、ϕ1.2mm、ϕ1.0mm 等直径较粗的焊锡丝，而元器件引脚及较小的印制电路板焊盘等则选用 ϕ0.8mm、ϕ0.5mm 等直径较细的焊锡丝。

通常，助焊剂的种类根据被焊接金属的氧化程度、焊接点大小等来选择。如果被焊接金属的氧化程度较为严重或焊点较大，则选用松香酒精助焊剂；如果氧化程度较小或焊点较小，则选用中性助焊剂。

根据焊点的形状、热容量的不同，需选用不同功率的电烙铁和烙铁头。焊盘较大的焊点一般选用功率较大的电烙铁；一般焊点则选用功率较小的电烙铁，如 25W、30W 等。

3. 焊接时要有一定的焊接温度

焊接时温度过高，则会导致焊点发白、无金属光泽、表面粗糙；温度过低，则会导致焊锡料未流满焊盘，造成虚焊。

4. 焊接的时间要适当

加热时间过长，可能造成元器件损坏、焊接缺陷、印制电路板铜箔脱离；加热时间过短，则容易产生冷焊、焊点表面裂缝、元器件松动等，达不到焊接的要求。焊接时间应根据被焊件的形状、大小和性质来确定。

（二）焊点的形成过程

1）润湿：表示焊料与被焊接工件表面之间发生了溶解扩散作用，形成了金属间化合物（IMC），它是软钎焊接良好的标志。完全润湿是指在被焊接金属表面留下一层均匀、光滑、无裂纹、附着好的焊料。

2）流淌：液态的钎料在毛细现象的作用下充满整个焊盘和焊缝，并将助焊剂排出。

3）合金：流淌的钎料与被焊工件和焊盘表面产生合金（只发生在表面）。

4）凝结：移开电烙铁，温度下降，液态钎料冷却凝固变成固态，从而将工件固定在焊盘上。

（三）手工焊接的操作要领

1. 烙铁头撤离焊点的方法

1）把握合适的焊点焊接持续时间，一般为 1 ~ 3s。如果加热时间过长，会造成钎料流淌，焊点表面粗糙，失去金属光泽；如果烙铁头过早撤离，会加热不充分，出现虚焊或假焊。

2）把握烙铁头撤离焊点的方向。焊点的焊锡量与烙铁头撤离焊点的方向有关，掌握适当的撤离方向，能使每个焊点符合焊接工艺要求。不同操作方法对焊点的影响见表 A3-2-1。

表 A3-2-1　不同的烙铁头撤离方法对焊点的影响

操作图	撤离方法	结果
	与印制电路板成45°角撤离	焊点圆滑，带走少量焊锡
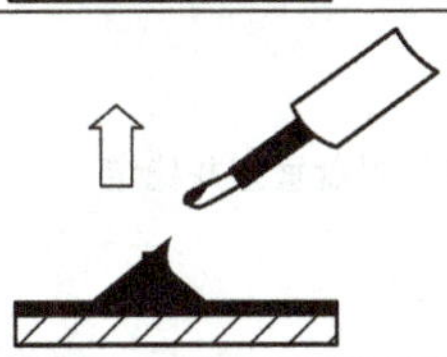	与印制电路板成 90° 角向上撤离	焊点容易拉尖、毛刺
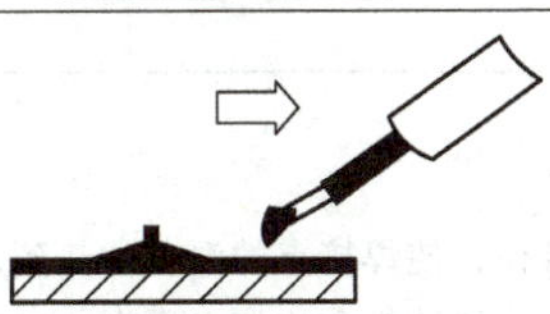	沿与印制电路板平行的方向撤离	焊锡挂在烙铁头上，带走大量钎料，容易造成搭焊和桥焊
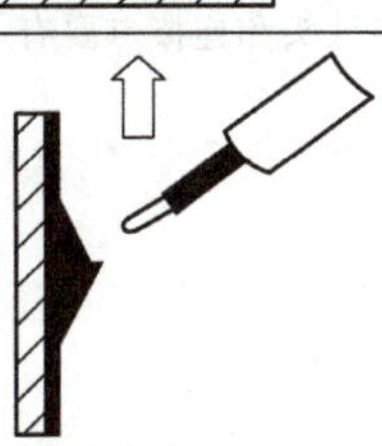	沿焊点向上撤离	烙铁头上不挂焊锡
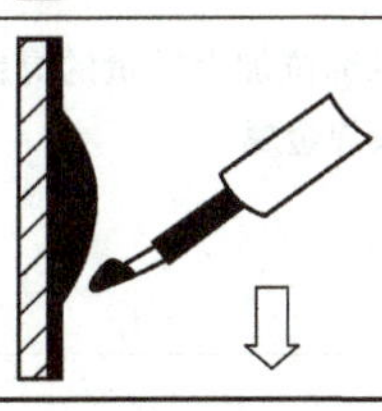	沿焊点向下撤离	烙铁头吸除焊锡

2. 焊锡供给方法

1）焊锡丝的拿法。为了帮助电烙铁吸引焊锡，在用小段焊锡丝进行手工焊接时，拿焊锡丝的一般方法如图 A3-2-2 所示。

2）焊锡供给方法。供给焊锡时既要把握适当的时机，又要掌握正确的位置。

① 在焊接表面达到焊接温度时，及时供给焊锡。这时，焊锡最容易浸润被焊金属；

② 先在烙铁头接触部位供给少量焊锡，然后给距离烙铁头最远的位置供给焊锡；

③ 不能用烙铁头运载焊锡，以防产生焊接缺陷。必须一手拿电烙铁，一手拿焊锡丝，先加热后加焊锡丝。

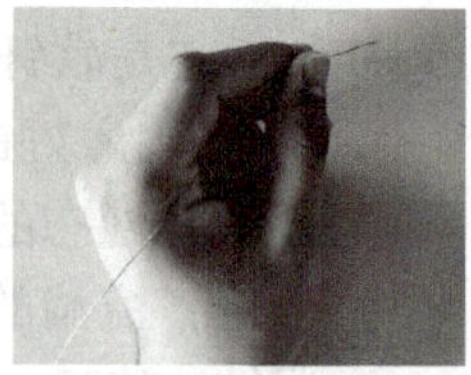

图 A3-2-2　钎料的拿法

3. 手工焊接的操作步骤

手工焊接的操作步骤一般要根据被焊件的热容量大小来决定，分为五步焊接操作法和三步焊接操作法，通常采用五步焊接操作法。

五步法焊接

【五步焊接操作法】

工艺流程：准备→加热焊接部位→供给焊锡→移开焊锡→撤开烙铁头。具体操作步骤见表 A3-2-2。

表 A3-2-2　五步焊接操作法的步骤

操作步骤	操作示意图	说明
准备	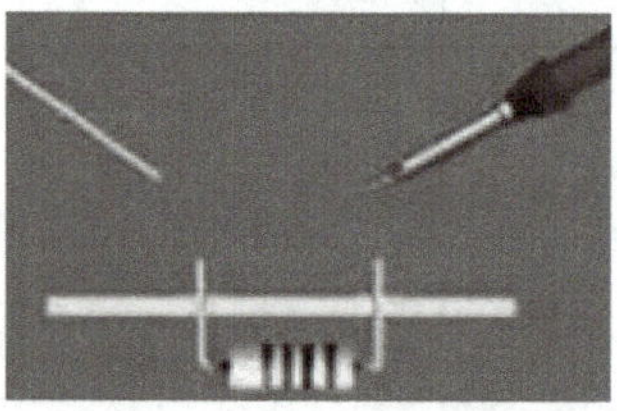	做好焊接准备，使引脚与焊盘垂直并稳定
加热焊接部位	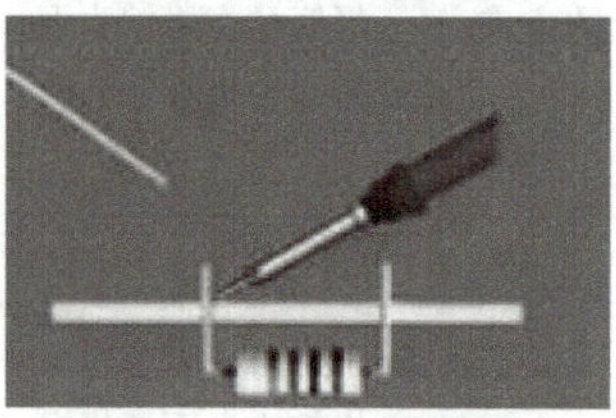	用烙铁头加热焊接部位，使焊接点的温度加热到焊接需要的温度。加热时，烙铁头和连接点要有一定的接触面和压力
供给焊锡	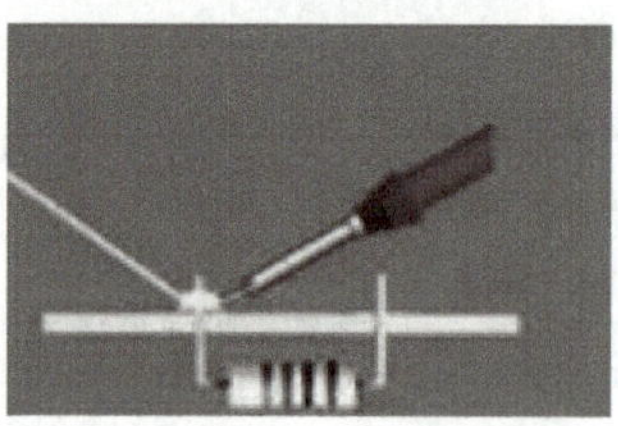	在烙铁头和连接点的接触部位加上适量的焊锡，以熔化焊锡，并使焊锡浸润被焊金属

（续）

操作步骤	操作示意图	说明
移开焊锡	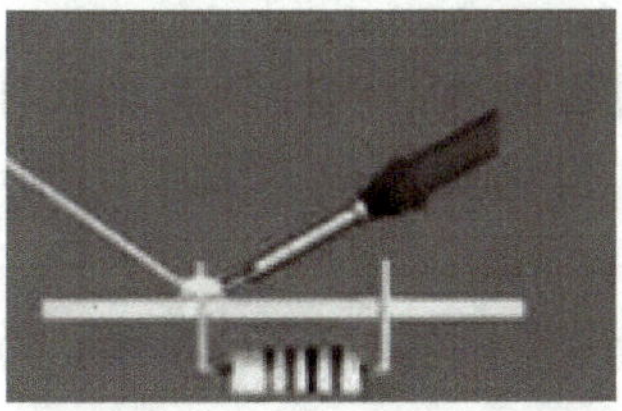	当焊锡适量熔化后迅速移开焊锡
撤开烙铁头	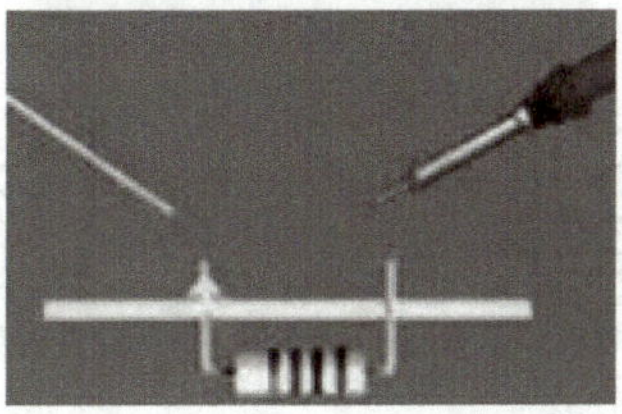	当焊点上的焊锡流散接近饱满，且焊点中有青烟冒出时，助焊剂尚未完全挥发，迅速撤离烙铁头。焊锡冷却后，剪掉多余的焊脚，就得到一个理想的焊点了

注意：

1）完成上述步骤后，焊点应自然冷却，严禁用嘴吹或其他强制冷却方法。

2）在焊锡完全凝固以前，不能移动被焊件之间的位置，以防出现假焊现象。

3）焊锡移开的时间不得迟于烙铁头的撤离时间。

【三步焊接操作法】

对于热容量小的被焊件，可以采用三步焊接操作法。工艺流程：准备→加热焊接部位并同时供给焊锡→移开焊锡并同时撤离烙铁头。

（四）多孔印制电路板上导线焊接技能

在多孔印制电路板中，电路的连接一般用直径为 0.5 ~0.8mm 的镀锡裸铜丝。

【镀锡裸铜丝的焊接要求】

1）镀锡裸铜丝挺直，整个走线呈直线状态，弯角成 90°。

2）焊点均匀一致，导线与焊盘融为一体，无虚焊、假焊。

3）镀锡裸铜丝紧贴印制电路板，不得拱起、弯曲。

4）对于较长尺寸的镀锡裸铜丝，应在印制电路板上每隔 10mm 加焊一个焊点。

【镀锡裸铜丝插焊方法】

1）将镀锡裸铜丝剪成长度约为 20cm 的线材，然后如图 A3-2-3a 所示，用钳口工具用力拉住镀锡裸铜丝的两头，这时镀锡裸铜丝经拉伸后变直。

a)　　　　b)

图 A3-2-3　镀锡裸铜丝成形加工

2）将镀锡裸铜丝剪成长短不同的线材待用。

3）按图 A3-2-3b 所示的工艺要求，用尖嘴钳对拉直后的镀锡裸铜丝进行成形（弯成直角）加工。

4）按照装配工艺图样的要求，将成形后的镀锡裸铜丝插装在多孔印制电路板的相应位置，如图 A3-2-4a 所示，并用交叉镊子固定。镀锡裸铜丝应紧贴印制电路板，不得拱起、弯曲。

5）按图 A3-2-4b ~ d 所示工艺流程完成镀锡裸铜丝一端的焊接；然后用同样的方法完成另一端的焊接。

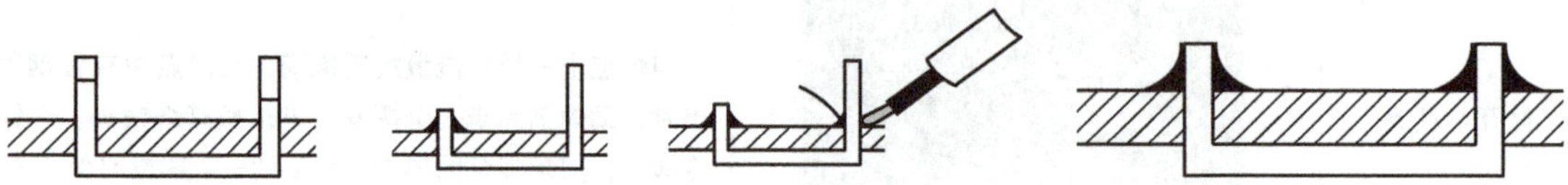

a) 贴面插装　b) 一端焊接　c) 另一端焊接　d) 完成焊接并剪去多余引线

图 A3-2-4　镀锡裸铜丝的插装与焊接

6）如图 A3-2-5 所示，在焊点上方约 1 ~ 2mm 处用钳口工具剪去多余的引线。

（五）高质量焊接点的技术要求

焊点质量检查

1）具有一定的机械强度。为保证被焊件在受到振动或冲击时，不出现松动，焊点需要有足够的机械强度。但不能使用过多的焊锡，避免焊锡堆积，出现短路和桥焊现象。

2）保证其良好、可靠的电气性能。由于电流要流经焊点，为保证焊点有良好的导电性，必须要防止虚焊、假焊。出现虚焊、假焊时，焊锡与被焊物表面没有形成合金，只是依附在被焊物的金属表面，导致焊点的接触电阻增大，影响电气性能，有时电路会出现时断时通的现象。

3）具有一定的大小、光泽和清洁美观的表面。焊点的外观应美观、光滑、圆润、清洁、整齐、均匀，焊锡应充满整个焊盘并与焊盘大小比例适中。

一个合格的焊点从外观上看，必须达到以下要求。合格焊点形状如图 A3-2-6 所示。

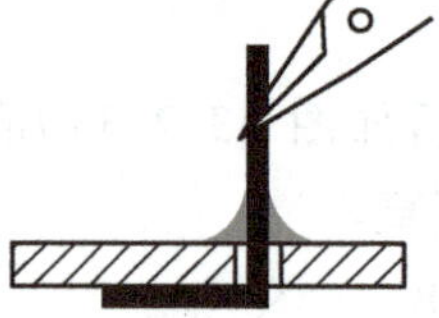

图 A3-2-5　剪去多余引线

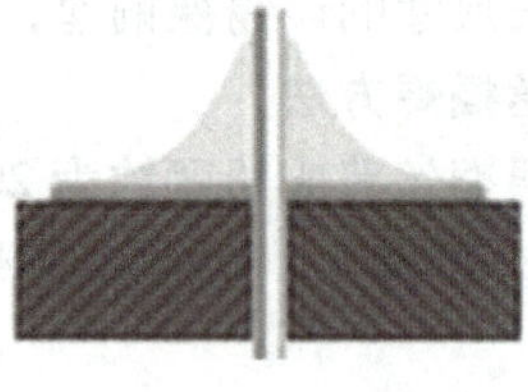

图 A3-2-6　合格焊点的形状

1）形状以焊点的中心为界，左右对称，呈半弓形凹面。

2）焊锡量均匀适当，表面光亮平滑，无毛刺和针孔。

3）浸润角小于 30°。

四、能力训练

（一）操作条件

所需设备			
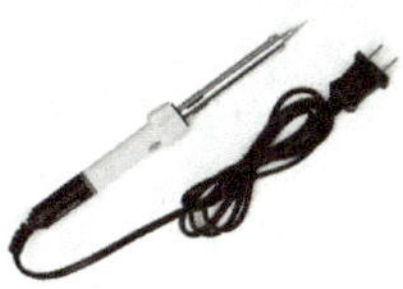			
电烙铁（一把）	尖嘴钳（一把）	斜口钳（一把）	镀锡裸铜丝（ϕ0.5mm，若干）
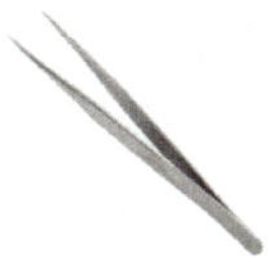			
镊子（一把）	钎料（焊锡丝，若干）	多孔印制电路板（一块）	

（二）安全及注意事项

1. 正确使用与放置电烙铁，避免干烧或烫坏其他物品。
2. 安全、规范地操作，注意人身安全。
3. 增强环保意识，注意节约耗材，避免浪费。

（三）操作过程（表 A3-2-3）

表 A3-2-3　手工焊接的操作过程

序号	步骤	操作方法及说明	质量标准
1	镀锡裸铜丝成形加工与安装	按照图 A3-2-7 所示工艺要求与布局完成镀锡裸铜丝成形加工与安装	位置安装正确；导线挺直，紧贴印制电路板
2	镀锡裸铜丝焊点焊接	按照焊点的焊接工艺要求，完成镀锡裸铜丝的焊接，如图 A3-2-8 所示	焊点光滑、均匀，无搭锡、假焊、虚焊、漏焊、焊盘脱落、桥焊、毛刺，多孔印制电路板表面整洁，焊接操作规范
3	安全文明操作	严格遵守安全文明操作规程	工具摆放整齐，工作台表面整洁

图 A3-2-7　焊点焊接工艺版面 A：镀锡裸铜丝插装布线面（元器件面）

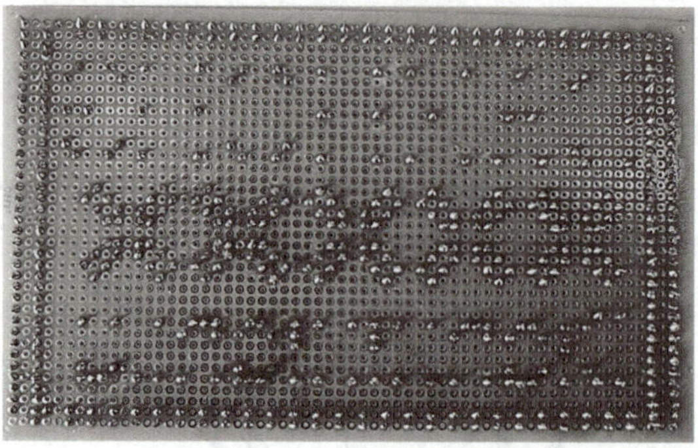

图 A3-2-8　焊点焊接工艺版面 B：镀锡裸铜丝插装焊接面

（四）操作记录

【操作记录】

根据实际操作情况，填写表 A3-2-4 中的评价。

表 A3-2-4　焊接操作记录表

序号	操作内容	规定时间内完成度（%）	质量自评	质量互评
1	镀锡裸铜丝成形加工与安装			
2	镀锡裸铜丝焊点焊接			
3	安全文明操作			

（五）问题情境

【问题情境 1】

在进行焊点焊接练习时，旁边的空焊盘总是被弄脏、搭锡，不知是何原因？

解决途径：这主要是由于烙铁头上的焊锡量过多或者是电烙铁与焊盘间的角度偏小造成的。烙铁头上过多的焊锡量可以通过擦拭湿海绵或抹布去除；角度问题可以视具体情况调整。

【问题情境 2】

在焊点焊接练习时，焊点加热比较慢，不知是何原因？

解决途径：首先检查电烙铁受热是否良好，若不好，需查找原因或更换电烙铁；若不是电烙铁本身问题，请检查自身操作方法，可以通过调节烙铁头加热角度与增加接触面积来提升加热速度。

（六）学习结果评价

序号	评价内容	评价标准	评价结果（是/否）
1	能按不同要求进行镀锡裸铜丝成形加工与安装	导线按要求位置正确安装；导线挺直、紧贴印制电路板；弯脚成 90°，导线引脚在焊盘中间位置	
2	能熟练掌握焊接法进行焊接操作，符合标准焊点质量要求	焊点光滑、均匀，无搭锡、假焊、虚焊、漏焊、焊盘脱落、桥焊、毛刺	
3	能遵守安全文明操作规程进行手工焊接，养成规范整理工具与材料的习惯	工作台上工具摆放整齐，多孔印制电路板表面整洁，严格遵守安全文明操作规程	

五、课后作业

【作业 1】

请判断下列说法是否正确：

1）焊接时焊锡量越多越好，这样焊得牢固。(　　)

2）用斜口钳剪短元器件的引脚时，要让引脚飞出的方向朝着工作台或地面，绝不可对着人或仪器、设备。(　　)

3）焊锡丝内部添加了助焊剂。(　　)

4）冷焊是指焊点呈不平滑状，严重时会在引脚的四周产生裂缝或褶皱。(　　)

【作业 2】

请仔细观察图 A3-2-9 中的操作要点，按五步焊接操作法的操作顺序进行排序。

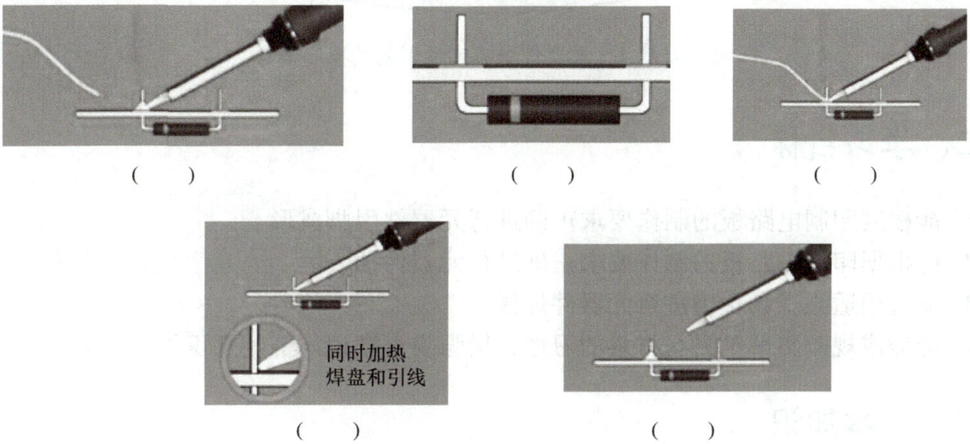

图 A3-2-9

【作业 3】

请判断图 A3-2-10 所示的焊点是否良好。若不良，可能是何种原因造成的？

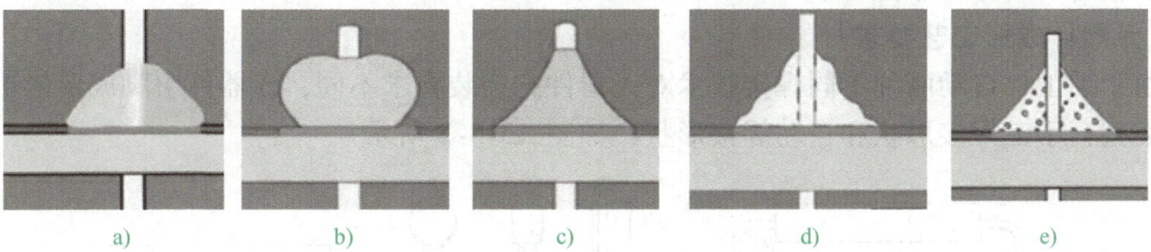

图 A3-2-10

职业能力 A-3-3 能熟练进行元器件引脚成形、插装与焊接

一、核心概念

元器件引脚成形工艺的核心概念如图 A3-3-1 所示。

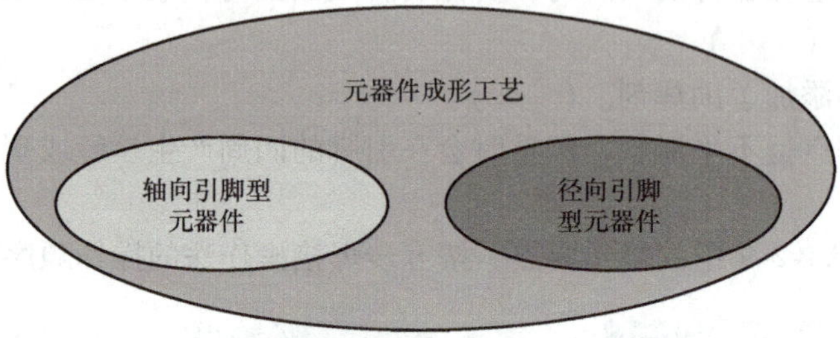

图 A3-3-1 元器件引脚成形工艺的核心概念

二、学习目标

1. 能根据印制电路板的制作要求正确进行元器件引脚成形。
2. 能根据印制电路板的制作要求正确进行元器件插装。
3. 能选用适当工具正确进行元器件焊接。
4. 能养成规范整理工具与材料的习惯，增强安全意识与节约意识。

三、基本知识

（一）元器件成形

元器件在安装前，应根据安装位置特点及工艺要求，预先将元器件的引脚加工成一定的形状。成形后的元器件既便于装配，提高装配效率，又能加强元器件安装后的防振能力，保证电子设备的工作可靠性。

【元器件成形工艺要求】

由于手工、自动两种不同焊接技术对元器件的插装要求不同，元器件引脚成形的形状有两种类型：手工焊接形状和自动焊接形状，如图 A3-3-2 所示。

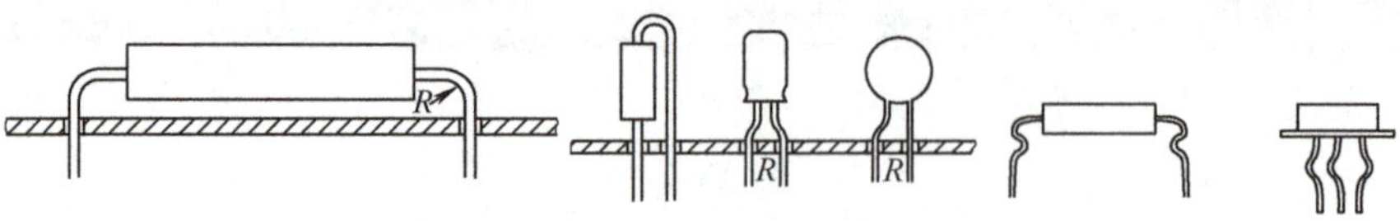

a) 手工焊接形状　b) 自动焊接形状

图 A3-3-2 元器件引脚成形的形状

元器件成形的工艺要求如下：

1）引脚成形后，引脚弯曲部分不允许出现模印、压痕和裂纹。

2）引脚成形后过程中，元器件本体不应产生破裂，表面封装不应损坏或开裂。

3）引脚成形尺寸应符合安装尺寸要求。

4）凡是有标志的元器件，引脚成形后，其型号、规格、标志符号应向上、向外，方向一致，以便于目视识别。

5）元器件引脚弯曲处要有圆弧形，其半径 R 不得小于引脚直径的 2 倍。

6）元器件引脚弯曲处与元器件封装根部的距离不小于 2mm。

【轴向引脚型元器件的引脚成形加工】

轴向引脚型元器件有电阻器、整流二极管、稳压二极管等，插装方式分为卧式与立式两种，如图 A3-3-3 所示。引脚的尺寸要根据印制电路板上具体的安装孔距来确定，且一般两引脚的尺寸要一致。

a) 卧式　　b) 立式

图 A3-3-3　轴向引脚型元器件的插装方式

（1）卧式安装的引脚加工方法

1）一般用镊子（或尖嘴钳）在距元器件封装点 2～3mm 处夹住其某一引脚。

2）适当用力将元器件引脚弯成一定的弧度，如图 A3-3-4 所示。

3）用同样的方法对该元器件的另一引脚进行加工成形。

注意：弯折引脚时不要采用直角弯曲，且用力要均匀，尤其要防止玻璃封装的二极管壳体破裂，以免造成元器件报废。

（2）立式安装的引脚加工方法

使用合适的小型螺钉旋具或镊子在元器件的某引脚（一般选元器件有标记端的引脚）距元器件封装点 3～4mm 处将该引脚弯成半圆形状，如图 A3-3-5 所示。

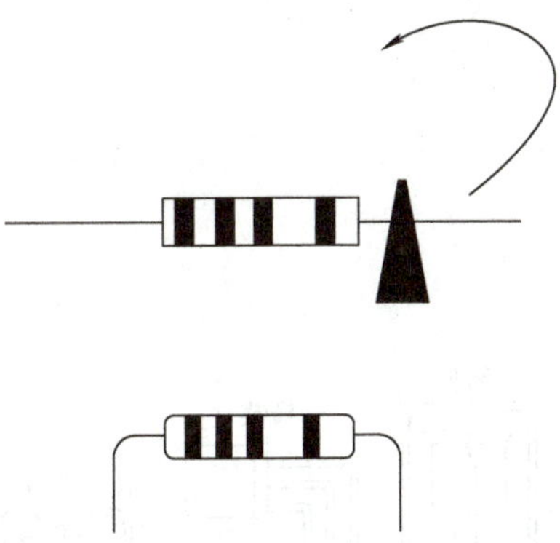

图 A3-3-4　卧式安装的引脚加工示意图

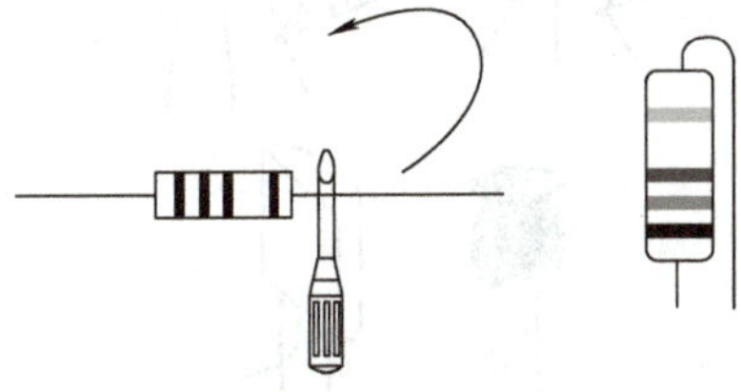

图 A3-3-5　立式安装的引脚加工示意图

【径向引脚型元器件的引脚成形加工】

径向引脚型元器件有各种电容器、发光二极管、光敏二极管以及各种晶体管等。

(1) 电解电容器引脚的加工方法

1) 立式电解电容器引脚的加工方法是用镊子先将电容器的引脚沿电容器主体向外弯成一定角度，离开 4～5mm 处再弯成一定角度，保持两脚加工形状对称，如图 A3-3-6 所示。

图 A3-3-6 立式电解电容器引脚加工示意图

2) 卧式电解电容器引脚的加工方法是用镊子分别将电容器的两个引脚在距电容器主体 3～5mm 处弯成直角，如图 A3-3-7 所示。

(2) 瓷片电容器和涤纶电容器引脚加工方法

用镊子将电容器引脚向外整形，并与电容器主体成一定角度，如图 A3-3-8 所示。

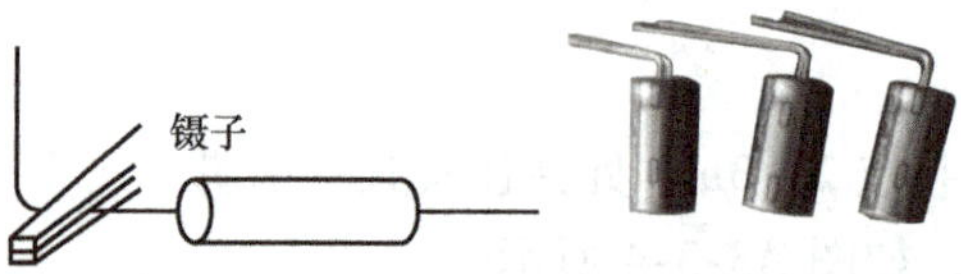

图 A3-3-7 卧式电解电容器引脚加工示意图

图 A3-3-8 瓷片电容器引脚加工示意图

(3) 晶体管的引脚加工方法

小功率晶体管在印制电路板上一般采用直插方式安装，其引脚加工如图 A3-3-9 所示，只需用镊子将塑封管引脚拉直，并使三个引脚分别成一定角度即可。有时也可以根据需要将中间的引脚向前或向后弯曲成一定角度。

在某些情况下，若晶体管需要按图 A3-3-10 所示的方式安装，就必须对引脚进行弯折。

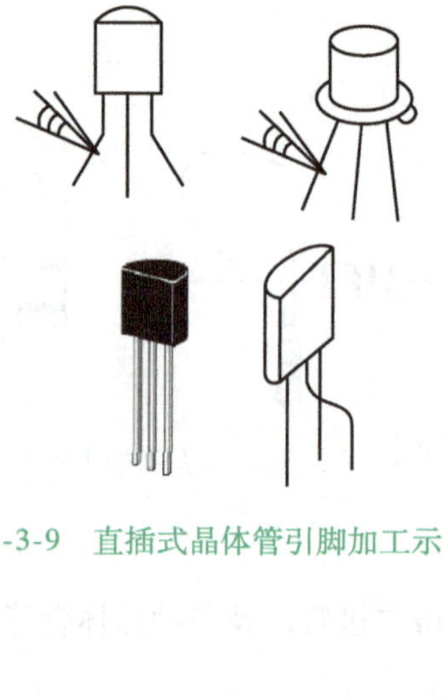

图 A3-3-9 直插式晶体管引脚加工示意图

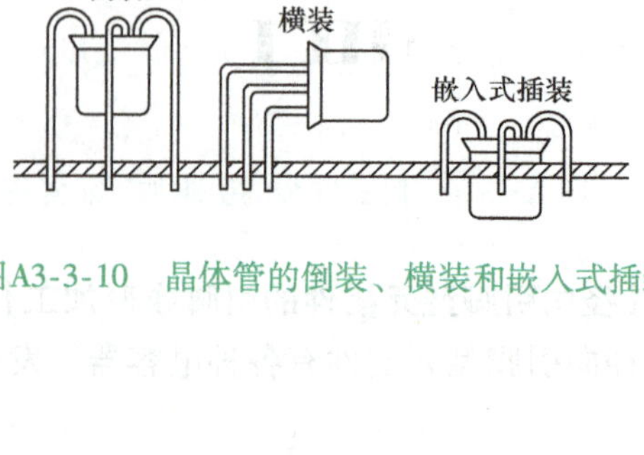

图A3-3-10 晶体管的倒装、横装和嵌入式插装

如图 A3-3-11a 所示，用尖嘴钳夹住晶体管引脚的根部，然后可以用小型螺钉旋具适当用力将晶体管引脚弯成圆弧状。弯折时，应避免如图 A3-3-11b 那样直接将引脚从根部弯折。

a) 正确方法　　b) 错误方法

图 A3-3-11　晶体管引脚弯折方法

（二）元器件插装与焊接

【元器件插装工艺要求】

1）元器件在印制电路板上的分布应尽量均匀、疏密一致，排列整齐美观，不允许斜排、立体交叉和重叠排列。

2）安装顺序一般为先低后高、先轻后重、先易后难、先一般元器件后特殊元器件。

3）有安装高度的元器件要符合规定要求，统一规格的元器件尽量安装在统一高度上。

4）有极性的元器件，安装前可以套上相应的套管，插装时极性不得插错。

5）元器件引脚直径应与印制电路板焊盘孔径有 0.2～0.4mm 合理间隙。

6）元器件应布置在印制电路板的同一面，元器件的外壳或引脚不得相碰，要保证 0.5～1mm 的安全间隙。无法避免接触时，应套绝缘管。

7）安装较大的元器件时，应采取黏固措施。

8）安装发热元器件时，要与印制电路板保持一定的距离，不允许贴板安装。

9）热敏元器件要远离发热元器件。变压器等电感器件的安装位置应能尽量减少对邻近元器件的干扰。

【常见元器件的插装与焊接】

（1）电阻器的插装与焊接

插装电阻器时，应按装配工艺图样将其准确插装在规定位置。要求标志向上，同规格电阻器的色环方向一致。装完同一种规格后再装另一种规格，尽量使电阻器的高低一致。

焊接卧式插装的电阻器时应紧贴印制电路板，并注意电阻器的色环向外，如图 A3-3-12a 所示。

焊接立式插装的电阻器时，应使电阻器离开印制电路板 1～2mm，并注意电阻器的色环向上，如图 A3-3-12b 所示。

（2）二极管的插装与焊接

注意二极管的正负极性位置不能搞错，同规格的二极管标志方向应一致，型号标志要易看可见，如图 A3-3-13 所示。

焊接卧式插装的二极管时，应使二极管离开印制电路板 3～5mm。

焊接立式插装的二极管时，应使二极管离开印制电路板 2～4mm。焊接最短引脚的时间不能超过 2s。

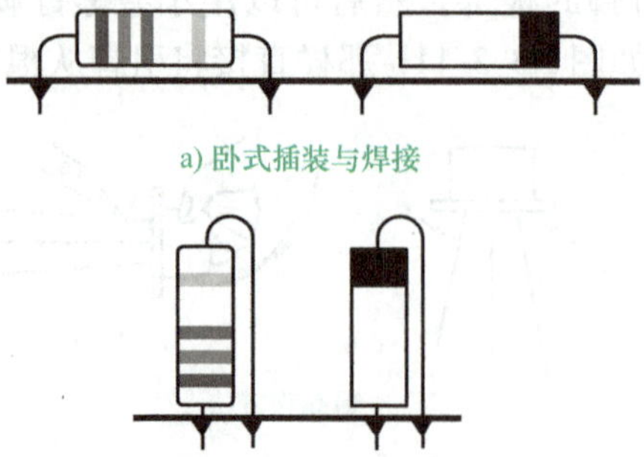

a) 卧式插装与焊接

b) 立式插装与焊接

图 A3-3-12　电阻器插装与焊接示意图

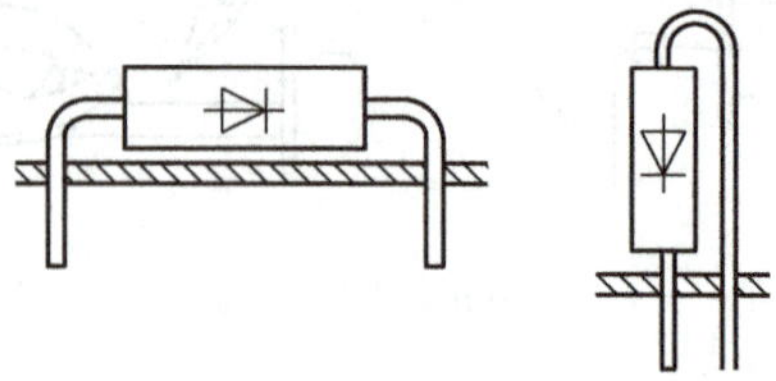

a) 卧式插装　　b) 立式插装

图 A3-3-13　二极管插装示意图

（3）电容器的插装与焊接

电容器应按装配工艺要求插装在规定位置。插装时，应注意有极性电容器的“+”极与“-”极不能接错。电容器上的标记要易看可见，同规格电容器排列整齐、高低一致。应先装玻璃釉电容器、瓷片电容器，最后装电解电容器。

插装及焊接瓷片电容器时，应使电容器离开印制电路板4~6mm，如图 A3-3-14a 所示。

插装及焊接电解电容器时，应使电容器离开印制电路板1~2mm，体积较大的电容器一般插到底，如图 A3-3-14b、c 所示。

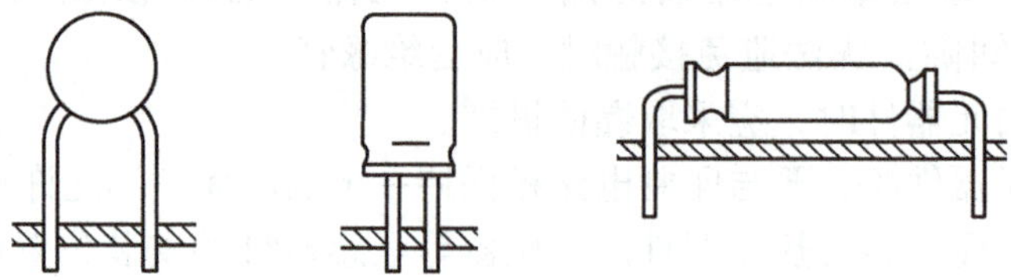

a) 瓷片电容器插装　　b) 立式插装　　c) 卧式插装

图 A3-3-14　电容器插装示意图

（4）晶体管的插装与焊接

插装晶体管时应注意 E、B、C 三引脚位置正确，并使晶体管（并排、跨排）离开印制电路板4~6mm。同规格晶体管应排列整齐、高低一致。焊接大功率晶体管时，若需加装散热片，应将接触面打磨平整、光滑后再紧固。

（5）集成电路的插装与焊接

焊接集成电路时，首先按图样检查其型号、引脚位置是否符合要求，然后紧贴印制电路板插装集成电路插座。焊接时先焊边沿的两只引脚，以使其定位，再从左到右、自上而下地逐个焊接。

（三）元器件引脚的焊接

按引脚形状不同，插焊可分为直脚焊和弯脚焊，如图 A3-3-15 所示。为了便于维修，通常采用直脚焊。焊接时，要求焊点均匀一致，引脚与焊盘融为一体，无虚焊、假焊。

焊接时，烙铁头与元器件引脚、铜箔以及钎料的接触方法如图 A3-3-16 所示。

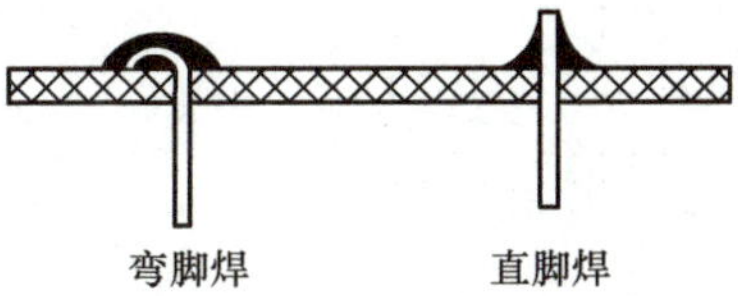

图 A3-3-15　插焊方法示意图

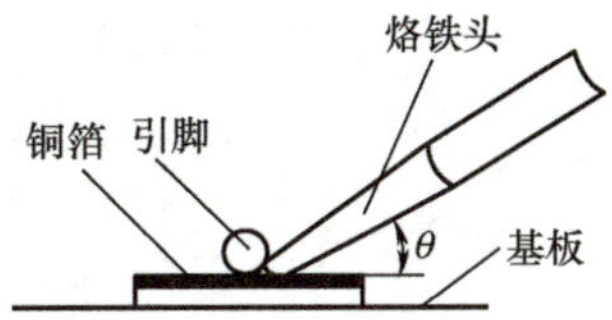

图 A3-3-16　接触方法

四、能力训练

（一）操作条件

所需设备			

电烙铁（一把）	元器件（若干）	钎料（焊锡丝，若干）	多孔印制电路板（一块）
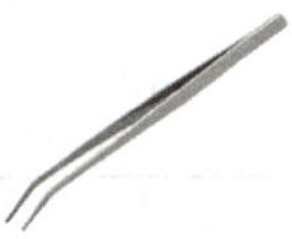			
镊子（一把）	尖嘴钳（一把）	斜口钳（一把）	

（二）安全及注意事项

1. 正确使用与放置电烙铁，避免干烧或烫坏其他物品。
2. 安全、规范地操作，注意人身安全。
3. 增强环保意识，注意节约耗材，避免浪费。

（三）操作过程（表 A3-3-1）

表 A3-3-1　元器件成形、插装与焊接操作过程

序号	步骤	操作方法及说明	质量标准
1	元器件引脚成形	按照装配工艺图（见图 A3-3-17）与元器件插装工艺表（见表 A3-3-2），对所用元器件的引脚进行成形加工	加工正确，符合工艺要求
2	元器件插装与焊接	按照装配工艺图（见图 A3-3-17），按先低后高、先轻后重、先易后难、先一般元器件后特殊元器件的顺序，依次完成元器件的插装与焊接	插装顺序合理且符合要求，插装位置、高度、间隙符合要求，色环、标志、极性正确无误，元器件排列整齐、高低一致
3	焊接质量检查与评价	检查元器件各引脚的焊点质量并自评	焊点均匀、光滑、一致，元器件引脚长度适当

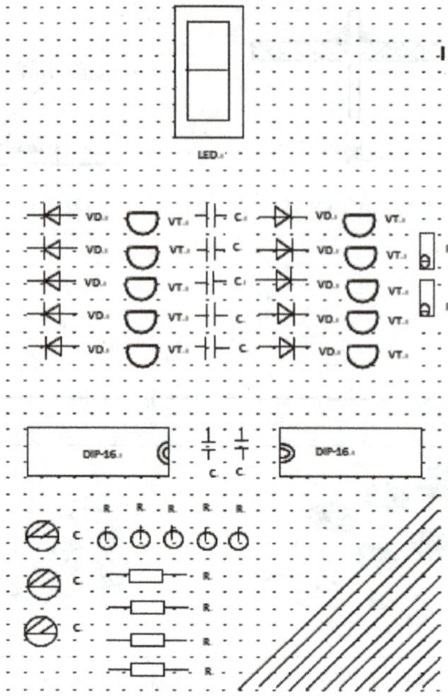

图 A3-3-17 装配工艺图

表 A3-3-2 元器件插装工艺表

名称	位号	插装工艺	安装工艺	
电阻器	R_1	卧式插装		电阻器贴着印制电路板卧式插装，如安装多个电阻器，色环方向应一致
	R_2	立式插装	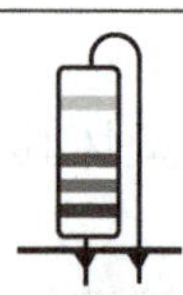	色环朝上，如安装多个电阻器，色环方向应一致
电位器	RP_1、RP_2	立式插装	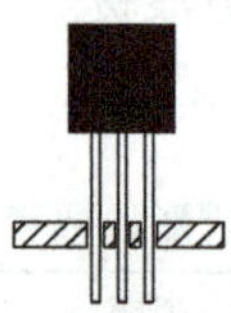	不要歪斜
电解电容器	C_2、C_3	立式插装	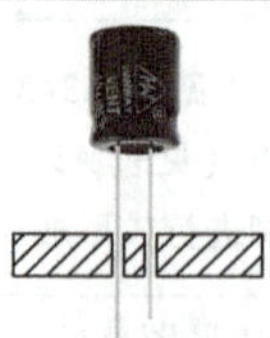	注意其正负极性，特别是大容量电容器，极性装反易炸裂
		卧式插装		注意其正负极性，特别是大容量电容器，极性装反易炸裂

（续）

名称	位号	插装工艺	安装工艺	
薄膜电容器	C_1	立式插装	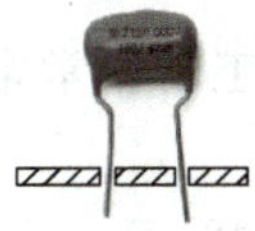	
发光二极管	VL_1、VL_2	立式插装	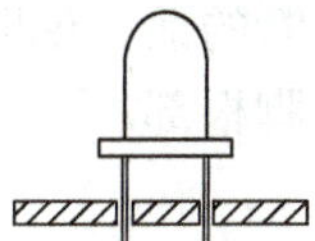	注意其正负极性（长脚为正）
二极管	VD_1、VD_2	卧式插装		注意其正负极性
数码管	LED	立式插装		
集成电路	IC_1、IC_2	立式插装		将集成电路直插到引脚凸出处，不要歪斜，注意引脚标志方向

（四）操作记录

【操作记录】

根据实际完成情况进行评价记录，填入表 A3-3-3。

表 A3-3-3　元器件安装记录表

名称	位号	插装工艺	自评	互评
电阻器	R_1	卧式插装		
	R_2	立式插装		
电位器	RP_1、RP_2	立式插装		
电解电容器	C_2、C_3	立式插装		
		卧式插装		
薄膜电容器	C_1	立式插装		
发光二极管	VL_1、VL_2	立式插装		
二极管	VD_1、VD_2	卧式插装		
数码管	LED	立式插装		
集成电路	IC_1、IC_2	立式插装		

（五）问题情境

【问题情境 1】

给卧式插装的电阻器进行引脚成形加工时，常常一不小心就把引脚给弯断了。该如何避免？

解决途径：在给元器件引脚折弯时，要注意一次成形，不要反复弯折，否则会因金属疲劳而折断。如果引脚是在元器件体处齐根断的话，说明引脚成形位置不对，应当留有一定的间距，并且在弯折时要适当保护元器件引脚根部。

【问题情境 2】

插装某一元器件时发现引脚长度不够，无法按要求插装，该怎么办？

解决途径：可以通过加长引脚的方法来解决。

【问题情境 3】

在焊接元器件时，印制电路板的焊盘脱落、断裂了，该怎么补救？

解决途径：印制电路板的焊盘脱落、断裂的原因是焊接加热时间过长、温度过高，所以焊接时要控制加热时间与温度，焊接前要做好准备一次焊接完成，不可反复焊接同一个焊盘。若出现上述情况，只能放弃这个焊盘，寻找与此焊盘同电位点的位置，通过引脚桥接方法来补救。一般情况下，要尽量避免出现此问题。

（六）学习结果评价

序号	评价内容	评价标准	评价结果（是/否）
1	能根据印制电路板的制作要求正确进行元器件引脚成形	元器件引脚正确成形，符合插装工艺表的要求	
2	能根据印制电路板的制作要求正确进行元器件插装	元器件插装位置正确，符合装配工艺图的要求	
3	能选用适当工具正确焊接元器件	元器件焊接质量符合工艺要求	

五、课后作业

请判断图 A3-3-18 所示上钎料的方式是否正确，若不正确，会造成什么后果？

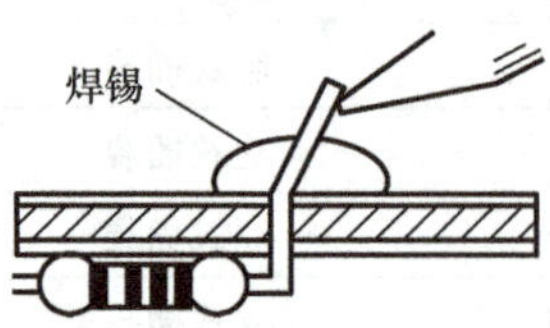

图 A3-3-18

学习领域B

基本电子线路装调

学习任务B-1　直流稳压电源电路装调

学习任务B-2　放大电路装调

学习任务B-3　集成运算放大电路装调

学习任务B-4　正弦波振荡电路装调

学习任务B-5　晶闸管电路装调

学习任务B-1

直流稳压电源电路装调

职业能力 B-1-1　能正确装调单相半波整流电路

一、核心概念

单相半波整流电路的核心概念如图 B1-1-1 所示。

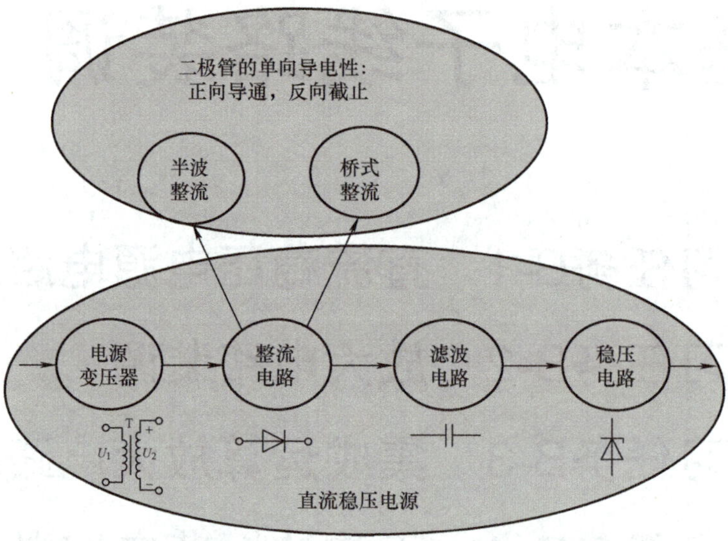

图 B1-1-1　单相半波整流电路的核心概念

二、学习目标

1. 能简单识读直流稳压电源的电路原理图，认识其组成及各部分的作用。
2. 能正确识读单相半波整流电路中各元器件的名称、作用。
3. 能按照电路原理图合理布局、安装电子元器件。
4. 能按照电路原理图正确连接电路。
5. 能正确给电路通电，并按要求测量相关数据并记录。
6. 能根据故障现象，分析电路并排除故障。
7. 养成独立分析、思考、解决问题的思维习惯，提高团结互助的合作能力。

三、基本知识

（一）直流电源的组成

各种电子设备通常采用直流电源供电，而电网提供的是 50Hz 正弦交流电压，所以要把正弦交流电变为稳定的直流电供电子设备使用。将交流电变换成直流电的过程称为整流。将正弦交流电变换成较稳定直流电的装置称为直流电源。通常，直流电源由 4 部分组成，如图 B1-1-2 所示。

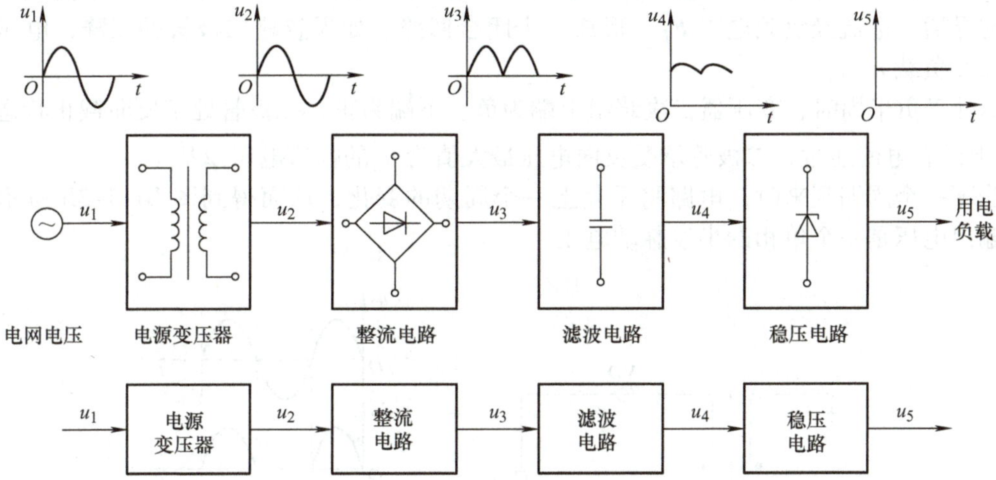

图 B1-1-2　直流电源组成框图

【电源变压器】

电子设备所需直流电压的数值较小，而电网电压的有效值较大，所以在整流前首先用电源变压器把电网电压 u_1 变换成所需要的交流电压值 u_2。

【整流电路】

利用整流器件的单向导电性，把交流电变换成方向不变但大小随时间变化的脉动直流电 u_3。

【滤波电路】

经整流电路输出的脉动直流电含有较大的交流成分，它有时会干扰输入信号，所以可利用电容器、电感线圈的储能特性，把脉动直流电中的交流成分滤掉，从而得到平滑的直流电 u_4。

【稳压电路】

虽然经过滤波电路可以输出较为平滑的直流电，但由于电网电压的波动或负载的改变，都会引起输出电压的改变。通常通过引入稳压电路，使输出电压 u_5 保持稳定。

（二）整流电路

家用电器表面上看是使用交流 220V 供电，实质上，其内部都是使用了二极管，把交流电变成了直流电，即进行了整流。整流电路按电源相数可分为单相整流电路和三相整流电路。通常，家用电器中的直流电源采用的是单相整流电路。常见的单相整流电路有半波整流电路、全波整流电路和桥式整流电路。

在分析整流电路时，由于电路的工作电压高、电流大，而二极管的正向压降及反向电流对电路的影响很小，可将二极管视为理想开关器件，即二极管正向导通时电压为 0，看作短路；反向截止时电流为 0，看作开路。

（三）单相半波整流电路

【电路结构】

单相半波整流电路如图 B1-1-3a 所示，它是最简单的一种整流电路。图中 T 为电源变压器，变压器二次电压为 u_2。通过电源变压器 T 将一次侧的单相交流电压 u_1 变换为所需要的二次电压 u_2，VD 是整流二极管，R_L是负载电阻。

【工作原理】

u_2处于正半周时的极性如图 B1-1-3a 所示，变压器二次绕组上端为正、下端为负，二极管正向导通，电流经负载电阻 R_L，形成一个闭合回路。如果忽略二极管的压降，电压几乎全部加在负载 R_L上。

u_2处于负半周时，变压器二次绕组上端为负、下端为正，二极管处于反向截止状态，负载 R_L上没有电流通过，二极管承受反向电压最大值为 u_2 的幅值电压$\sqrt{2}U_2$。

当下一个周期到来时，电路将重复上一个周期的变化，从而得到图 B1-1-3b 所示的波形，输出电压是一个单相的半波脉动电压。

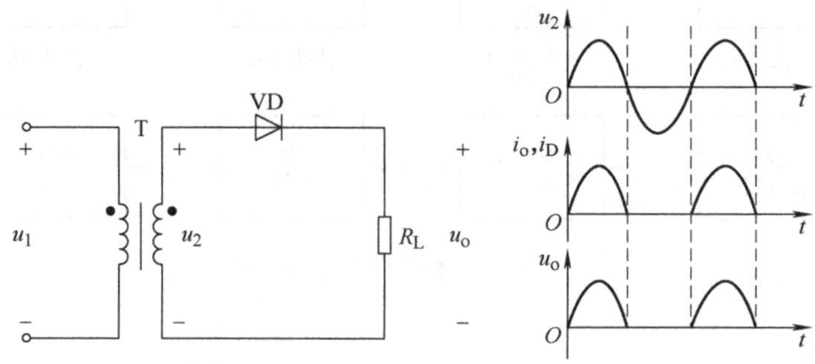

a) 电路　　b) 波形

图 B1-1-3　单相半波整流电路及波形

【相关变量计算】

根据图 B1-1-3b 可知，输出电压在一个周期内，只有正半周导通，在负载上得到的是半个正弦波。

负载上输出的平均电压 U_o为

$$U_o = 0.45U_2$$

式中，U_2为变压器二次绕组的交流电压 u_2的有效值。

流过负载和二极管的平均电流 I_D为

$$I_D = U_o/R_L = 0.45U_2/R_L$$

二极管承受的最大反向电压 U_{RM}为

$$U_{RM} = \sqrt{2}U_2$$

一般根据流过二极管的平均电流 I_D和它承受的最大反向电压 U_{RM}来选择二极管型号，为保证器件安全，选择二极管时要求：

$$I_F = (1.5 \sim 2)I_D$$
$$U_R = (1.5 \sim 2)U_{RM}$$

【电路特点】

单相半波整流电路简单，所用二极管数量少。但这种电路只利用了电源的半个周期，输出电压不到输入电压的一半，交流分量大，效率低。因此，这种电路仅适用于整流电流较小，对脉动要求不高的场合。

四、能力训练

（一）操作条件

所需设备		
		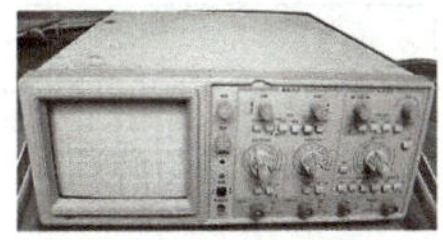
电烙铁（一把）	铆钉板（一块）	示波器（一台）

钎料（锡丝、铜丝，若干）	万用表（一台）	电子元器件见表 B1-1-1

表 B1-1-1　电子元器件明细表

序号	文字符号	名称	型号与规格	数量/个
1	T	变压器	220V/12V	1
2	VD	二极管	1N4007	1
3	R_L	电阻器	RT、1.5kΩ、1/4W	1

（二）安全及注意事项

1. 正确使用与放置电烙铁，避免干烧或烫坏其他物品。
2. 安全、规范地操作并调试电路，注意人身安全。
3. 增强环保意识，注意节约耗材，避免浪费。
4. 正确使用仪器仪表，爱护仪器仪表。

（三）操作过程

装调单相半波整流电路的操作过程见表 B1-1-2。

表 B1-1-2　装调单相半波整流电路的操作过程

序号	步骤	操作方法及说明	质量标准
1	电路原理图识读	1. 结合对单相半波整流电路组成的介绍，在表 B1-1-3 中填写电路的组成部分、作用及组成元器件 2. 在表 B1-1-4 中列出图 B1-1-4 中所需元器件的名称、型号/参数，并简要写出它们在电路中的作用	1. 正确写出电路中的元器件名称、型号、参数及作用 2. 正确写出电路的组成部分、作用及组成元器件
2	电路板面安装与布局	按照电路原理图，选择合适的电子元器件，进行整形、安装，完成电路板面的布局	正确选用元器件并正确安装，要求板面布局合理、大小适中、美观

（续）

序号	步骤	操作方法及说明	质量标准
3	电路连接	按照电路原理图，正确连接电路	电路连接正确
4	电路通电	按照电路原理图，正确接电源，给电路通电	电源参数调节正确，并且正确通电到电路板
5	参数测量与调试	1. 用万用表按照表 B1-1-5 测量相关参数 2. 使用示波器测量相关参数波形并记录	数据测量、读数正确，波形记录正确

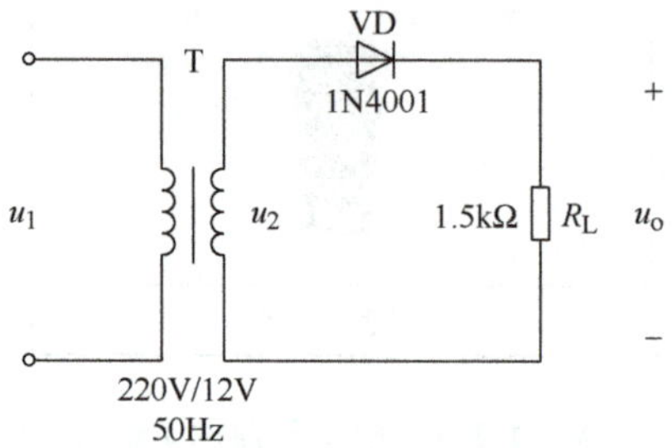

图 B1-1-4　单相半波整流电路原理图

（四）操作记录

【操作记录 1】（见表 B1-1-3）

表 B1-1-3　识读单相半波整流电路的组成

序号	组成部分	作用	组成元器件	备注
1				
2				
3				
4				

【操作记录 2】（见表 B1-1-4）

表 B1-1-4　识读单相半波整流电路原理图

序号	文字符号	名称	型号/参数	作用	备注
1					
2					
3					
4					

【操作记录3】（见表 B1-1-5）

表 B1-1-5　单相半波整流电路参数测量记录表

序号	参数测量与记录	数据分析	备注
1	用万用表测量电压：U_2 =（　　）V U_o =（　　）V	U_o =（　　）U_2	
2	用示波器测量相关波形		
3	u_2波形记录 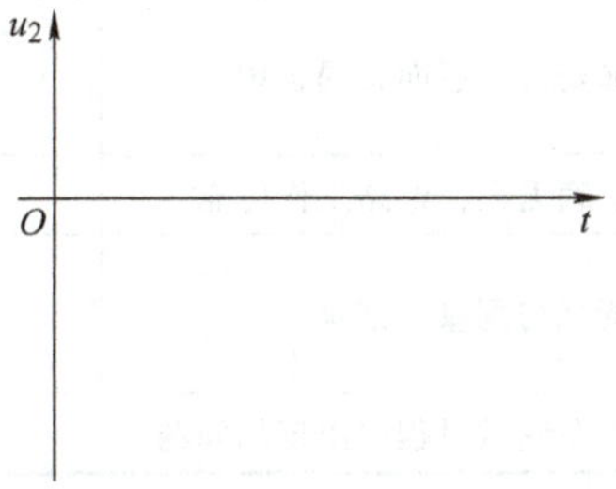 	电压峰峰值 U_{PP} = 周期 T = 频率 f =	
4	u_o波形记录 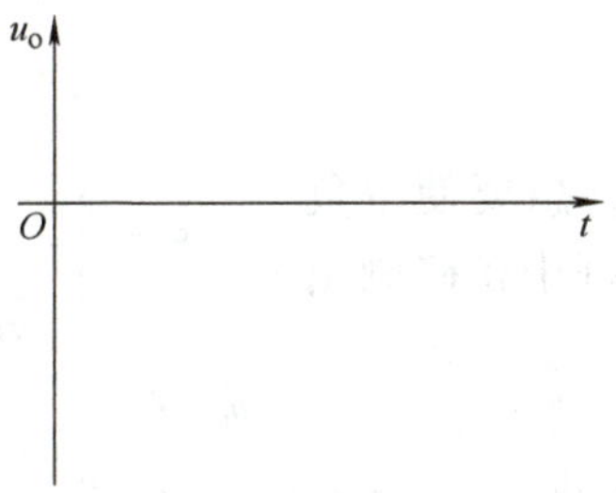 	电压峰峰值 U_{PP} = 周期 T = 频率 f =	

（五）问题情境

【问题情境 1】

在单相半波整流电路中，如果用万用表测得的输出电压 U_o的值为负值，是何种原因造成的？该如何解决？

解决途径：当测得的输出电压 U_o的值为负值，请按以下步骤进行检查。

1）万用表测量方法是否正确，注意万用表表笔所接的电压的极性。

2）若测量方法无误，请检查电路中二极管的极性是否接反。若接反，则测得输出电压 U_o为负值。只要把二极管接入电路的极性调换一下即可。

【问题情境 2】

在单相半波整流电路中，二极管采用正、反两种不同极性接入，电路能否正常工作？得到的参数有何区别？

解决途径：二极管采用正、反两种不同极性接入，电路依然能正常工作。测得的参数值分别为一正一负，两种都是半波整流。

【问题情境 3】

在单相半波整流电路中，用万用表测量电路输入与输出电压时，电压档位的选择需要注意些什么？

解决途径：此电路输入的是交流电，测量时要用交流电压档测量 u_2 的有效值；输出端是直流电，测量时要用直流电压档。

（六）学习结果评价

序号	评价内容	评价标准	评价结果（是/否）
1	能简单识读直流稳压电源的电路图	正确识读电路组成并记录	
2	能正确识读单相半波整流电路中各元器件名称、参数及作用	正确识读电路原理图并记录	
3	能按照电路原理图合理布局、安装电子元器件	元器件正确安装，板面布局合理	
4	能按照电路原理图正确连接电路	电路连接正确无误，电路工作可靠	
5	能正确给电路通电，并按要求测量相关数据并记录	正确通电调试与测量、记录	
6	能根据故障现象分析电路并排除故障	能分析解决在调试过程中出现的问题	

五、课后作业

【作业 1】

如图 B1-1-5 所示电路，已知输入交流电为 u_i，想要使得负载上得到图示所需极性的直流电压，请在图中虚线框中正确画出二极管符号。

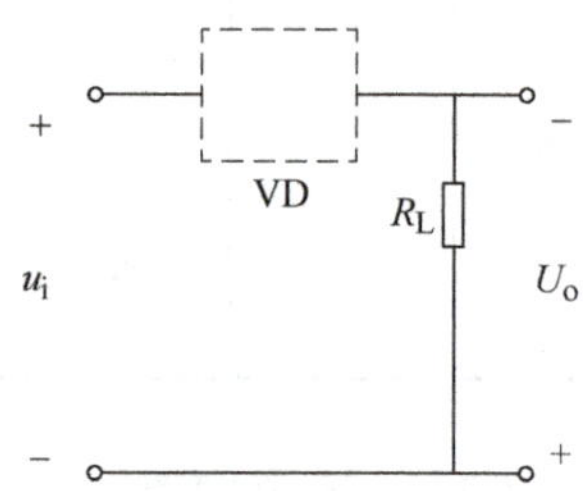

图 B1-1-5

【作业 2】

如图 B1-1-6 所示，设二极管 VD 的导通电压 $U_{VD}=0.7V$，则电路的输出电压值 $U_o=$ ________V。

【作业 3】

如图 B1-1-7 所示，二极管 VD 为理想器件，$u_i=10\sin\omega t$，则其输出电压波形为________。

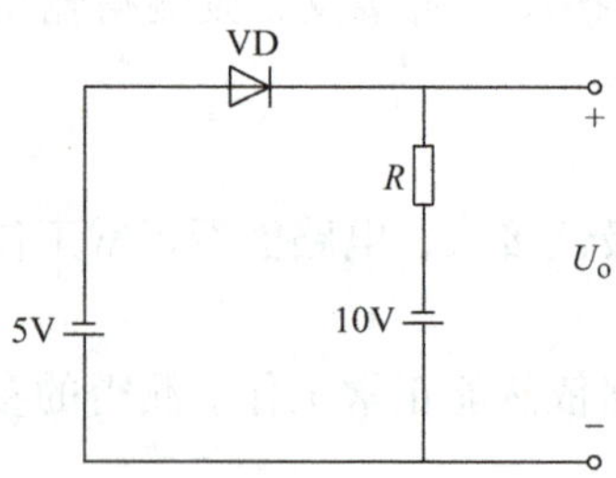

图 B1-1-6

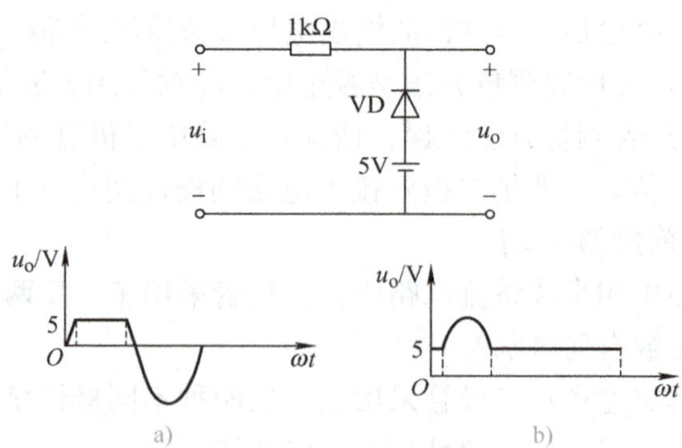

图 B1-1-7

职业能力 B-1-2　能正确装调单相桥式整流电路

一、核心概念

单相桥式整流电路的核心概念如图 B1-2-1 所示。

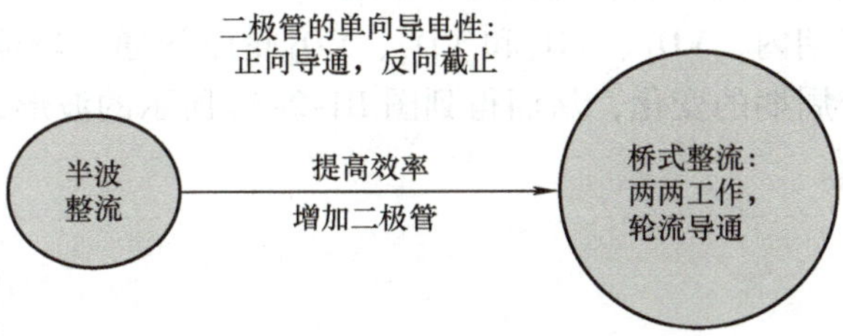

图 B1-2-1　单相桥式整流电路的核心概念

二、学习目标

1. 能简单识读单相桥式整流电路的电路原理图，认识其组成及各部分的作用。
2. 能正确识读单相桥式整流电路中各元器件的名称、型号、参数及作用。
3. 能按照电路原理图合理布局、安装电子元器件。
4. 能按照电路原理图正确连接电路。
5. 能正确给电路通电，并按要求测量相关数据并记录。
6. 能根据故障现象，分析电路并排除故障。
7. 养成独立分析、思考、解决问题的思维习惯，提高团结互助的合作能力。

三、基本知识

为了克服半波整流电路的缺点，实用电路中多采用全波整流电路或是桥式整流电路。工程中最常用的还是桥式整流电路。

单相桥式整流电路

【电路结构】

单相桥式整流电路如图 B1-2-2 所示。它由变压器 T、4 个整流二极管 $VD_1 \sim VD_4$，以及负载 R_L 组成，也常称为整流桥。

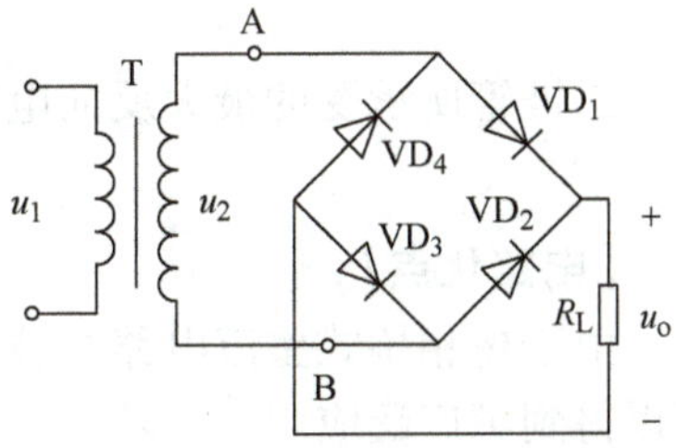

图 B1-2-2　单相桥式整流电路

【工作原理】

当变压器的二次电压 u_2 为正半周时，二次绕组上端 A 点为正，下端 B 点为负，二极管 VD_1、VD_3 正向导通，VD_2、VD_4 反向截止，电流流过二极管 VD_1、VD_3 和负载电阻 R_L，电流的流通路径为 $A \to VD_1 \to R_L \to VD_3 \to B$。

如图 B1-2-3a 所示，负载上有半波输出。如果忽略二极管的压降，电压几乎全部加在负载 R_L上。

当 u_2为负半周时，即二次绕组上端 A 点为负，下端 B 点为正，二极管 VD_2、VD_4正向导通，VD_1、VD_3反向截止，电流流过二极管 VD_2、VD_4和负载电阻 R_L，电流的流通路径为 B→VD_2→R_L→VD_4→A，如图 B1-2-3b 所示，负载上也有半波输出。

桥式整流电路工作原理

在输入信号的一个周期内，负载得到两个半波。

整个电路在一个周期内，VD_1、VD_3和 VD_2、VD_4轮流导通、轮流截止，当下一个周期到来时，将重复上一个周期的变化，从而得到图 B1-2-3c 所示的波形，输出电压是一个单一方向的全波脉动的电压。

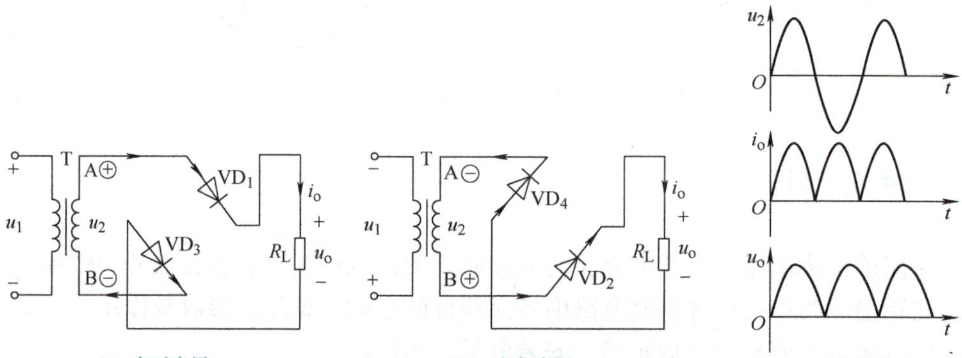

a) u_2为正半周　　b) u_2为负半周　　c) 波形

图 B1-2-3　单相桥式整流电路的工作原理

【相关变量计算】

根据图 B1-2-3c 可知，输出电压在一个周期内，都有电流流过负载，在负载上得到的两个半波是同方向的。

负载上输出的平均电压 U_o为

$$U_o = 0.9U_2$$

流过负载的平均电流为

$$I_o = \frac{U_o}{R_L} = 0.9\frac{U_2}{R_L}$$

流过二极管的平均电流 I_{VD}为

$$I_{VD} = 0.5I_o$$

二极管所承受的最大反向电压 U_{RM}为

$$U_{RM} = \sqrt{2}U_2$$

【电路优点】

由于单相桥式整流电路全波工作，变压器利用率高，平均电流、平均电压大，脉动小，所以得到了广泛应用。

四、能力训练

（一）操作条件

所需设备		

电烙铁（一把）	铆钉板（一块）	示波器（一台）

钎料（锡丝、铜丝，若干）	万用表（一台）	电子元器件见表 B1-2-1

表 B1-2-1　电子元器件明细表

序号	文字符号	名称	型号与规格	数量/个
1	T	变压器	220V/12V	1
2	$VD_1 \sim VD_4$	二极管	1N4007	4
3	R_L	电阻器	RT，1kΩ，1/4W	1

（二）安全及注意事项

1. 正确使用与放置电烙铁，避免干烧或烫坏其他物品。
2. 安全、规范地操作并调试电路，注意人身安全。
3. 增强环保意识，注意节约耗材，避免浪费。
4. 正确使用仪器仪表，爱护仪器仪表。

（三）操作过程

单相桥式整流电路的操作过程见表 B1-2-2。

表 B1-2-2　单相桥式整流电路的操作过程

序号	步骤	操作方法及说明	质量标准
1	电路原理图识读	1. 结合对单相桥式整流电路组成的介绍，在表 B1-2-3 中填写电路的组成部分、作用及组成元器件 2. 在表 B1-2-4 中列出图 B1-2-4 中所需元器件的名称、型号/参数，并简要写出它们在电路中的作用	1. 正确写出电路中的元器件的名称、型号、参数及作用 2. 正确写出电路的组成部分、作用及组成元器件

（续）

序号	步骤	操作方法及说明	质量标准
2	电路板面安装与布局	按照电路原理图，选择合适的电子元器件，进行整形、安装，完成电路板面的布局	正确选用元器件并正确安装，要求板面布局合理、大小适中、美观
3	电路连接	按照电路原理图正确连接电路	电路连接正确
4	电路通电	按照电路原理图正确接上电源，给电路通电	电源参数调节正确，并且正确通电到电路板
5	参数测量与调试	1. 用万用表按照表 B1-2-5 测量相关参数 2. 使用示波器测量相关参数波形并记录	数据测量、读数正确，波形记录正确

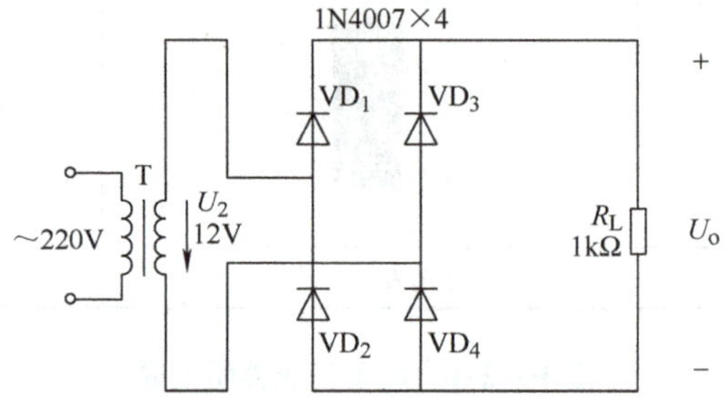

图 B1-2-4　单相桥式整流电路装接原理图

（四）操作记录

【操作记录 1】（见表 B1-2-3）

表 B1-2-3　识读单相桥式整流电路的组成

序号	组成部分	组成部分作用	组成元件	备注
1				
2				
3				
4				

【操作记录 2】（见表 B1-2-4）

表 B1-2-4　识读单相桥式整流电路原理图

序号	文字符号	元器件名称	型号/参数	作用	备注
1					
2					
3					
4					

【**操作记录3**】（见表 B1-2-5）

表 B1-2-5　单相桥式整流电路参数测量记录表

序号	参数测量与记录	数据分析	备注
1	用万用表测量电压：U_2 =（　　）V U_o =（　　）V	U_o =（　　）U_2	
2	用示波器测量相关波形		
3	u_2波形记录 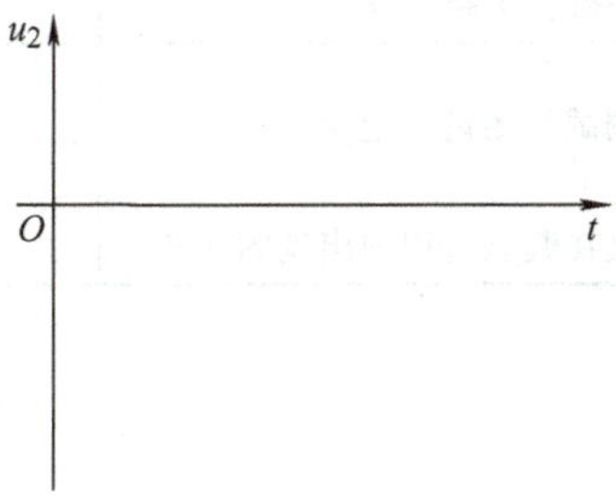 	峰峰值 U_{PP} = 周期 T = 频率 f =	
4	u_o波形记录 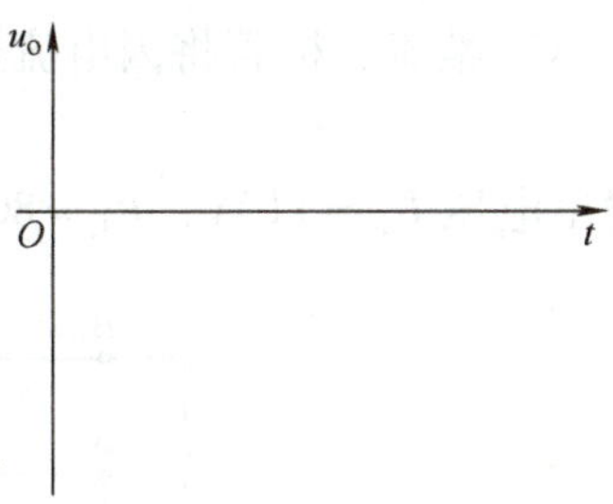 	峰峰值 U_{PP} = 周期 T = 频率 f =	

（五）问题情境

【**问题情境 1**】

单相桥式整流电路中，用万用表测得的输出电压 u_o 的值偏低，约为正常值的一半，用示波器观察得到的波形为半波，这是何种原因造成的？该如何解决？

解决途径：这是半波整流电路的波形，四个二极管中可能至少有一个开路，需用万用表检查并更换。

【**问题情境 2**】

测量单相桥式整流电路的输出电压时发现，负载电阻 R_L 无论有无接入电路，输出电压 U_o 的测量值不变，不知是何原因？

解决途径：这是正常现象，因为整流电路的输出电压值主要取决于输入交流电 u_2 有效值的大小，负载电阻 R_L 大小影响的是整流电路的输出电流的大小。

（六）学习结果评价

序号	评价内容	评价标准	评价结果（是/否）
1	能简单识读单相桥式整流电路的电路图	正确识读电路原理图并记录	
2	能正确识读单相桥式整流电路中各元器件名称、参数及作用	正确识读电路原理图并记录	
3	能按照电路原理图合理布局、安装电子元器件	元器件正确安装，板面布局合理	
4	能按照电路原理图正确连接电路	电路连接正确，电路工作可靠	
5	能正确给电路通电，并按要求测量相关数据并记录	正确通电调试与测量、记录	
6	能根据故障现象分析电路并排除故障	能分析解决在调试过程中出现的问题	

五、课后作业

【作业 1】

在单相桥式整流电路中，若有一个整流二极管接反，则（　　）。

A. 输出电压约为 $2U_{VD}$　　B. 变为半波整流　　C. 整流二极管将因电流过大而烧毁

【作业 2】

有单相桥式整流电路如图 B1-2-4 所示，要求输出电压 $U_o=110V$，$R_L=80\Omega$，问：

1）变压器二次电压有效值 U_2 是多少？

2）应选用什么型号的整流二极管？

【作业 3】

有电路如图 B1-2-5 所示，设二极管导通电压 $U_{VD}=0.7V$，电路的输出电压值 $U_o=$ ________。

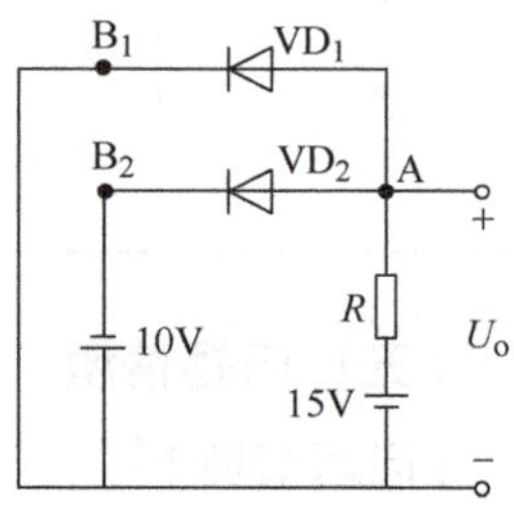

图 B1-2-5

职业能力 B-1-3　能正确装调单相桥式整流电容滤波电路

一、核心概念

单相桥式整流电容滤波电路装调的核心概念如图 B1-3-1 所示。

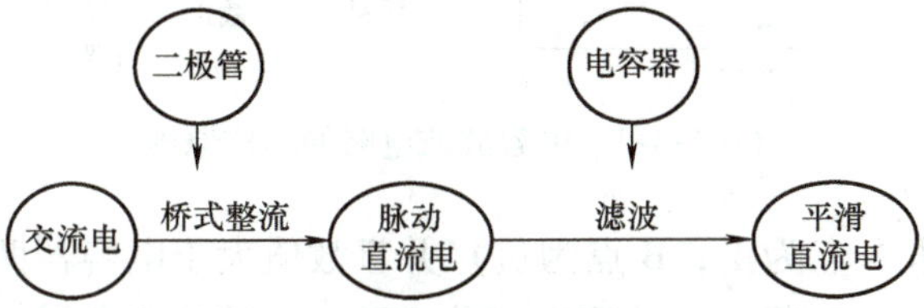

图 B1-3-1　单相桥式整流电容滤波电路装调的核心概念

二、学习目标

1. 认识单相桥式整流电容滤波电路的电路原理图，认识其组成及各部分的作用。
2. 会选择电路所需元器件，能正确识读各元器件的名称、型号、参数及作用。
3. 能按照电路原理图合理布局、安装电子元器件。
4. 能按照电路原理图正确连接电路。
5. 能正确给电路通电，按要求测量相关数据并记录。
6. 能根据故障现象，分析电路并排除故障。
7. 养成独立分析、思考、解决问题的思维习惯，提高团结互助的合作能力。

三、基本知识

在大多数电子设备中，整流电路后都需要加滤波电路，以减小整流电压的脉动程度，满足稳压电路的要求。把脉动直流电变成波形平滑的直流电的电路，就是滤波电路。

常见的滤波电路有电容滤波电路、电感滤波电路、复式滤波电路。

（一）电容滤波电路

【电路结构】

以单相桥式整流电容滤波电路为例，如图 B1-3-2 所示。电容滤波电路是在负载的两端并联一个电容器 C，电容量比较大，一般采用电解电容器。

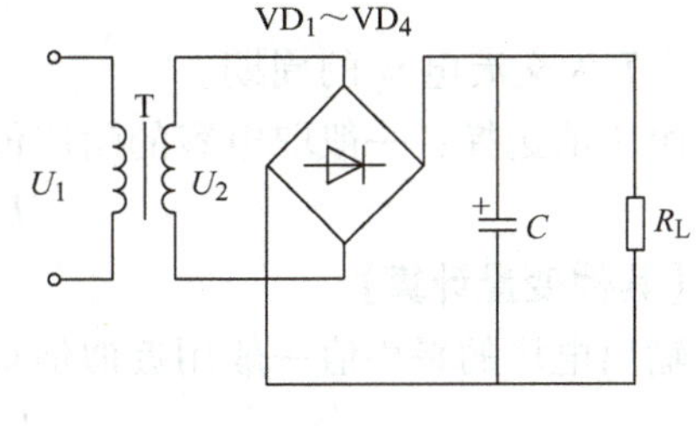

图 B1-3-2　单相桥式整流电容滤波电路

【工作原理】

电容滤波电路是利用电容器的充放电作用，使负载两端的电压变得比较平滑，其工作原理如图 B1-3-3 所示。

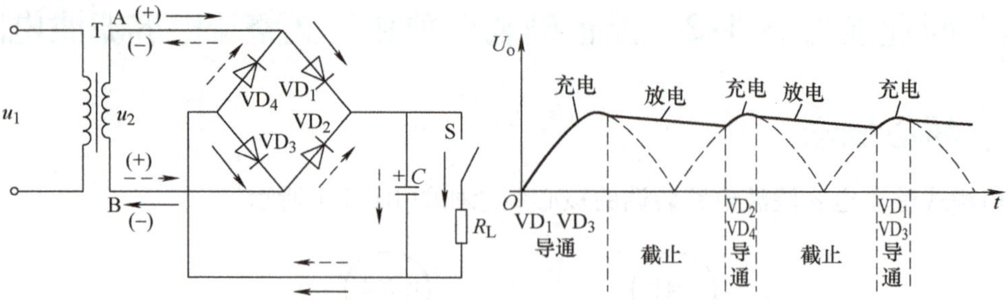

图 B1-3-3　电容滤波电路的工作原理

当 u_2 为正半周（即 A 点为正，B 点为负）并且数值大于电容器两端电压 u_C 时，二极管 VD_1 和 VD_3 导通，VD_2 和 VD_4 截止，整流电流分两路，一路流经负载电阻 R_L，另一路对电容器 C 充电，由于充电时间常数很小，所以充电速度很快，使 u_C 随 u_2 增长并到达峰值，如图 B1-3-3 所示。当 u_2 开始按正弦规律下降时，使 $u_C > u_2$，导致 VD_1 和 VD_3 反向偏置而截止，电容器通过负载电阻 R_L 放电，u_C 按指数规律缓慢下降，但放电时间常数较大，使 u_C 下降速度小于 u_2 的下降速度，VD_1 和 VD_3 由正向偏置变为反向偏置而截止。虽然四个整流二极管都截止，但在由电容器 C 和负载 R_L 组成的放电回路中，电容器 C 继续对负载 R_L 放电，使 u_C 缓慢下降。

当 u_2 为负半周，幅值变化到恰好大于 u_C 时，VD_2 和 VD_4 因加正向电压变为导通状态，VD_1 和 VD_3 截止，u_2 再次对 C 充电，u_C 上升到 u_2 的峰值后又开始下降；下降到一定数值时 VD_2 和 VD_4 变为截止，电容器 C 对负载 R_L 放电，u_C 按指数规律下降；放电到一定数值时 VD_1 和 VD_3 变为导通，重复上述过程。

由于储能元件电容器两端电压不能跃变的特性，使输出的电流、电压稳定。

【适用场合】

在电容滤波电路中，一方面，电容器的充电回路电阻值非常小，充电时间常数小，充电电流非常大；另一方面，由于电容器两端电压不能突变，使二极管导通时间变短，会在短时间产生较大的浪涌电流并作用在整流二极管上，有可能烧毁整流二极管，所以电容滤波电路适用于电流较小的场合。

【电容量的选择】

电容量选择：为了得到理想的直流电压、电容器 C 一般应满足

$$CR_L \geqslant (3 \sim 5)T/2$$

式中，T 为交流电 u_2 的周期。

耐压值选择：一般取电容的耐压值为

$$U_C = (1.5 \sim 2)U_2。$$

【其他变量计算】

输出电压的平均值一般用近似估算法，在 $CR_L \geqslant (3 \sim 5)T/2$ 的条件下，近似认为

$$U_o = 1.2U_2 \text{（桥式）}$$

$$U_o = U_2 \text{（半波）}$$

二极管可能承受的最高反向电压为

$$U_{RM}=\sqrt{2}U_2 \text{（桥式）}$$

$$U_{RM}=2\sqrt{2}U_2 \text{（半波）}$$

（二）电感滤波电路

【电路结构】

电感滤波电路由负载与电感器串联组成，如图 B1-3-4 所示。

【工作原理】

电感滤波电路的波形如图 B1-3-5 所示。

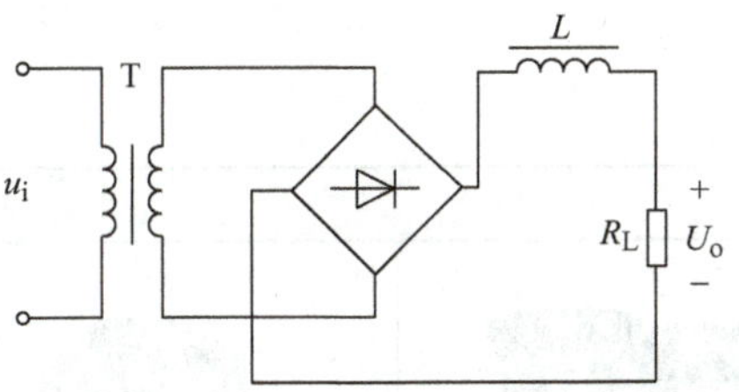

图 B1-3-4　电感滤波电路

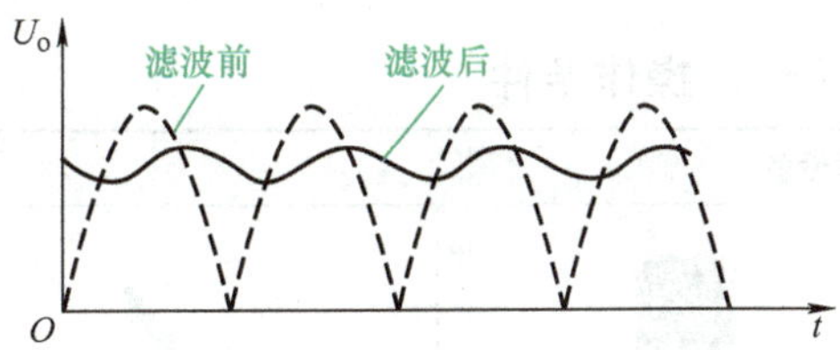

图 B1-3-5　电感滤波电路的波形

对于直流成分，由于电感器 L 的电阻值一般远小于负载电阻值 R_L，所以它几乎全部落在 R_L上；对于交流分量，由于电感器 L 呈现感抗为 $X_L=2\pi fL$，只要 L 足够大，使 $X_L \gg R_L$ 时，电感器 L 对交流分量的分压结果，会使交流分量几乎全部落在电感器 L 上，而负载电阻 R_L上的交流压降很小，使输出的电流、电压稳定。

当忽略电感器 L 的直流电阻时，R_L 上的直流电压 U_o与不加滤波时负载上的电压相同，即

$$U_o=0.9U_2 \text{（桥式）}$$

【电路特点比较】

与电容滤波电路相比，电感滤波电路有以下特点：

1）电感滤波的外特性好。

2）电感滤波不会出现浪涌电流现象。

3）电感滤波电路适用于输出电压不高、输出电流较大及负载变化不大的场合。

4）电感越大，滤波效果越好，但必须增大电感器的体积，这样成本会远高于电容器。

（三）复式滤波电路

常用的复式滤波电路有 LC 滤波电路、π 形 LC 滤波电路、π 形 RC 滤波电路等，如图 B1-3-6 所示。

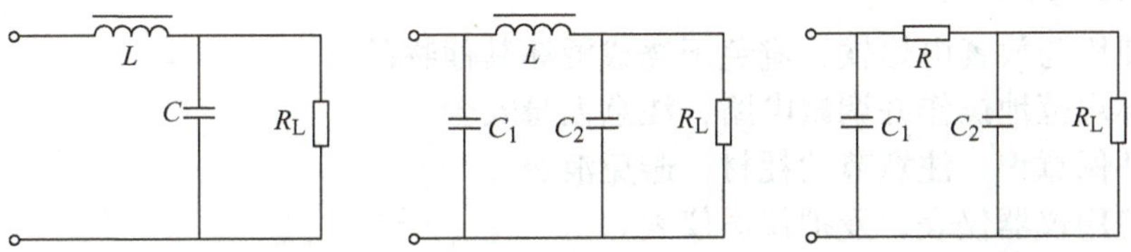

a) LC滤波电路　b) π形LC滤波电路　c) π形RC滤波电路

图 B1-3-6　复式滤波电路

（四）各种滤波电路性能对比（见表 B1-3-1）

表 B1-3-1　各种滤波电路性能对比

项目	电容滤波	电感滤波	*LC* 滤波	π形 *LC* 滤波和π形 *RC* 滤波
滤波效果	较好（小电流时）	较差（小电流时）	较好	较好
U_o/U_i	1.2	0.9	0.9	1.2
适用场合	小电流负载	大电流负载	适应性较强	小电流负载

四、能力训练

（一）操作条件

所需设备			

万用表（一台）	电烙铁（一把）	钎料（锡丝，若干）	松香（若干）
	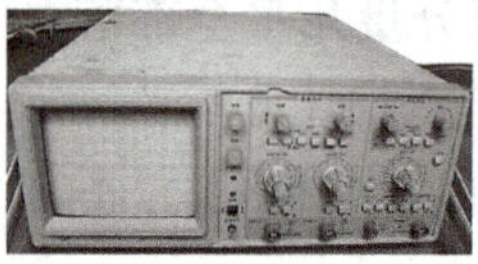		
铆钉板（一块）	示波器（一台）	电子元器件见表 B1-3-2	

表 B1-3-2　电子元器件明细表

序号	文字符号	名称	型号与规格	数量/个
1	T	变压器	220V/12V	1
2	VD	二极管	1N4007	4
3	C	电解电容器	220μF/63V	1
4	R_L	电阻器	RT，1kΩ，1/4W	1

（二）安全及注意事项

1. 正确使用与放置电烙铁，避免干烧或烫坏其他物品。
2. 安全、规范地操作并调试电路，注意人身安全。
3. 增强环保意识，注意节约耗材，避免浪费。
4. 正确使用仪器仪表，爱护仪器仪表。

（三）操作过程

装接单相桥式整流电容滤波电路的操作过程见表 B1-3-3。

表 B1-3-3　装接单相桥式整流电容滤波电路的操作过程

序号	步骤	操作方法及说明	质量标准
1	电路原理图识读	结合单相桥式整流电容滤波电路结构的介绍，在表 B1-3-4 中填写电路的组成部分、作用及组成元器件	正确写出电路的组成部分、作用及组成元器件
2	电路元器件选择	在表 B1-3-5 中列出图 B1-3-7 中所需的元器件的名称、型号/参数，并简要写出它们在电路中的作用	正确写出电路中的元器件名称、型号/参数及作用
3	电路元器件检测	依次核对电路中所需的元器件，并用万用表检测所需元器件的质量	填写质量检测结果，保证所用元器件质量完好
4	电路元器件布局	在电路板上合理布局电路元器件	元器件排列均匀、整齐美观，遵循方便连线的原则，元器件整形美观、合理
5	电路元器件安装	在电路板上焊接定位电路元器件	焊点呈锥形，光亮、牢固，元器件引脚居中不弯斜
6	电路连接	在电路板上根据电路原理图正确连接电路	电路连接正确，避免导线交叉走线
7	电路通电	按照电路原理图，正确接上电源，给电路通电	电源参数调节正确，并且正确通电到电路板
8	参数测量与调试	1. 用万用表按照表 B1-3-6 测量相关参数 2. 使用示波器测量相关参数波形并记录	数据测量、读数正确，波形记录正确

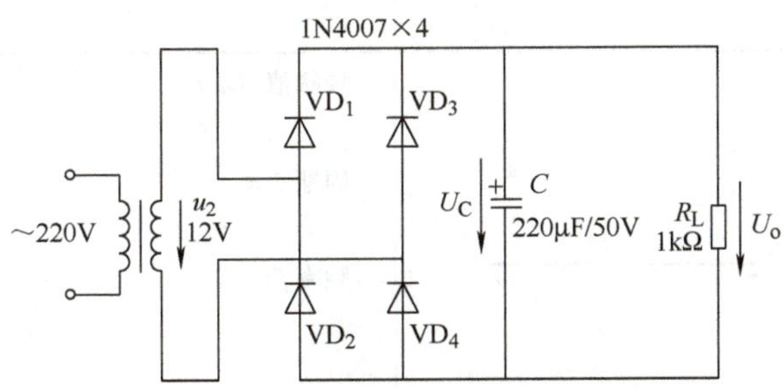

图 B1-3-7　单相桥式整流电容滤波电路装接原理图

桥式整流电容滤波电路装接演示

（四）操作记录

【操作记录1】（见表B1-3-4）

表B1-3-4　识读单相桥式整流电容滤波电路的组成

序号	组成部分	组成部分作用	组成元器件	备注
1				
2				
3				
4				

【操作记录2】（见表B1-3-5）

表B1-3-5　识读单相桥式整流电容滤波电路装接原理图

序号	文字符号	电路元器件名称	型号/参数	数量	作用	质量
1						
2						
3						
4						
5						

【操作记录表3】（见表B1-3-6）

表B1-3-6　单相桥式整流电容滤波电路参数测量记录表

序号	参数测量与记录	数据分析	备注
1	用万用表测量电压：U_2 =（　　）V U_o =（　　）V	U_o =（　　）U_2	
2	用示波器测量相关波形		
3	u_2波形记录 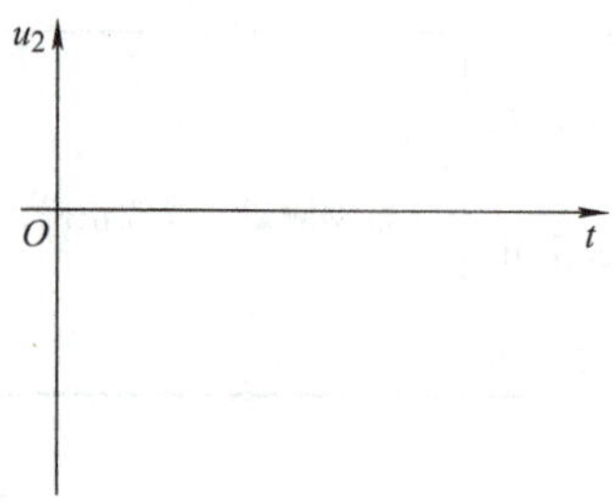	峰峰值 U_{PP} = 周期 T = 频率 f =	
4	u_o波形记录 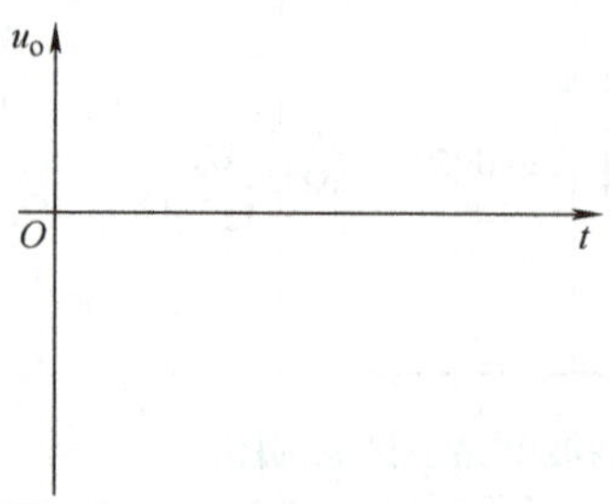	峰峰值 U_{PP} = 周期 T = 频率 f =	

（五）问题情境

【问题情境 1】

用万用表测量单相桥式整流电容滤波电路的输出直流电压时，发现多次测得的值都比理论值高，接近 $1.4U_2$，不知是何原因？

解决途径：测得的直流输出电压接近 $1.4U_2$，可能是电路中的负载电阻没有接入电路或者电阻器开路损坏。可以检查电路接线是否正确或有无虚焊；若无，则需检查电阻器质量是否完好。

【问题情境 2】

用示波器观察单相桥式整流电容滤波电路的输出波形时，发现波形跟单相桥式整流电路的输出波形一样，如何解决？

解决途径：单相桥式整流电容滤波电路的输出波形与单相桥式整流电路的输出波形一样，说明电路中的滤波电容器没有接入电路，请检查滤波电容器的连接线是否正确或者有无虚焊；若无，则检查滤波电容器的好坏。

（六）学习结果评价

序号	评价内容	评价标准	评价结果（是/否）
1	能识读单相桥式整流电容滤波电路的电路图	正确识读电路原理图并记录	
2	能选择电路所需元器件	根据电路元器件参数，在元器件库中找到所需元器件并正确检测	
3	能正确、合理布局电路元器件	板面布局合理，疏密有致	
4	能正确安装元器件并正确连接电路	元器件安装正确，电路连接可靠	
5	能正确给电路通电，并按要求测量相关数据并记录	正确通电调试与测量、记录	
6	能根据故障现象分析电路并排除故障	能分析解决在调试过程中出现的问题	

五、课后作业

【作业 1】

电容滤波电路通常用在（　　）的场合。

A. 平均电压低，负载电流大

B. 平均电压高，负载电流大

C. 平均电压低，负载电流小

D. 平均电压高，负载电流小，负载变动小

【作业 2】

直流稳压电源中的滤波电路的目的是（　　）。

A. 将交流变为直流

B. 将高频变为低频

C. 将交流、直流混合量中的交流成分滤掉

D. 保护电源

【作业 3】

在单相桥式整流电容滤波电路中，已知 $u_2=20V$，负载电阻 $R_L=300\Omega$，试求电路输出的直流电压为多少？负载电路通过的电流为多少？

【作业 4】

在图 B1-3-8 所示单相桥式整流电容滤波电路中，u_i 为正弦电压，其有效值为 $u_i=20V$，$f=50Hz$。若实际测得其输出电压为 28.28V，这是由于（　　）。

A. C 开路　　B. C 的电容量过小

C. C 的电容量过大　　D. R_L开路

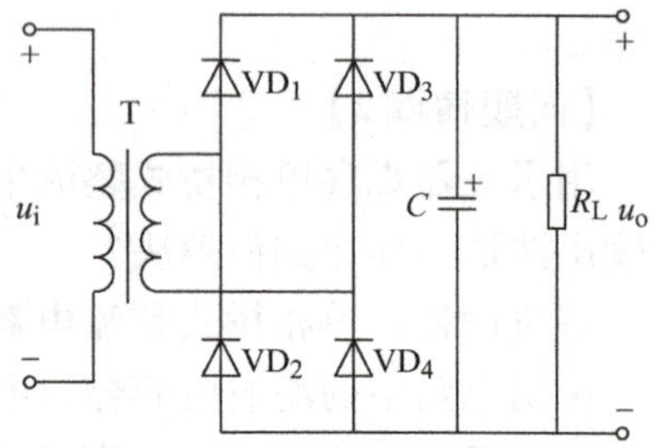

图 B1-3-8

职业能力 B-1-4 能正确装调单相桥式整流电容滤波稳压管稳压电路

一、核心概念

单相桥式整流电容滤波稳压管稳压电路装调的核心概念如图 B1-4-1 所示。

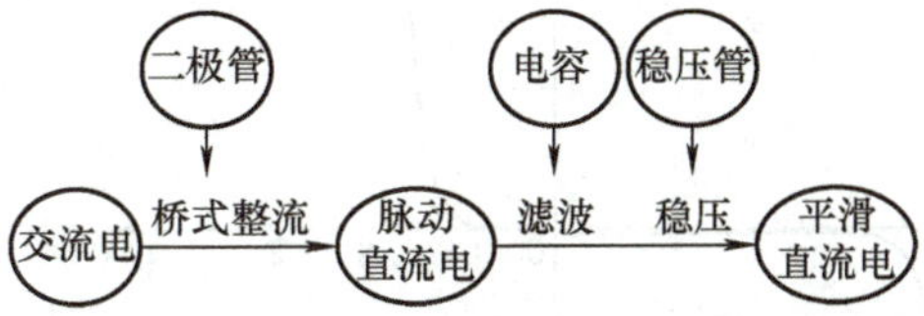

图 B1-4-1 单相桥式整流电容滤波稳压管稳压电路装调的核心概念

二、学习目标

1. 认识单相桥式整流电容滤波稳压管稳压电路的电路原理图，认识其组成与各部分的作用。
2. 会选择电路所需元器件，能正确识读各元器件的名称、型号、参数及作用。
3. 能按照电路原理图合理布局、安装电子元器件。
4. 能按照电路原理图正确连接电路。
5. 能正确给电路通电，并按要求测量相关数据并记录。
6. 能根据故障现象，分析电路并排除故障。
7. 养成独立分析、思考、解决问题的思维习惯，提高团结互助的合作能力。

三、基本知识

经过整流和滤波后的直流输出电压已经变得比较平稳，但往往会随着电网电压的波动或负载电流的变化而变化。为了使直流输出电压保持稳定，必须进行稳压。

（一）稳压二极管

【外形特征】

稳压二极管是一种用特殊工艺制造的面接触硅材料二极管，具有稳定电压的功能。常用稳压二极管的外形与普通二极管相似，有塑料外壳、金属外壳等封装形式。图 B1-4-2 为常用稳压二极管的外形。

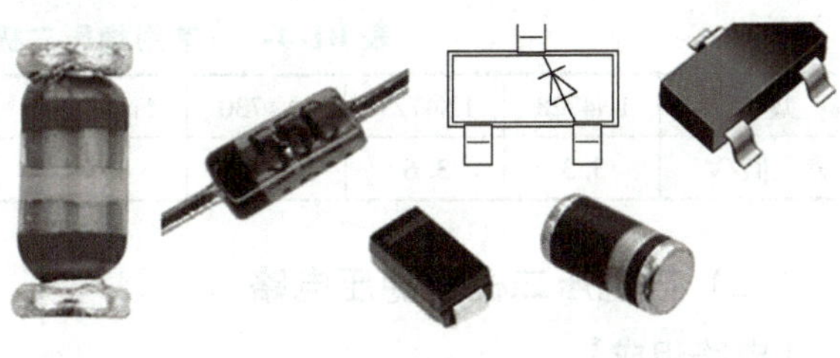

图 B1-4-2 稳压二极管的外形

【电气符号与伏安特性】

稳压二极管的电气符号、伏安特性曲线及稳压电路如图 B1-4-3 所示。它的正向特性曲线与普通二极管相似。正常情况下，稳压二极管工作在反向击穿区，由于曲线很陡，反向电流在很大的范围内变化，端电压变化很小，因而具有稳压作用。图 B1-4-3b 中，当电流的增量（$\Delta I_Z = I_{Zmax} - I_{Zmin}$）很大时，只引起很小的电压变化 ΔU_Z。只要反向电流不超过其最大稳定电流 I_{Zmax}，就不会形成破坏性的热击穿。因此，在电路中稳压二极管应串联一个具有适当电阻值的限流电阻。

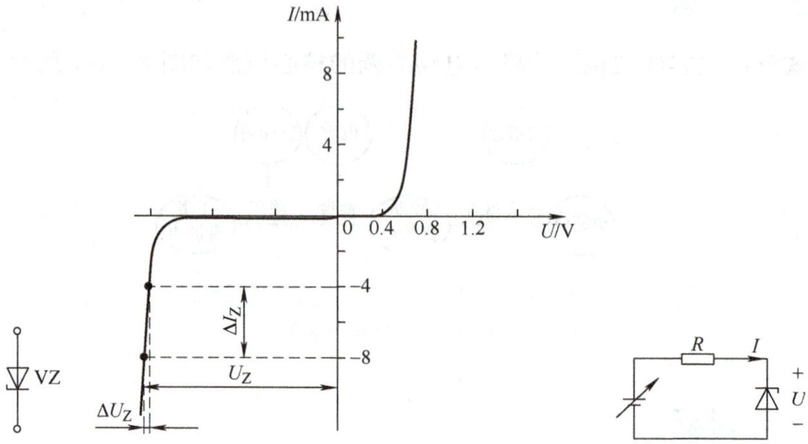

a) 电气符号　　b) 伏安特性曲线　　c) 稳压电路

图 B1-4-3　稳压二极管的电气符号、伏安特性曲线及稳压电路

【主要参数】

稳定电压 U_Z：指在规定的测试条件下，稳压二极管工作在反向击穿区时的稳定电压。

稳定电流 I_Z：指稳压二极管在稳定电压时的工作电流，其范围在 $I_{Zmin} \sim I_{Zmax}$ 之间。

最大耗散功率 P_M：指稳压二极管工作时允许承受的最大功率，其值为 $P_M = I_{Zmax} U_Z$。

【使用原则】

1）稳压二极管的正极要接低电位，负极接高电位，保证工作在反向击穿区。

2）为防止稳压二极管的工作电流超过其最大稳定电流 I_{Zmax} 而引起破坏性击穿，应串接一个限流电阻 R。

3）稳压二极管不能并联使用，以免因稳压值不同造成电流不均而过载损坏。

【常用稳压二极管的型号与稳压值】（见表 B1-4-1）

表 B1-4-1　常用稳压二极管的型号与稳压值

型号	1N4728	1N4729	1N4730	1N4732	1N4733	1N4734	1N4735	1N4744	1N4750
稳压值/V	3.3	3.6	3.9	4.7	5.1	5.6	6.2	15	27

（二）硅稳压二极管稳压电路

【电路组成】

图 B1-4-4 为硅稳压二极管并联型稳压电路。将经整流滤波后得到的直流电压 U_1 输入由限流电阻 R 和稳压二极管 VZ 组成的稳压电路，再将负载 R_L 与 VZ 并联，就可在负载上得到一个比较稳定的电压 U_o。

【工作原理】

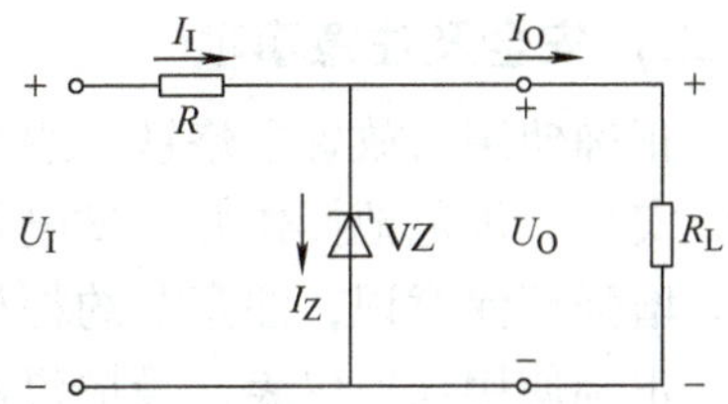

图 B1-4-4　硅稳压二极管并联型稳压电路

下面分析在交流电源电压波动和负载变化时，稳压电路的工作情况。由图 B1-4-4 所示电路可知，其电压、电流的关系为

$$U_I = I_I R + U_O$$
$$I_I = I_Z + I_O$$

为了分析问题方便，先假设负载不变，只分析交流电源电压波动时，稳压电路的工作情况。若交流电源电压增大，整流滤波电压 U_I就会增大，使电流 I_I增大，由于负载电流 I_O不变，因而电流 I_I增大的部分全部流过稳压二极管，使稳压二极管电流 I_Z增大，只要 I_Z不超过最大稳定电流，电路就可以正常工作，稳压二极管两端电压 U_Z基本保持不变，此时电阻 R 上的压降增大，即 $U_I\uparrow \to I_I\uparrow = I_Z\uparrow + I_O$（不变）$\to U_I\uparrow = I_I R\uparrow + U_O$（不变），反之同理。

下面再分析交流电源电压保持不变而负载变化时，稳压电路的工作情况。当交流电源电压保持不变时，整流滤波电压 U_I也不变，当负载电流 I_O增大时，稳压二极管电流 I_Z减小，只要 I_Z不小于最小稳定电流，电路就可以正常工作，稳压二极管两端电压 U_Z基本保持不变，此时流过限流电阻 R 的电流和电阻上的压降基本保持不变，即 $I_O\uparrow \to I_I$（不变）$= I_Z\downarrow + I_O\uparrow \to U_I$（不变）$= I_I R$（不变）$+ U_O$（不变），反之同理。

四、能力训练

（一）操作条件

所需设备			
	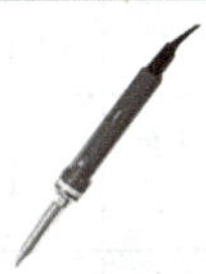		
万用表（一台）	电烙铁（一把）	钎料（锡丝，若干）	松香（若干）
	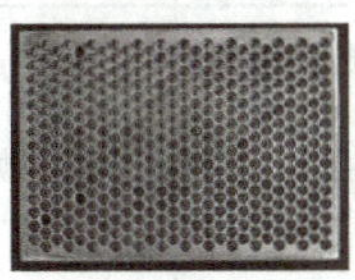		
示波器（一台）	铆钉板（一块）	电子元器件详见表 B1-4-2	

表 B1-4-2　电子元器件明细表

序号	文字符号	名称	型号与规格	数量/个
1	T	变压器	220V/12V	1
2	VD	二极管	1N4007	4
3	VZ	稳压二极管	1N4740	1
4	C	电解电容器	220μF/63V	1
5	R_1	电阻器	RT，200Ω，1W	1
6	R_2	电阻器	RT，510Ω，1/4W	1

（二）安全及注意事项

1. 正确使用与放置电烙铁，避免干烧或烫坏其他物品。
2. 安全、规范地操作并调试电路，注意人身安全。
3. 增强环保意识，注意节约耗材，避免浪费。
4. 正确使用仪器仪表，爱护仪器仪表。

（三）操作过程

装接单相桥式整流电容滤波稳压二极管稳压电路的操作过程见表B1-4-3。

表B1-4-3　装接单相桥式整流电容滤波稳压二极管稳压电路的操作过程

序号	步骤	操作方法及说明	质量标准
1	电路原理图识读	结合单相桥式整流电容滤波稳压二极管稳压电路结构的介绍，在表B1-4-4中填写电路的组成部分、作用及组成元器件	正确写出电路的组成部分、作用及组成元器件
2	电路元器件选择	在表B1-4-5中列出图B1-4-5中所需元器件的名称、型号/参数，并简要写出它们在电路中的作用	正确写出电路中的元器件名称、型号/参数及作用
3	电路元器件检测	依次核对电路中所需的元器件，并用万用表检测所需元器件的质量	填写质量检测结果，保证所用元器件质量是好的
4	电路元器件布局	在电路板上合理布局电路元器件	元器件排列均匀、整齐美观，遵循方便连线的原则，元器件整形美观、合理
5	电路元器件安装	在电路板上焊接定位电路元器件	焊点呈锥形，光亮、牢固，元器件引脚居中不弯斜
6	电路连接	在电路板上根据电路原理图正确连接电路	电路连接正确，避免导线交叉走线
7	电路通电	按照电路原理图，正确接上电源，给电路通电	电源参数调节正确，并且正确通电到电路板
8	参数测量与调试	1. 用万用表按照表B1-4-6测量相关参数 2. 使用示波器测量相关参数波形并记录	数据测量、读数正确，波形记录正确

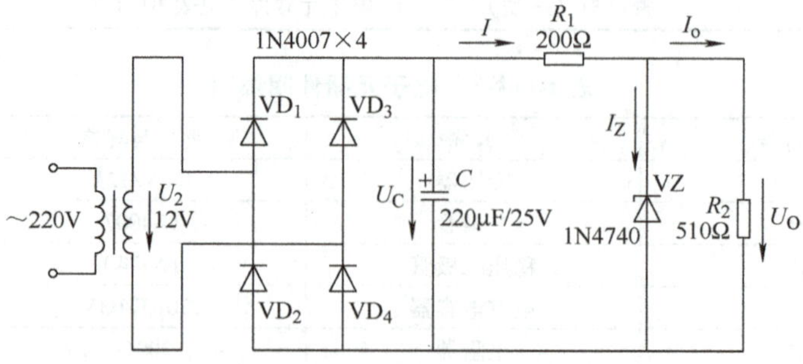

图B1-4-5　单相桥式整流电容滤波稳压二极管稳压电路装接原理图

（四）操作记录

【操作记录1】（见表B1-4-4）

表 B1-4-4　识读单相桥式整流电容滤波稳压二极管稳压电路的组成

序号	组成部分	组成部分作用	组成元器件	备注
1				
2				
3				
4				

【操作记录2】（见表B1-4-5）

表 B1-4-5　识读单相桥式整流电容滤波稳压二极管稳压电路装接原理图

序号	文字符号	电路元器件名称	型号/参数	数量	作用	质量
1						
2						
3						
4						
5						
6						

【操作记录3】（见表B1-4-6）

表 B1-4-6　单相桥式整流电容滤波稳压二极管稳压电路参数测量记录表

序号	参数测量与记录	数据分析	备注
1	用万用表测量电压：U_2 =（　　）V U_o =（　　）V	U_o =（　　）U_2	
2	用示波器测量相关波形		
3	u_2波形记录 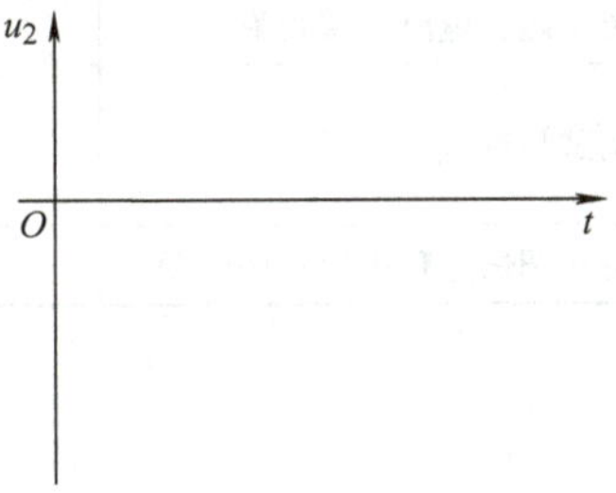	峰峰值 U_{PP} = 周期 T = 频率 f =	

（续）

序号	参数测量与记录	数据分析	备注
4	u_o波形记录 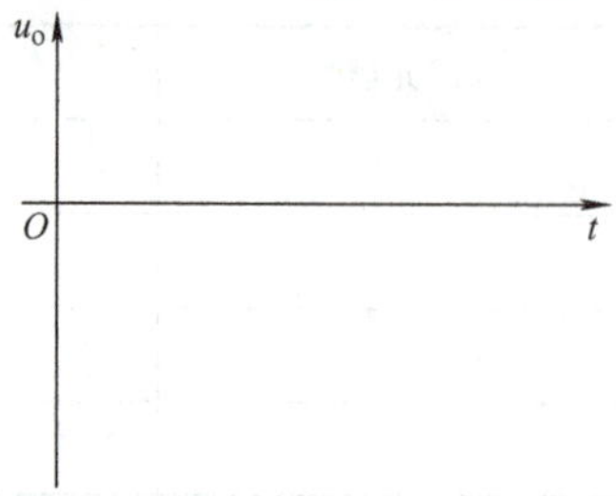	峰峰值 U_{PP} = 周期 T = 频率 f =	

（五）问题情境

【问题情境1】

用示波器观察单相桥式整流电容滤波稳压二极管稳压电路的输出波形时，发现波形跟单相桥式整流电容滤波电路的输出波形一样，该如何解决？

解决途径：说明电路中的稳压二极管没有接入电路，请检查稳压二极管的连接线是否正确或者有无虚焊，若没有则检查稳压二极管的好坏。

【问题情境2】

用示波器观察单相桥式整流电容滤波稳压二极管稳压电路的输出波形时，发现波形呈梯形，不知是何原因，该如何解决？

解决途径：输出波形呈梯形，说明电路中的滤波电容器没有起作用，导致桥式整流出来的波形被稳压二极管限幅消顶，呈现梯形。故需要检查滤波电容器的连接线是否正确或者有无虚焊，若没有则检查滤波电容器的好坏。

（六）学习结果评价

序号	评价内容	评价标准	评价结果（是/否）
1	能识读单相桥式整流电容滤波稳压二极管稳压电路的电路图	正确识读电路原理图并记录	
2	能选择电路所需元器件	根据电路元器件参数，在元器件库中找到所需元器件并正确检测	
3	能正确、合理布局电路元器件	板面布局合理，疏密有致	
4	能正确安装元器件并正确连接电路	元器件安装正确，电路连接可靠	
5	能正确给电路通电，并按要求测量相关数据并记录	正确通电调试与测量、记录	
6	能根据故障现象分析电路并排除故障	能分析解决在调试过程中出现的问题	

五、课后作业

【作业1】

半导体稳压二极管正常稳压时，应当工作于（　　）。

A. 反向偏置击穿状态　　　　B. 反向偏置未击穿状态

C. 正向偏置导通状态　　　　D. 正向偏置未导通状态

【作业 2】

稳压二极管最主要的导电特性是________。在使用时，稳压二极管与负载________连接，且与输入电源之间必须加入一个________元件。

【作业 3】

电路如图 B1-4-6 所示，若二极管 VD_1 接反，则（　　）。

A. U_o减小一半　　　　B. U_o不变

C. VD_3、VD_4可能被损坏　　　　D. VD_1、VD_2或变压器可能被损坏

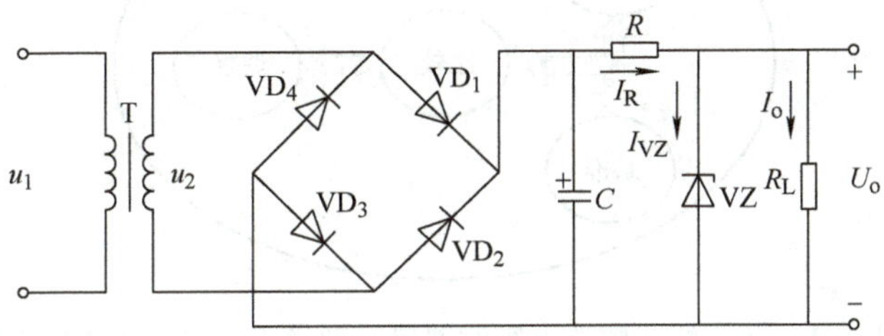

图 B1-4-6

职业能力 B-1-5 能正确装接单相桥式整流电容滤波串联型稳压电路

一、核心概念

单相桥式整流电容滤波串联型稳压电路装接的核心概念如图 B1-5-1。

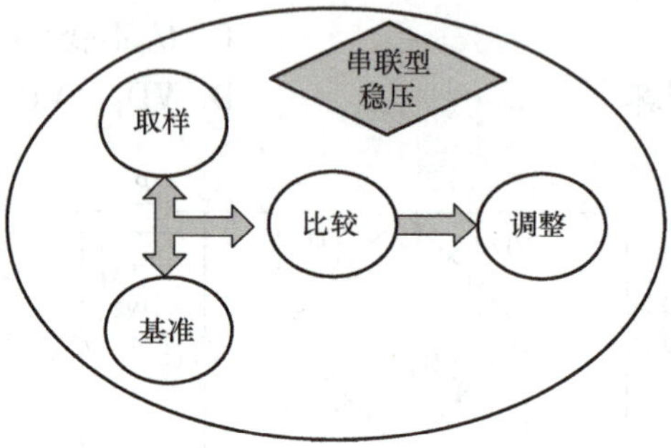

图 B1-5-1 单相桥式整流电容滤波串联型稳压电路装接的核心概念

二、学习目标

1. 认识单相桥式整流电容滤波串联型稳压电路的电路原理图，认识其组成及各部分的作用。
2. 会选择电路所需元器件，能正确识读各元器件的名称、型号、参数及作用。
3. 能按照电路原理图合理布局、安装电子元器件。
4. 能按照电路原理图正确连接电路。
5. 能正确给电路通电，并按要求测量相关数据并记录。
6. 能根据故障现象，分析电路并排除故障。
7. 养成独立分析、思考、解决问题的思维习惯，提高团结互助的合作能力。

三、基本知识

硅稳压二极管稳压电路的结构简单、成本低，但输出电流较小、稳压性能较差，而且其稳压值不能随意调节。因此，这种电路只能用于要求不高的小电流的稳压电路。为了克服这些缺点，通常可以采用串联型稳压电路。

（一）简单串联型稳压电路

【电路组成】

如图 B1-5-2 所示，稳压二极管接在调整器件（三极管）VT 的基极，即基极电位 U_B 固定，由于调整器件（三极管）与负载串联，故称串联型稳压电路。

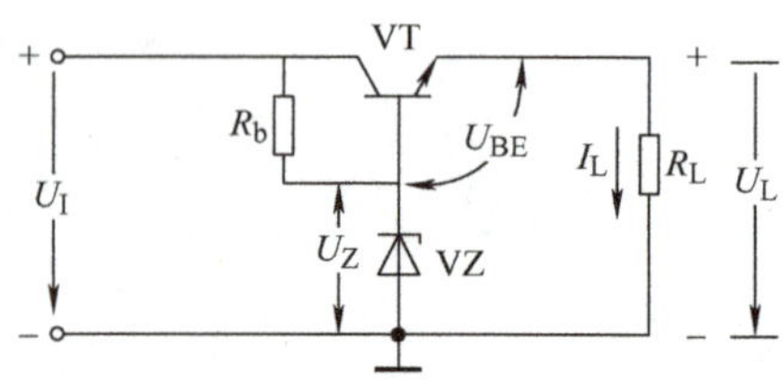

图 B1-5-2 简单串联型稳压电路

【稳压过程】

1）当负载不变，输入电压 U_I 增加时，输出电压

U_O有增加的趋势，由于三极管 VT 基极电位被稳压二极管 VZ 固定，故 U_O的增加将使 VT 发射结上正向偏压降低，基极电流减小，从而使 VT 的集射间等效电阻增大，U_{CE}增加，于是抵消了 U_I的增加，使 U_O基本保持不变。上述过程可表示如下：

$$U_I\uparrow\rightarrow U_O\uparrow\rightarrow U_{BE}\downarrow\rightarrow I_B\downarrow\rightarrow I_C\downarrow\rightarrow U_{CE}\uparrow\rightarrow U_O\downarrow$$

2）当输入电压 U_I 不变，而负载电流变化时，其稳压过程如下：

$$I_L\uparrow\rightarrow U_O\uparrow\rightarrow U_{BE}\downarrow\rightarrow I_B\downarrow\rightarrow I_C\downarrow\rightarrow U_{CE}\uparrow\rightarrow U_O\downarrow$$

（二）具有放大环节的串联型可调稳压电路

【电路组成】

上述电路虽然对输出电压具有稳定作用，但电路控制灵敏度不高，稳压性能不理想，可增加一个放大环节，使输出电压更加稳定。

图 B1-5-3a 为串联型可调稳压电路的结构框图，图 B1-5-3b 为串联型可调稳压电路。它由取样电路、基准电压电路、比较放大电路及电压调整电路四个基本部分组成。

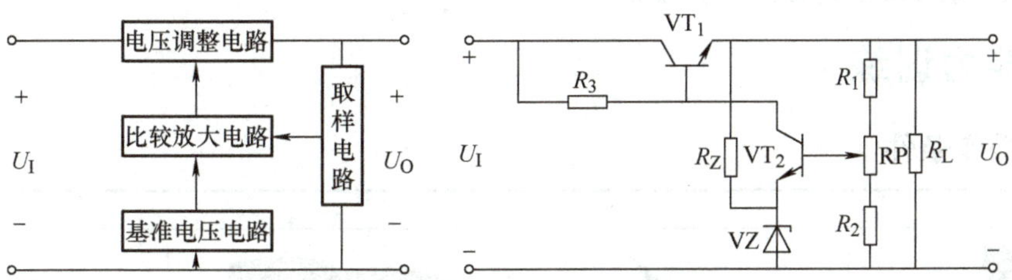

a) 结构框图　　b) 串联型可调稳压电路

图 B1-5-3　串联型可调稳压电路及结构框图

1）取样电路：由 R_1、R_2和 RP 组成的分压电路，主要功能是对输出电压变化量分压取样，然后送至比较放大电路，同时为 VT_2提供一个合适的静态偏置电压，以保证 VT_2工作于放大区。此外，取样电路引入 RP 还可以调节输出电压 U_O值。

2）基准电压电路：是由稳压二极管 VZ 和限流电阻 R_Z组成的稳压电路。

3）比较放大电路：作用是将输出取样电压与基准电压进行比较。

4）电压调整电路：一般由调整管 VT_1组成，是稳压电路的核心部分。利用其集射间电压 U_{CE}受基极电流控制的原理，与负载 R_L串联，用于调整输出电压。

【稳压过程】

当 U_I或 I_O的变化引起 U_O变化时，由 R_1、RP、R_2组成的输出电压 U_O的取样电路的变化量的一部分被输入比较放大器 VT_2的基极，与基准电压 U_{VZ}比较，其差值信号经 VT_2放大后去控制 VT_1的基极电流 I_{B1}，从而调整 VT_1的集射之间的电压 U_{CE1}，补偿输出电压 U_O的变化，使之保持稳定，达到稳定电压的作用。上述调整过程可表示为：

$$U_I\uparrow(I_O\uparrow)\rightarrow U_O\uparrow\rightarrow U_{BE2}\uparrow\rightarrow I_{B2}\uparrow\rightarrow I_{C2}\uparrow\rightarrow U_{C2}\downarrow\rightarrow U_{BE1}\downarrow$$
$$\rightarrow I_{B1}\downarrow\rightarrow I_{C1}\downarrow\rightarrow U_{CE1}\uparrow\rightarrow U_O\downarrow$$

不难看出，上述稳压电路实际上是一个闭环的反馈控制系统。

【输出电压】

在忽略 VT_2基极电流的情况下，按分压关系有

$$U_{B2}=U_{BE2}+U_Z=\frac{R_2+R_2'}{R_1+R_2+RP}U_O$$

若 $U_Z \gg U_{BE2}$，则有

$$U_O=(R_1+R_2+RP)\frac{U_Z}{R_2+R_2'}$$

当 RP 的滑动端移到最下端时，有

$$U_O=(R_1+R_2+RP)\frac{U_Z}{R_2}$$

当电位器 RP 的滑动端移到最上端时，有

$$U_O=(R_1+R_2+RP)\frac{U_Z}{R_2+RP}$$

因此，调节 RP 即可改变输出电压 U_O 的大小。值得注意的是，要使输出电压可调，一般要求输入电压比输出电压大 2 ~ 3V，即保证 VT_2 工作在放大状态。

串联型稳压电源的稳压精度高，内阻小，输出电压调节方便，目前被广泛采用，需要掌握它的安装、调试和测量方法及技能。

四、能力训练

（一）操作条件

所需设备			

万用表（一台）	电烙铁（一把）	钎料（锡丝，若干）	松香（若干）
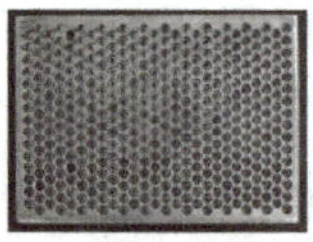	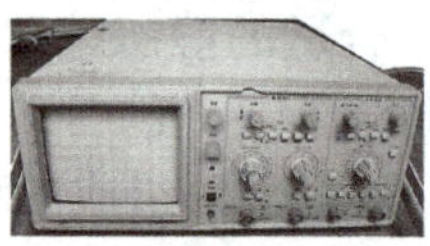		
铆钉板（一块）	示波器（一台）	电子元器件详见表 B1-5-1	

表 B1-5-1 电子元器件明细表

序号	文字符号	名称	型号与规格	数量/个
1	VD_1 ~ VD_4	二极管	1N4007	4
2	C_1	电解电容器	100μF/50V	1
3	C_2	电解电容器	100μF/16V	1
4	VT_1	三极管	3DG12	1
5	VT_2	三极管	3DG6	1
6	VZ	稳压二极管	2CW53	1
7	R_1	电阻器	RT，300Ω，1/4W	1
8	R_2	电阻器	RT，510Ω，1/4W	1
9	R_3	电阻器	RT，430Ω，1/4W	1
10	R_4	电阻器	RT，680Ω，1/4W	1
11	RP	可调电阻器	WS - 1，470Ω，1/2W	1
12	HL	灯泡	24V	1
13	T	变压器	220V/12V	1

（二）安全及注意事项

1. 正确使用与放置电烙铁，避免干烧或烫坏其他物品。
2. 安全、规范地操作并调试电路，注意人身安全。
3. 增强环保意识，注意节约耗材，避免浪费。
4. 正确使用仪器仪表，爱护仪器仪表。

（三）操作过程

装接单相桥式整流电容滤波串联型稳压电路的操作过程见表 B1-5-2。

表 B1-5-2 装接单相桥式整流电容滤波串联型稳压电路的操作过程

序号	步骤	操作方法及说明	质量标准
1	电路原理图识读	结合直流电源电路组成的介绍，在表 B1-5-3 中填写电路的组成部分、作用及组成元器件	正确写出电路的组成部分、作用及组成元器件
2	电路元器件选择	在表 B1-5-4 中列出图 B1-5-4 中所需元器件的名称、型号/参数，并简要写出它们在电路中的作用	正确写出电路中的元器件名称、型号/参数及作用
3	电路元器件检测	依次核对电路中所需的元器件，并用万用表检测所需元器件的质量	填写质量检测结果，保证所用元器件质量是好的
4	电路元器件布局	在电路板上合理布局电路元器件	元器件排列均匀、整齐，遵循方便连线的原则，元器件整形美观、合理
5	电路元器件安装	在电路板上焊接定位电路元器件	焊点呈锥形，光亮、牢固，元器件引脚居中不弯斜
6	电路连接	在电路板上根据电路原理图正确连接电路	电路连接正确，避免导线交叉走线
7	电路通电	按照电路原理图，正确接上电源，给电路通电	电源参数调节正确，并且正确通电到电路板
8	参数测量与调试	1. 按表 B1-5-5 要求，测量各点电压 2. 按表 B1-5-6 要求，测量输出电压的调节范围 3. 按表 B1-5-7 要求，测试调整管的电压调整作用	数据测量、读数正确，波形记录正确

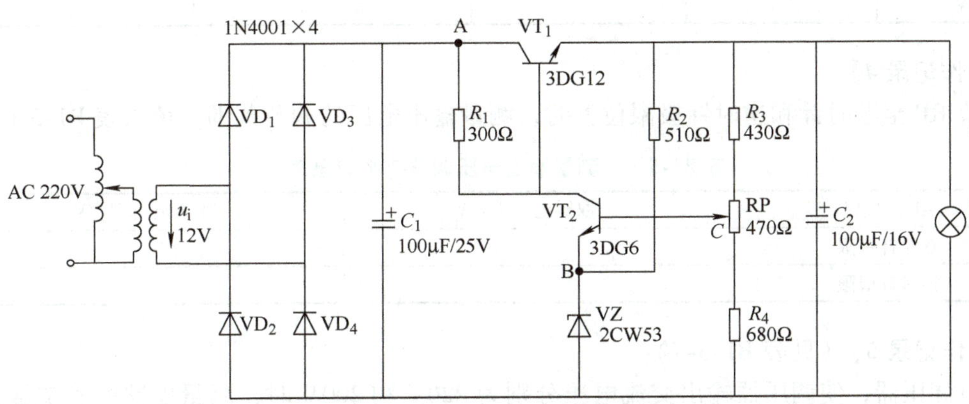

图 B1-5-4 单相桥式整流电容滤波串联型稳压电路装接原理图

（四）操作记录

【操作记录1】（见表B1-5-3）

表B1-5-3　识读单相桥式整流电容滤波串联型稳压电路的组成

序号	组成部分	组成部分作用	组成元器件	备注
1				
2				
3				
4				

【操作记录2】（见表B1-5-4）

表B1-5-4　识读单相桥式整流电容滤波串联型稳压电路装接原理图

序号	文字符号	电路元器件名称	型号/参数	数量	作用	质量
1						
2						
3						
4						
5						
6						
7						
8						

【操作记录3】

1）调整变压器交流输出12V，通入电路输入端U_i。

2）调节RP，使输出电压U_o分别为9V、9.5V、10V时测量电路中A、B、C三点的直流电压值及调整管VT_1两端的电压U_{CE2}的值，填入表B1-5-5。

表B1-5-5　电压记录表

输出电压	取样电压U_C/V	基准电压U_B/V	稳压电路输入电压U_A/V	调整管两端电压U_{CE2}/V
9.0V				
9.5V				
10V				

【操作记录4】

调节RP至顺时针和逆时针极限位置时，测量输出电压的调节范围，填入表B1-5-6。

表B1-5-6　测量输出电压调节范围记录表

RP的位置	取样电压U_C/V	输出电压U_O/V
顺时针极限		
逆时针极限		

【操作记录5】（见表B1-5-7）

调节调压器，使调压器输出交流电压分别为220V和200V时，测量电路的直流输入电压U_A、输出电压U_O和VT_1的集射间电压降U_{CE2}。

表 B1-5-7 调整管的调整作用测量记录表

交流电压/V	稳压电路输入电压 U_A/V	VT_1 集射间电压降 U_{CE2}/V	输出电压 U_O/V
220			
200			

（五）问题情境

【问题情境 1】

测量输出电压时，发现串联型稳压电路的输入电压正常但是输出电压始终为 0，是何原因？该如何解决？

解决途径：这说明电路中的调整管 VT_1 回路开路或 VT_1 处于截止状态。VT_1 回路开路包括晶体管本身损坏断开或其连接回路断开两种情况。请首先检查 VT_1 回路的连接与管子本身的好坏，其次检查是否因 VT_2、VZ 回路存在短路情况导致 VT_1 处于截止状态。

【问题情境 2】

调节电位器 RP 测量输出电压范围时，输出电压没有变化，保持某一数值。是何原因？该如何解决？

解决途径：可能有两种情况：一种是调整管工作于饱和或短路状态，需要检查调整管回路接线有无短路及其本身好坏；另一种是电位器故障或取样回路有开路，可检查取样回路电阻的好坏与接线。

（六）学习结果评价

序号	评价内容	评价标准	评价结果（是/否）
1	能识读单相桥式整流电容滤波串联型稳压电路的电路原理图	正确识读电路原理图并记录	
2	能选择电路所需元器件	根据电路元器件参数，在元器件库中找到所需元器件并正确检测	
3	能正确、合理布局电路元器件	板面布局合理，疏密有致	
4	能正确安装元器件并正确连接电路	元器件安装正确，电路连接可靠	
5	能正确给电路通电，并按要求测量相关数据并记录	正确通电调试与测量、记录	
6	能根据故障现象分析电路并排除故障	能分析解决在调试过程中出现的问题	

五、课后作业

【作业 1】

1. 串联型稳压电源的调整管工作在（　　）区。

A. 饱和　　B. 放大　　C. 截止　　D. 截止和饱和

2. 串联型稳压电路中的放大环节放大的对象是（　　）。

A. 基准电压　　B. 取样电压　　C. 基准电压与取样电压之差

【作业 2】

串联型可调稳压电路由________、________、________、________四部分构成。

职业能力 B-1-6　能正确装调三端集成正负稳压电路

一、核心概念

三端集成正负稳压电路装调的核心概念如图 B1-6-1 所示。

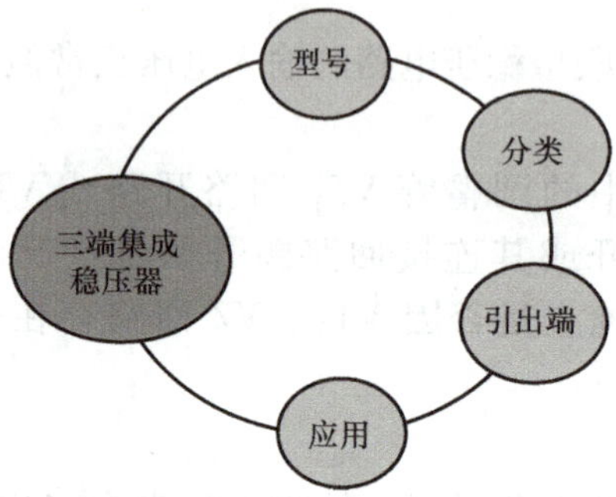

图 B1-6-1　三端集成正负稳压电路装调的核心概念

二、学习目标

1. 认识三端集成正负稳压电路的电路原理图，认识其组成及各部分的作用。
2. 会选择电路所需元器件，能正确识读各元器件的名称、型号、参数及作用。
3. 能按照电路原理图合理布局、安装电子元器件。
4. 能按照电路原理图正确连接电路。
5. 能正确给电路通电，并按要求测量相关数据并记录。
6. 能根据故障现象，分析电路并排除故障。
7. 养成独立分析、思考、解决问题的思维习惯，提高团结互助的合作能力。

三、基本知识

集成稳压电路是将取样、基准、比较、调整等电路集成制作在同一芯片内封装成的集成稳压组件，通常被称为集成稳压器。集成稳压器的种类很多，其中三端固定式集成稳压器（只有三个引出端：电压输入端、电压输出端和输入输出公共端）较为常见。

（一）集成稳压器的型号及性能

【型号】

集成稳压器的型号由两部分组成：第一部分为字母，如“CW”，C 表示国标（一般可省略），W 表示稳压器；第二部分为数字，表示产品类型，与国外同类产品的数字相同，如国标型号为 CW7800 的集成稳压器系列，国外同类产品有 HA7800、LM7800、MC7800 等，它们的参数和封装形式都相同，可以互换。

【分类】

三端固定式稳压器按输出电压分类，有两个系列：CW7800 系列（输出正电压）和

CW7900 系列（输出负电压），输出的固定电压有 5V、6V、9V、12V、15V、18V、24V 等。系列型号中的后两位数字表示输出电压值，如 CW7805 表示输出电压是 +5V，CW7912 表示输出电压为 -12V。

【外形和引出端】

三端固定式集成稳压器有金属封装和塑料封装两种封装形式。其外形及引脚排列如图 B1-6-2 所示。W7800 系列集成稳压器的三个引脚中，1 为输入端（U_I），2 为输出端（U_O），3 为公共端（GND）。W7900 系列集成稳压器的三个引脚中，1 为公共端，2 为输出端，3 为输入端，使用时应注意。

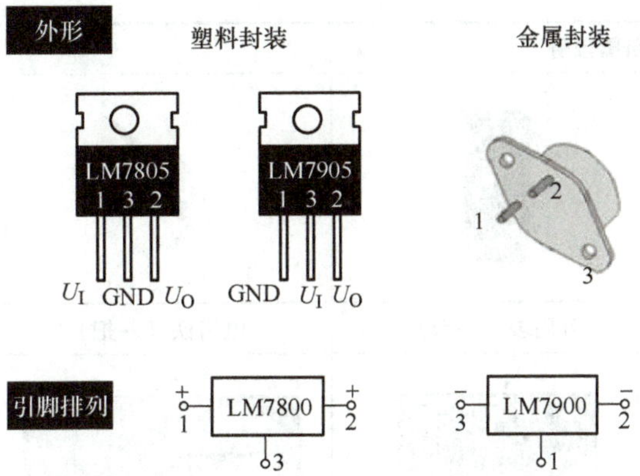

图 B1-6-2 三端固定式稳压器外形及引脚排列

（二）集成稳压器的应用电路

【基本电路及接法】

W7800 系列集成稳压器的基本电路及接法如图 B1-6-3 所示，1 端接输入电压，2 端输出就是稳定的电压，3 端接地。W7900 系列集成稳压器的基本电路及其接法如图 B1-6-4 所示，3 端接输入电压，2 端输出就是稳定的电压，1 端接地。输入端和输出端的电容器 C_1 和 C_2 是为了防止电路产生自激振荡并消除输出的高频噪声，电容量一般取 0.1 ~ 1μF。

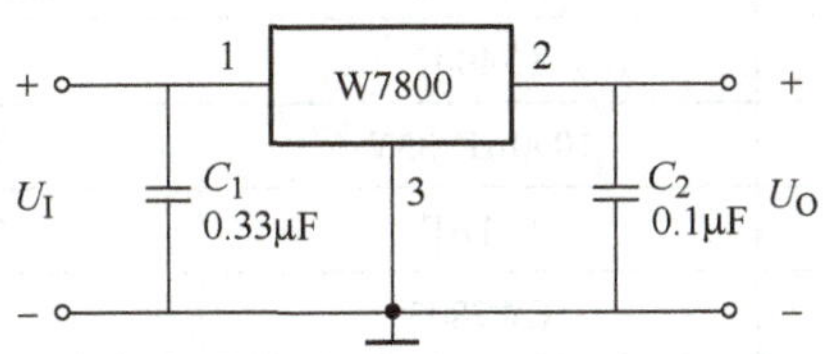

图 B1-6-3 W7800 系列集成稳压器的基本电路及接法

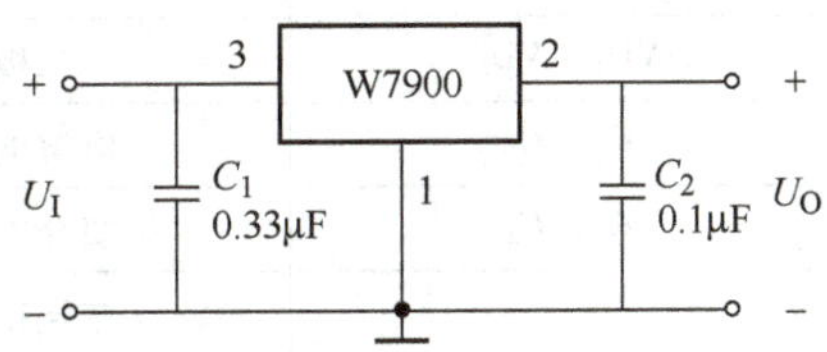

图 B1-6-4 W7900 系列集成稳压器的基本电路及接法

【输出正负电压的电路及接法】

实际应用中经常需要输出正负电压的稳压电源，图 B1-6-5 是输出正负电压的典型稳压电路及接法。该电路由 W7800 和 W7900 系列集成稳压器组成，W7806 系列输出 6V 电压，W7906 系列输出 -6V 电压。

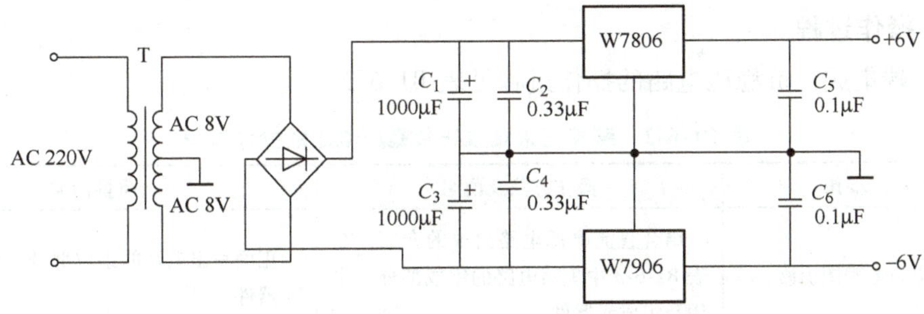

图 B1-6-5 输出正负电压的典型稳压电路及接法

四、能力训练

（一）操作条件

所需设备			

万用表（一台）	电烙铁（一把）	钎料（锡丝，若干）	松香（若干）
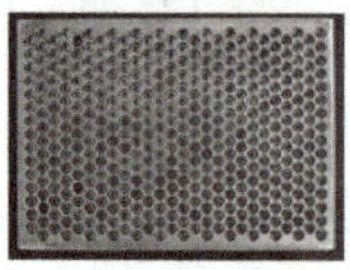	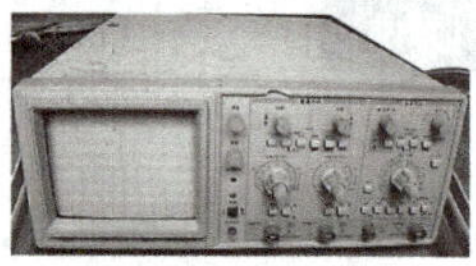		
铆钉板（一块）	示波器（一台）	电子元器件详见表 B1-6-1	

表 B1-6-1　电子元器件明细表

序号	文字符号	名称	型号与规格	数量/个
1	VD_1 ~ VD_4	二极管	1N4007	4
2	C_1、C_2	电解电容器	1000μF/35V	2
3	C_3、C_4	瓷介电容器	0. 1μF	2
4		三端稳压器	CW7805	1
5		三端稳压器	CW7905	1

（二）安全及注意事项

1. 养成细致、严谨的工作作风。
2. 形成质量第一、环保节能的意识。
3. 注意工作过程中工具的安全放置。
4. 注意用电安全，穿好工作服与电工鞋。

（三）操作过程

装接三端集成正负稳压电路的操作过程见表 B1-6-2。

表 B1-6-2　装接三端集成正负稳压电路的操作过程

序号	步骤	操作方法及说明	质量标准
1	电路原理图识读	结合直流电源电路组成的介绍，在表 B1-6-3 中填写电路的组成部分、作用及组成元器件	正确写出电路的组成部分、作用及组成元器件

（续）

序号	步骤	操作方法及说明	质量标准
2	电路元器件选择	在表 B1-6-4 中列出图 B1-6-6 中所需元器件的名称、型号、参数，并简要写出它们在电路中的作用	正确写出电路中的元器件名称、型号/参数及作用
3	电路元器件检测	依次核对电路中所需的元器件，并用万用表检测所需元器件的质量	填写质量检测结果，保证所用元器件质量是好的
4	电路元器件布局	在电路板上合理布局电路元器件	元器件排列均匀、整齐，遵循方便连线的原则，元器件整形美观、合理
5	电路元器件安装	在电路板上焊接定位电路元器件	焊点呈锥形，光亮、牢固，元器件引脚居中不弯斜
6	电路连接	在电路板上根据电路原理图正确连接电路	电路连接正确，避免导线交叉走线
7	电路通电	按照电路原理图，正确接上电源，给电路通电	电源参数调节正确，并且正确通电到电路板
8	参数测量与调试	按表 B1-6-5 的要求，测量各点电压并用示波器观察其波形	数据测量、读数正确，波形记录正确

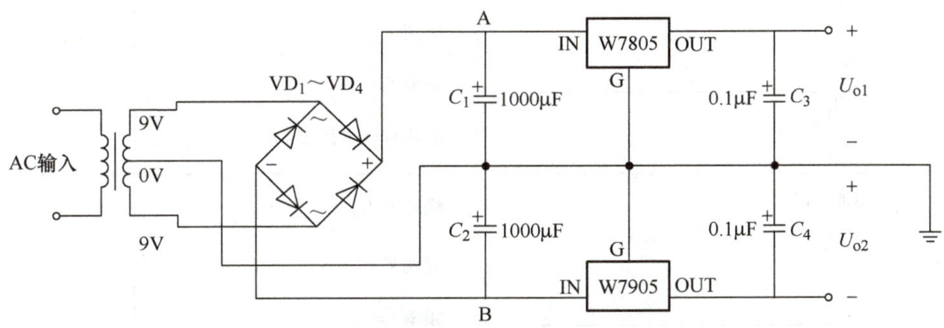

图 B1-6-6　三端集成正负稳压电路装接原理图

（四）操作记录

【操作记录 1】（见表 B1-6-3）

表 B1-6-3　识读三端集成正负稳压电路的组成

序号	组成部分	组成部分作用	组成元器件	备注
1				
2				
3				
4				

【**操作记录 2**】（见表 B1-6-4）

表 B1-6-4　识读三端集成正负稳压电路装接原理图

序号	文字符号	电路元器件名称	型号/参数	数量	作用	质量
1						
2						
3						
4						
5						
6						
7						
8						

【**操作记录 3**】（见表 B1-6-5）

用示波器观察、记录 A、B 两点与 U_{o1}、U_{o2} 的波形，并用示波器测量与记录以上四点的直流电压。

表 B1-6-5　三端集成正负稳压电路参数测量记录表

序号	参数测量与记录	数据分析	备注
1	A点波形记录 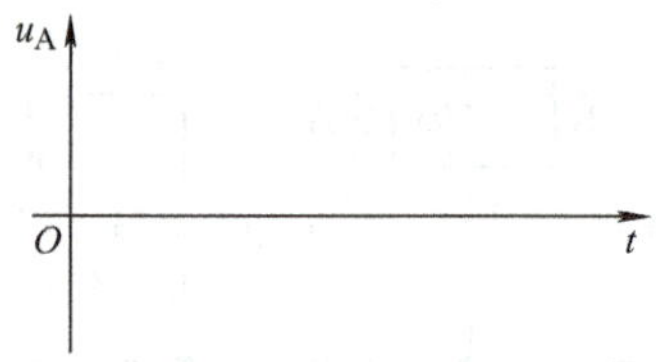	峰峰值 U_{PP} = 周期 T = 频率 f = 平均直流电压 U_A =	
2	B点波形记录 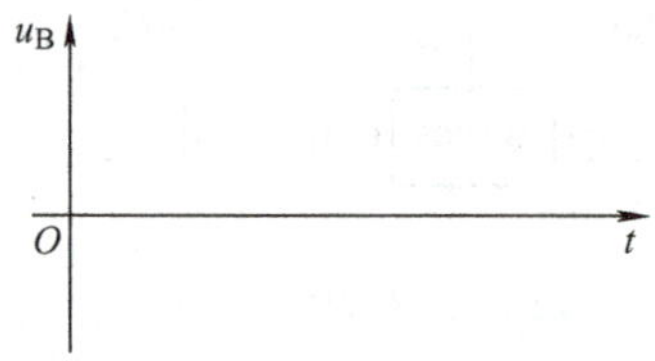	峰峰值 U_{PP} = 周期 T = 频率 f = 平均直流电压 U_B =	
3	U_{o1}波形记录 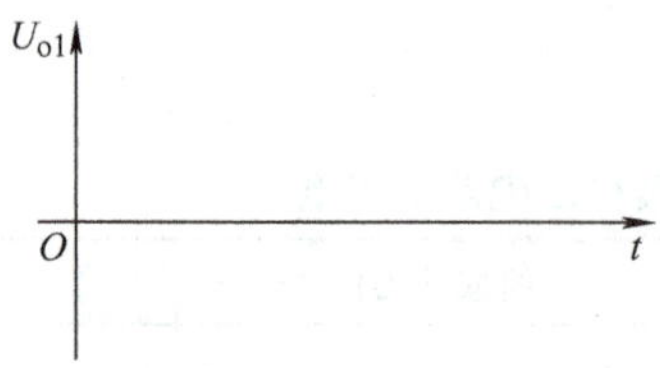	平均直流电压 U_{o1} =	
4	U_{o2}波形记录 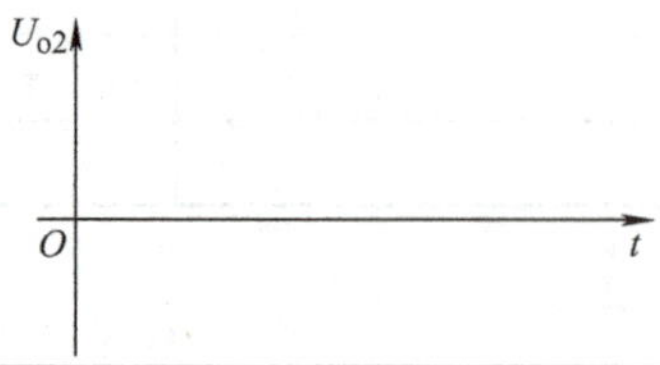	平均直流电压 U_{o2} =	

（五）问题情境

【问题情境 1】

测量稳压电路的输入端、输出端电压时，测得的值是正常值的 2 倍，是何原因？该如何解决？

解决途径：本电路是上下对称结构，测量时要注意参考点位置，以免测量方法错误。

【问题情境 2】

测量稳压电路的输出端电压时测得的值不是 ±5V，略有偏差。是何原因？该如何解决？

解决途径：首先要检查电路的参考地电位是否连接正确，若无误，可能是仪表质量或测量方法等因素造成的。

（六）学习结果评价

序号	评价内容	评价标准	评价结果（是/否）
1	能识读三端集成正负稳压电路的电路原理图	正确识读电路原理图并记录	
2	能选择电路所需元器件	根据电路元器件参数，在元器件库中找到所需元器件并正确检测	
3	能正确、合理布局电路元器件	板面布局合理，疏密有致	
4	能正确安装元器件并正确连接电路	元器件安装正确，电路连接可靠	
5	能正确给电路通电，并按要求测量相关数据并记录	正确通电调试与测量、记录	
6	能根据故障现象分析电路并排除故障	能分析解决在调试过程中出现的问题	

五、课后作业

【作业 1】

直流电源一般由四部分组成，分别为电源变压器、滤波电路、________电路和________电路。集成稳压器 W7810 的输出电压为________V。

【作业 2】

三端集成稳压器 W7805 的输出电压为________V，W7915 的输出电压为________V。

【作业 3】

请在图 B1-6-7 中填写正确的集成稳压器型号及三个引脚的编号，使负载 R_L 上得到 12V 电压。

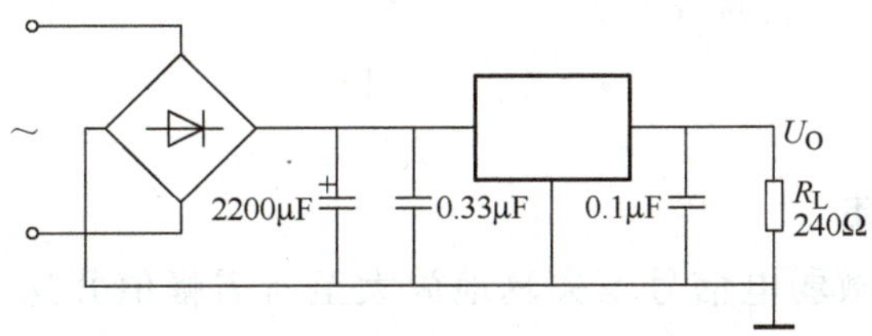

图 B1-6-7

学习任务B-2

放大电路装调

职业能力 B-2-1　能正确装调带直流电源的基本放大电路

一、核心概念

放大电路装调的核心概念如图 B2-1-1 所示。

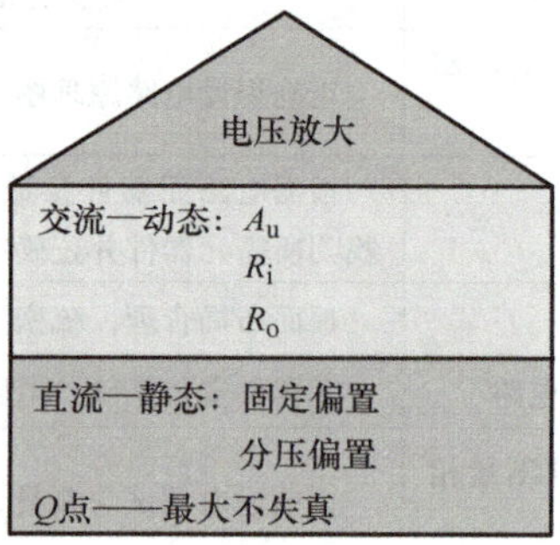

图 B2-1-1　放大电路装调的核心概念

二、学习目标

1. 能简单识读带直流电源的基本放大电路的电路原理图，认识其组成及各部分的作用。
2. 能正确识读带直流电源的基本放大电路中各元器件的名称、作用。
3. 能按照电路原理图合理布局、安装电子元器件。
4. 能按照电路原理图正确连接电路。
5. 能正确给电路通电，并按要求测量相关数据并记录。
6. 能根据故障现象，分析电路并排除故障。
7. 养成独立分析、思考、解决问题的思维习惯，提高团结互助的合作能力。

三、基本知识

（一）放大电路概述

能把从外界输入的微弱电信号不失真地放大至所需幅值并送给负载的电路称为放大电路。

【放大电路的分类】

按输入输出公共端的不同，放大电路可以分为共发射极放大电路、共集电极放大电路、共基极放大电路；按前后级之间的耦合方式的不同，放大电路可分为阻容耦合放大电路、直接耦合放大电路、变压器耦合放大电路；按信号种类的不同，放大电路可分为直流放大电路、交流放大电路，其中交流放大电路又可以分为低频信号放大电路与高频信号放大电路；按信号大小的不同，放大电路可分为小信号放大器和大信号放大器；按输出功率大小的不同，可分为电压放大电路与功率放大电路。

【放大器的组成】

如图 B2-1-2 所示，放大器由信号源、放大电路、直流电源和负载四部分组成。其中，信号源代表被放大的微弱电信号；负载代表实际用电设备（例如扬声器、显像管等）。

【放大电路及其中各元器件的作用】

以图 B2-1-3 所示共发射极放大电路为例，其中各元器件名称、电路符号及作用见表 B2-1-1。

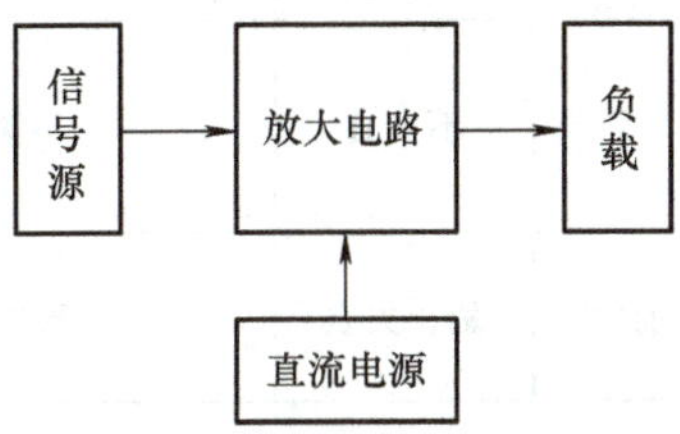

图 B2-1-2　放大器的基本组成框图

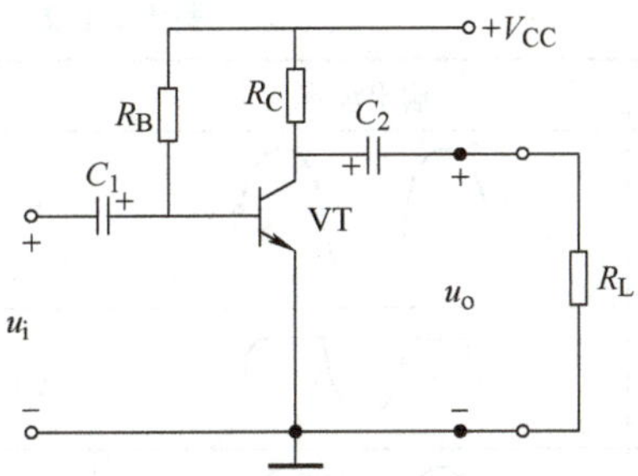

图 B2-1-3　共发射极放大电路

表 B2-1-1　图 B2-1-3 所示共发射极放大电路中各元器件名称、电路符号及作用

<table>
<tr><th>元器件名称</th><th>电路符号</th><th colspan="2">作用及说明</th></tr>
<tr><td>晶体管</td><td>VT</td><td colspan="2">放大电路的核心，实现电流放大作用</td></tr>
<tr><td>直流偏置电源</td><td>V_{CC}</td><td colspan="2">使发射结正偏、集电结反偏，保证晶体管工作在放大状态</td></tr>
<tr><td>基极偏置电阻器</td><td>R_B</td><td colspan="2">电源电压通过 R_B 给基极提供合适的偏置电流（R_B 的阻值一般为几十千欧至几百千欧）</td></tr>
<tr><td>集电极负载电阻器</td><td>R_C</td><td colspan="2">1. 电源通过 R_C 给集电极供电
2. 将集电极电流的放大转化为电压的放大</td></tr>
<tr><td>输入耦合电容器</td><td>C_1</td><td rowspan="2">1. 隔直通交
2. 一般选用电解电容器，取值为几微法到几十微法</td><td>避免放大电路输入端与信号源之间直流电的相互影响</td></tr>
<tr><td>输出耦合电容器</td><td>C_2</td><td>避免放大电路输出端与负载之间直流电的相互影响</td></tr>
</table>

（二）放大电路的工作原理

1. 放大器的静态工作点

静态是指放大器没有交流输入信号时放大电路的直流工作状态。动态是指放大器有交流信号输入时放大电路的工作状态。

静态工作点是指在静态情况下，放大器输入端的电流 I_{BQ} 和电压 U_{BEQ} 及输出端的电流 I_{CQ} 和电压 U_{CEQ} 在晶体管输入输出特性曲线族上所确定的点，用 Q 表示，如图 B2-1-4 所示。

静态工作点不仅直接关系到放大电路的放大倍数，它过高或过低都将使放大电路的波形产生非线性失真。非线性失真的具体影响见表B2-1-2。

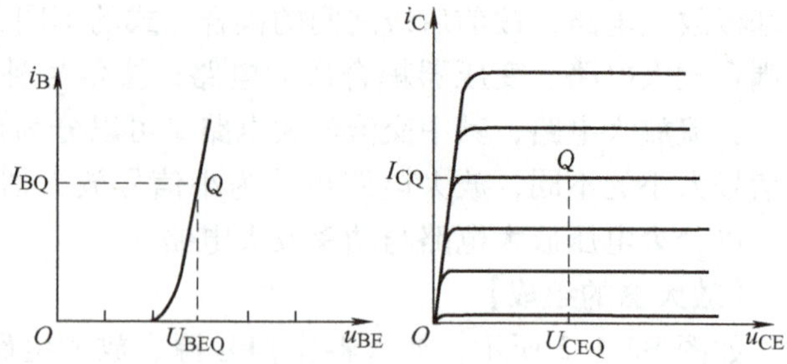

图 B2-1-4　静态工作点

2. 放大器的工作原理

如图B2-1-5所示，输入交流小信号 u_i 通过电容器 C_1 的耦合送到晶体管的基极和发射极，相当于基-射极间电压 u_{BE} 发生了变化，于是引起 i_B、i_C、u_{CE} 随之发生变化。u_{CE} 通过电容器 C_2 隔离了直流成分，输出的只是放大信号的交流成分 u_o，而且 u_o 与 u_i 反相。

表 B2-1-2　非线性失真的具体影响

Q 点位置	输出波形	波形特点	失真情况	解决办法（调节 R_B）
合适	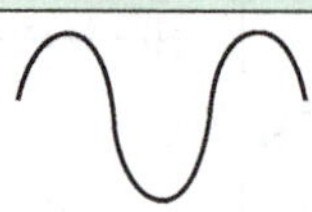	完整	不失真	不需要
过低		正半周失真（顶部被削去）	截止失真	减小 R_B
过高	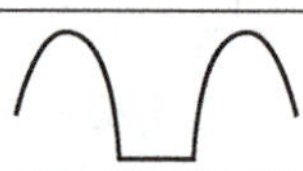	负半周失真（底部被削去）	饱和失真	增大 R_B

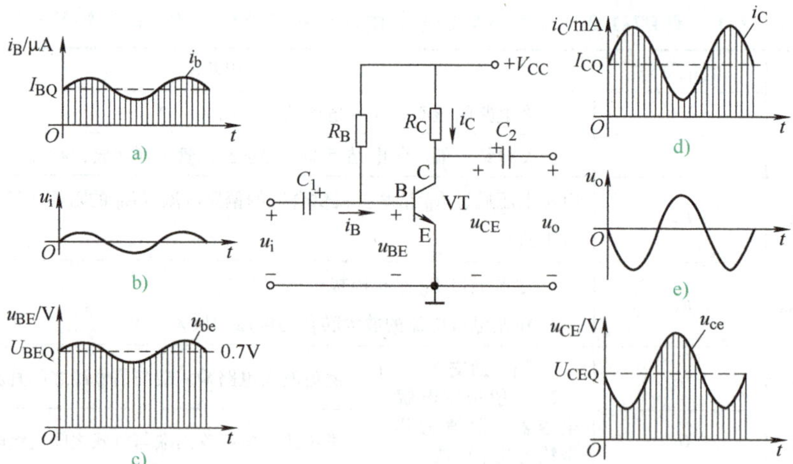

图 B2-1-5　放大器各处的电压、电流波形

可见，在单管共发射放大电路中，输出信号电压与输入信号电压的频率相同、相位相反，幅度被放大，所以这种电路除了有电压放大作用还有电压反相作用。

（三）放大电路的静态分析

【直流通路】

放大电路的直流通路是静态时放大电路直流电流通过的路径。画直流通路的方法：将电容器视为开路，电感器视为短路。图 B2-1-3 所示电路的直流通路如图 B2-1-6 所示。

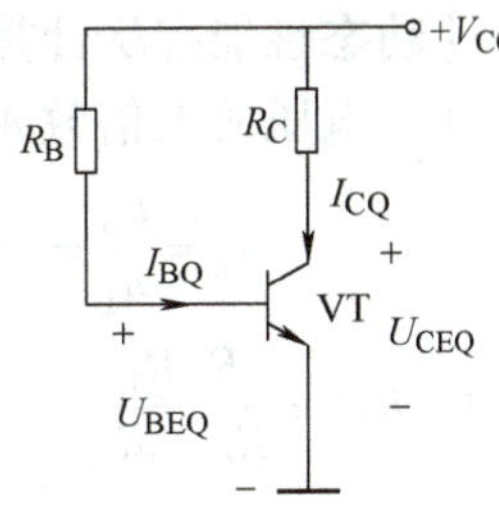

图 B2-1-6　基本放大电路的直流通路

【静态工作点计算】

设电路参数 U_{CC}、R_B、R_C 和晶体管放大倍数 β 已知，可以推导得：

$$I_{BQ} = \frac{V_{CC} - U_{BEQ}}{R_B}$$

$$I_{CQ} = \beta I_{BQ}$$

$$U_{CEQ} = V_{CC} - I_{CQ}R_C$$

（四）放大电路的动态分析

【交流通路】

放大电路的交流通路是指输入交流信号时放大电路交流信号流通的路径。画交流通路时，将电容器视为短路，电感器视为开路，直流电压源视为短路。共发射极放大电路的交流通路如图 B2-1-7 所示。

【微变等效电路】

放大电路的微变等效电路就是把由非线性晶体管组成的放大电路等效为一个线性电路。

根据微变等效原理，可以把晶体管的 B、E 端的输入特性等效为一个动态输入电阻 r_{BE}；晶体管 C、E 端的输出特性可等效为一个受控电流源 βi_B 并联一个输出电阻 r_{CE}。

对于小功率晶体管，可估算：

$$r_{BE} = 300 + (1 + \beta)\frac{26\text{mV}}{I_E}$$

r_{BE} 的大小与晶体管的静态电流大小有关。静态电流越大，r_{BE} 越小。

由于 r_{CE} 的阻值很大，因此在微变等效电路中，r_{CE} 可忽略不计，且可将晶体管的非线性电路（见图 B2-1-8a）等效为如图 B2-1-8b 所示电路。

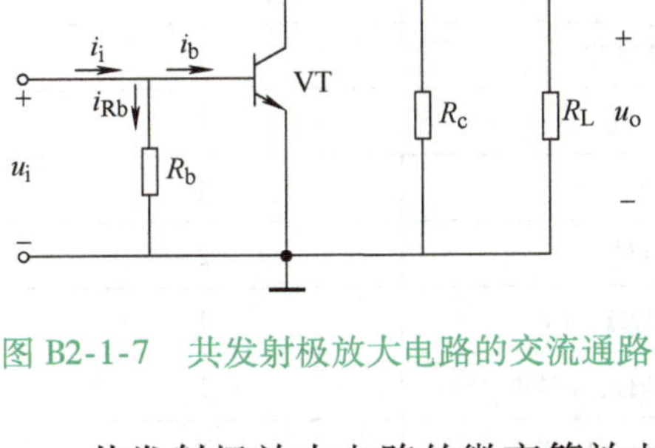

图 B2-1-7　共发射极放大电路的交流通路

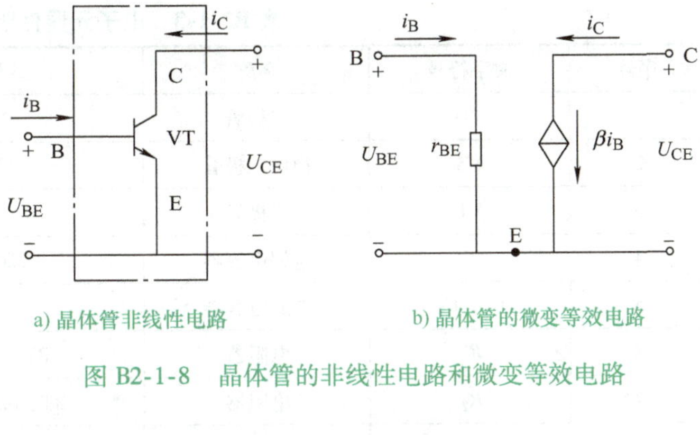

图 B2-1-8　晶体管的非线性电路和微变等效电路

共发射极放大电路的微变等效电路是用晶体管的微变等效电路去代替图 B2-1-7 所示交流通路中的晶体管，就得到了放大电路的微变等效电路，如图 B2-1-9 所示。

【动态性能指标计算】

1）电压放大倍数 A_u：

$$A_u=\frac{u_o}{u_i}=\frac{-\beta i_B R_L'}{i_B r_{BE}}=-\beta\frac{R_L'}{r_{BE}}$$

式中：$R_L'=\dfrac{R_C R_L}{R_C+R_L}$。

2）输入电阻 R_i：$R_i=\dfrac{u_i}{i_i}=R_B//r_{BE}$。

3）输出电阻 R_o：$R_o=\dfrac{u_o}{i_o}=R_C$。

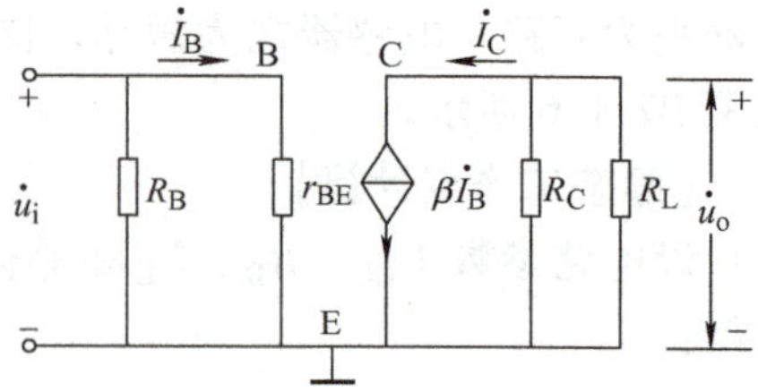

图 B2-1-9　共发射极放大电路的微变等效电路

四、能力训练

（一）操作条件

所需设备			
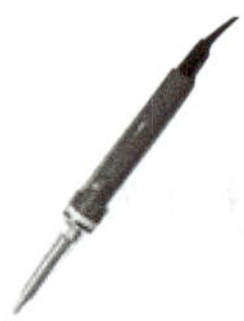			
电烙铁（一把）	铆钉板（一块）	钎料（锡丝、铜丝，若干）	万用表（一台）
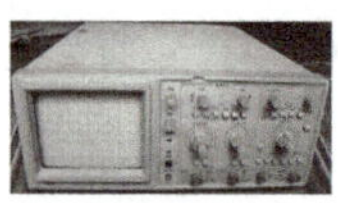			
示波器（一台）	信号发生器（一台）	晶体管毫伏表（一台）	电子元器件明细表见表 B2-1-3

表 B2-1-3　电子元器件明细表

序号	文字符号	名称	型号与规格	数量/个
1	VD	二极管	1N4001	1
2	VZ	稳压二极管	1N4737A	1
3	VT	三极管	自选	1
4	C	电解电容器	220μF/25V	1
5	C_1、C_2	电解电容器	自选	2
6	R_1	电阻器	RT、200Ω、1W	1
7	R_2	电阻器	RT、620kΩ、1/4W	1
8	R_3	电阻器	RT、3kΩ、1/4W	1

（二）安全及注意事项

1. 正确使用与放置电烙铁，避免干烧或烫坏其他物品。
2. 安全、规范地操作并调试电路，注意人身安全。
3. 增强环保意识，注意节约耗材，避免浪费。
4. 正确使用仪器仪表，爱护仪器仪表。

（三）操作过程

装调带直流电源的基本放大电路的操作过程见表 B2-1-4。

表 B2-1-4　装调带直流电源的基本放大电路的操作过程

序号	步骤	操作方法及说明	质量标准
1	电路原理图识读	1. 结合基本放大电路组成的介绍，在表 B2-1-5 中填写电路的组成部分、作用及组成元器件 2. 在表 B2-1-6 中列出图 B2-1-10 中所需元器件的名称、型号/参数，并简要写出它们在电路中的作用	1. 正确写出电路中元器件的名称、型号/参数及作用 2. 正确写出电路的组成部分、作用及组成元器件
2	电路板面安装与布局	按照图 B2-1-10 选择合适的元器件并进行整形、安装，完成电路板面的布局	正确选用元器件并正确安装，要求板面布局合理、大小适中、美观
3	电路连接	按照图 B2-1-10 正确连接电路	电路连接正确
4	电路通电	按照图 B2-1-10 正确接上电源，给电路通电	电源参数调节正确，并且正确通电到电路板
5	参数测量与调试	1. 正确选择仪表，按照表 B2-1-7 和表 B2-1-8 测量相关直流参数与交流参数并记录 2. 使用示波器测量相关参数波形并记录于表 B2-1-9	数据测量、读数正确，波形记录正确

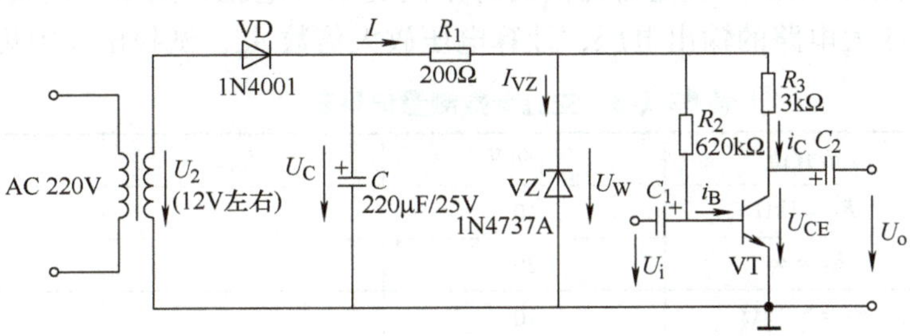

图 B2-1-10　带直流电源的基本放大电路装接原理图

带直流电源的基本放大电路调试演示

（四）操作记录

【操作记录1】（见表 B2-1-5）

表 B2-1-5　识读带直流电源的基本放大电路的组成

序号	组成部分	组成部分作用	组成元器件	备注
1				
2				
3				

【操作记录2】（见表 B2-1-6）

表 B2-1-6　识读带直流电源的基本放大电路的电路原理图

序号	文字符号	元器件名称	型号/参数	作用	备注
1					
2					
3					
4					
5					
6					
7					
8					

【操作记录3】

测量电压 U_2、U_C、U_W、U_{R3} 及 I、I_{VZ}，并测量晶体管静态工作点的 I_B、I_C、U_{CE}，填入表 B2-1-7 中。

表 B2-1-7　直流参数测量记录表

U_2	U_C	U_W	U_{R3}	U_{CE}	I	I_{VZ}	I_B	I_C

【操作记录4】

根据表 B2-1-8 所示，用信号发生器提供两种不同的信号电压，测量不同负载、不同输入电压情况下，基本放大电路的输出电压，计算电压放大倍数 A_u，试找出其中规律。

表 B2-1-8　交流参数测量记录表

测量次数	负载值	U_i/mV	U_o	A_u
第一次测量	$R_L=1k\Omega$	10		
	$R_L=\infty$	20		
第二次测量	$R_L=5.1k\Omega$	10		
	$R_L=\infty$	20		
总结规律：				

【操作记录5】

用双踪示波器测量基本放大电路输入电压和输出电压的波形，并进行参数计算，记录于表B2-1-9中。

表 B2-1-9　基本放大电路波形测量记录表

序号	参数测量与记录	数据分析	备注
1	u_i波形记录 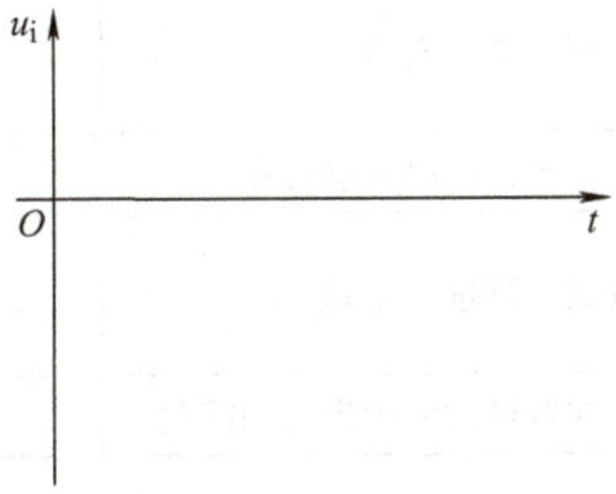	电压峰峰值 U_{PP} = 周期 T = 频率 f =	
2	u_o波形记录 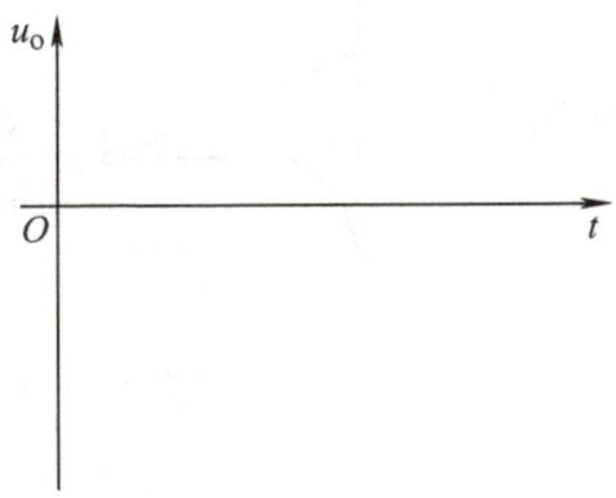	电压峰峰值 U_{PP} = 周期 T = 频率 f =	
3	波形特点与关系：		

（五）问题情境

【问题情境1】

在测量晶体管各极电流时，断开电路接入仪表后再测量电流比较麻烦，是否可以采用其他方法而不用断开电路来测量电流？

解决途径：测量电路中的电流有两类方法，直接测量法与间接测量法。直接测量法，需要在测量时断开被测电路接入电流表来直接测得被测量。间接测量法可以不用断开被测电路，只要用电压表测量被测支路上的电阻元件两端电压，再通过欧姆定律计算，就可以得到被测电流值，前提是被测支路中的电阻值已知。

【问题情境2】

在用示波器测量放大电路的输出波形时，发现输入波形正负半周的幅度相同，但是输出波形正负半周的幅度略有不同，是何原因？

解决途径：由于晶体管是非线性器件，在电流放大过程中，会使输出波形略有一点非线性失真，导致正负半周幅度略有不同，这是正常现象。但若是出现输出波形明显失真，则说明该电路的静态工作点设置不够合理，需要进一步调整或修改电路的相关参数。

（六）学习结果评价

序号	评价内容	评价标准	评价结果（是/否）
1	能简单识读带直流电源的基本放大电路的电路原理图	正确识读电路原理图并记录	
2	能正确识读带直流电源的基本放大电路中各元器件的名称、参数及作用	正确识读元器件参数，在元器件库中找到所需元器件并正确检测	
3	能按照电路原理图合理布局、安装电子元器件	板面布局合理，疏密有致	
4	能按照原理电路图正确连接电路	元器件安装正确，电路连接可靠	
5	能正确给电路通电，并按要求测量相关数据并记录	正确通电调试与测量、记录	
6	能根据故障现象分析电路并排除故障	能分析解决在调试过程中出现的问题	

五、课后作业

【作业 1】

某固定偏置共发射射极放大电路的静态工作点如图 B2-1-11 所示，欲使静态工作点移至 Q'，需使（　　）。

A. 偏置电阻 R_B增加

B. 集电极电阻 R_C减小

C. 集电极电阻 R_C增加

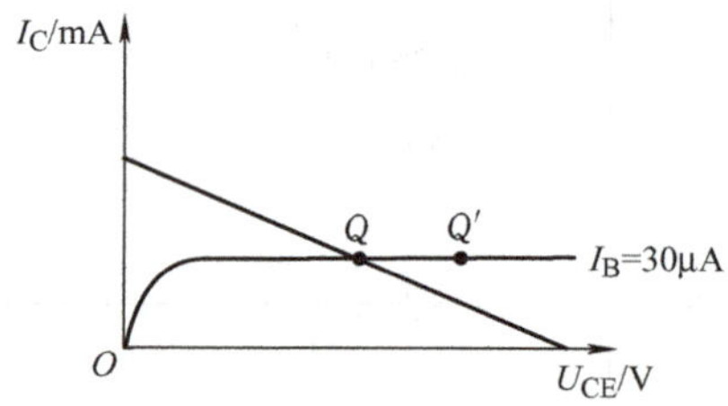

图 B2-1-11

【作业 2】

某放大电路在负载开路时的输出电压为 4V，接入 12kΩ 的负载电阻后，输出电压降为 3V，则说明放大电路的输出电阻为（　　）。

A. 10kΩ　　B. 4kΩ　　C. 8kΩ　　D. 1kΩ

【作业 3】

固定偏置放大电路中，设某一参数变化时其余参数不变，则当 R_B增大时，I_B会（　　）。

A. 增大　　B. 不变　　C. 减小

职业能力 B-2-2　能正确装调 *RC* 阻容耦合放大电路

一、核心概念

RC 阻容耦合放大电路装调的核心概念如图 B2-2-1 所示。

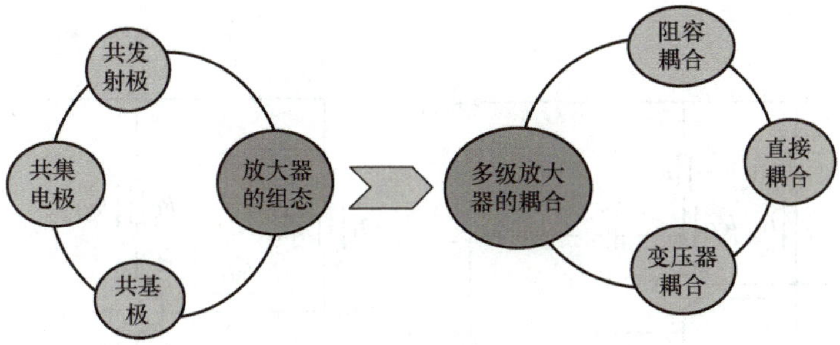

图 B2-2-1　*RC* 阻容耦合放大电路装调的核心概念

二、学习目标

1. 能简单识读 *RC* 阻容耦合放大电路的电路原理图，认识其组成及各部分的作用。
2. 能正确识读 *RC* 阻容耦合放大电路中各元器件的名称、作用。
3. 能按照电路原理图合理布局、安装电子元器件。
4. 能按照电路原理图正确连接电路。
5. 能正确给电路通电，并按要求测量相关数据并记录。
6. 能根据故障现象，分析电路并排除故障。
7. 养成独立分析、思考、解决问题的思维习惯，提高团结互助的合作能力。

三、基本知识

（一）放大电路的三种组态

按输入输出公共端的不同，放大电路可分为三种组态（连接方式），其特点如图 B2-2-2 所示。

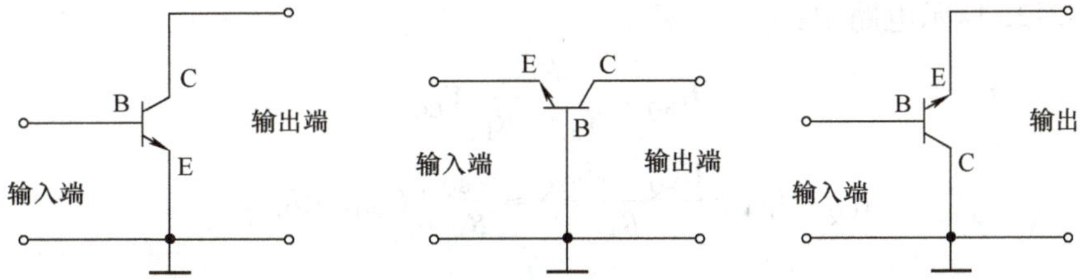

a) 共发射极接法　b) 共基极接法　c) 共集电极接法

图 B2-2-2　三极管在电路中的 3 种基本连接方式

（二）分压式偏置共发射极放大电路

基本放大电路又称固定偏置共发射极放大电路，虽然电路简单，但电路稳定性差，温度升高或电源电压变化等因素都会使静态工作点变化，影响放大器的性能。为了稳定静态工作点，常采用分压式偏置电路。

【电路结构】

图 B2-2-3a 为在实际电路中广泛应用的分压式偏置共发射极放大电路，图 B2-2-3b 为它的直流通路。

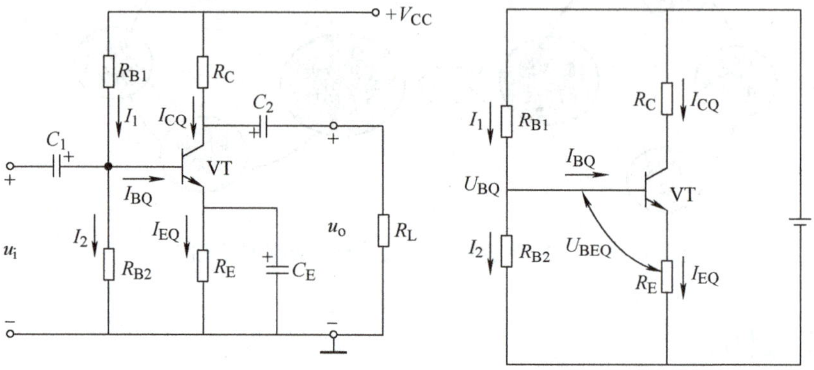

a) 分压式偏置共发射极放大电路　　b) 直流通路

图 B2-2-3　分压式偏置共发射极放大电路及其直流通路

【电路稳定静态工作点的原理】

图 B2-2-3a 所示电路是利用电阻 R_{B1}、R_{B2} 的分压作用来固定基极电位 U_B，并通过发射极电阻 R_E 获得反映电流 I_E 变化的信号，反馈到输入端，实现工作点的稳定。

当温度升高时，I_{CQ} 增大，则 I_{EQ} 流经 R_E 产生的电压 U_{EQ} 也随之增大；而 $U_{EQ}=U_{BQ}-U_{BEQ}$，因为 U_{BQ} 是电源电压 U_{CC} 经 R_{B1}、R_{B2} 串联分压后得到的稳定值，所以 U_{BEQ} 将减小。此时，I_{BQ} 减小，I_{CQ} 也将减小。上述过程可表示为：

$$T\text{（温度）}\uparrow\text{（或}\beta\uparrow\text{）}\rightarrow I_{CQ}\uparrow\rightarrow I_{EQ}\uparrow\rightarrow U_{EQ}\uparrow\rightarrow U_{BEQ}\downarrow\rightarrow I_{BQ}\downarrow\rightarrow I_{CQ}\downarrow$$

分压式偏置放大电路具有自动调整功能，当 I_{CQ} 要增大时，电路不让其增大；当 I_{CQ} 要减小时，电路不让其减小，从而迫使 I_{CQ} 稳定。所以，电路具有稳定静态工作点的作用。

【静态工作点估算】

在图 B2-2-3a 所示电路中：

$$U_{BQ}=\frac{R_{B2}}{R_{B1}+R_{B2}}V_{CC}$$

$$I_{CQ}\approx I_{EQ}=\frac{U_{BQ}-U_{BEQ}}{R_E}\approx\frac{U_{BQ}}{R_E}\ \Big|\ U_{BQ}\gg U_{BEQ}$$

$$I_{BQ}=\frac{I_{CQ}}{\beta}$$

$$U_{CEQ}=V_{CC}-I_{CQ}\ (R_C+R_E)$$

【电路的特点与用途】

共发射极放大电路具有较大的电压放大倍数，且输出电压与输入电压反相，通常用于多级放大电路的中间级。

（三）共基极放大电路

【电路结构】

共基极放大电路如图 B2-2-4a 所示，直流通路采用的是分压偏置式，交流信号由发射极输入，从集电极输出。从图 B2-2-4b 所示的交流通路可看出，基极是输入、输出的公共端，故称为共基极放大电路。

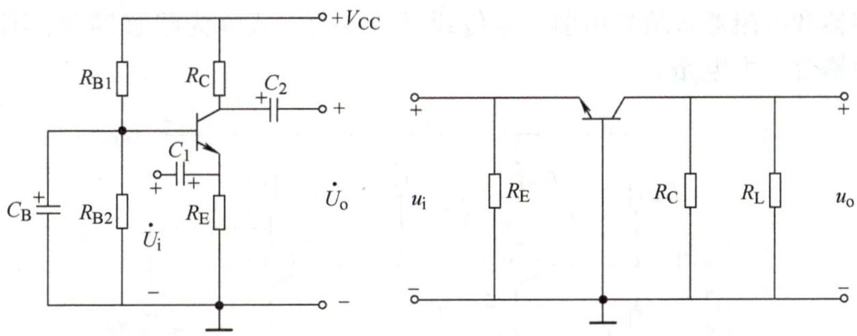

a) 共基极放大电路　b) 交流通路

图 B2-2-4　共基极放大电路及其交流通路

【电路的特点与用途】

共基极放大电路的电压放大倍数较大，输出电压与输入电压同相，通常用于高频或宽频带放大电路、恒流源电路。

（四）共集电极放大电路

【电路结构】

共集电极放大电路如图 B2-2-5a 所示，交流信号从基极输入，从发射极输出。从图 B2-2-5b 所示的交流通路可看出，集电极是输入、输出的公共端，故称为共集电极放大电路，又称为射极输出器。

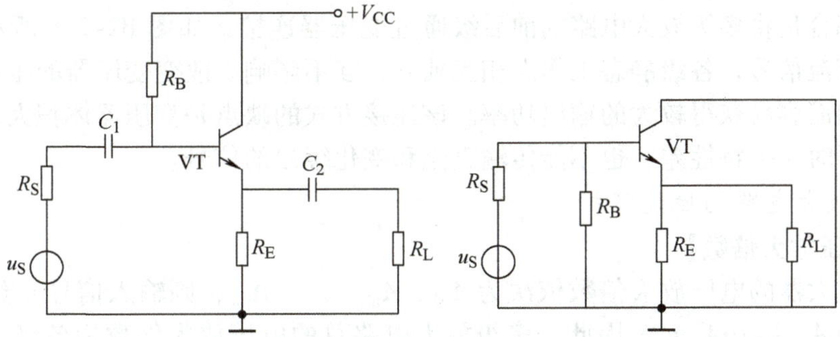

a) 共集电极放大电路　b) 交流通路

图 B2-2-5　共集电极放大电路及其交流通路

【电路的特点与用途】

共集电极放大电路的电压放大倍数小于 1，但约等于 1（即电压跟随），所以仍有电流放大作用；输入电阻高，输出电阻低，通常用于多级放大电路的输入级、输出级、缓冲级。

（五）多级放大电路

1. 多级放大电路的耦合方式

多级放大电路的级与级之间通过耦合连接。耦合方式通常有阻容耦合、直接耦合和变压器耦合三种。

【阻容耦合放大电路】

通过电容器和电阻器将信号由前一级传到下一级的方式称为阻容耦合。图 B2-2-6 为典型的两级阻容耦合放大电路。

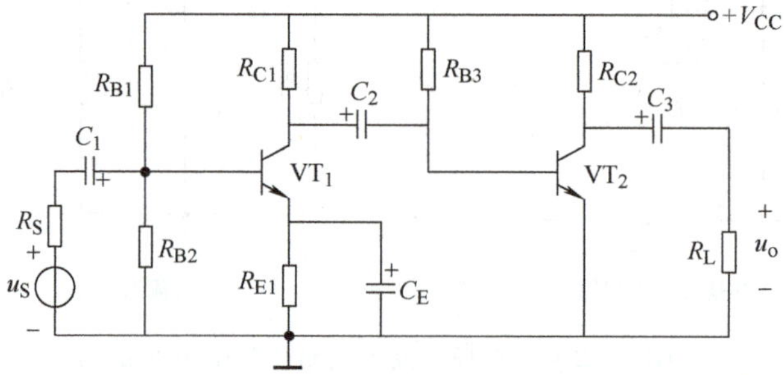

图 B2-2-6　典型的两级阻容耦合放大电路

由于耦合电容的隔直通交作用，各级静态工作点互不影响，可以单独调整到合适位置，且不存在零点漂移问题。但此电路不能放大缓慢变化的信号和直流分量的变化量，并且由于耦合电容的电容量大，因此不便于集成化。

【直接耦合放大电路】

直接耦合是将多级放大电路前后级直接（或通过电阻器）连接，如图 B2-2-7 所示。这种连接没有耦合电容，结构简单，能放大缓慢变化的信号和直流分量变化量，信号传输效率高，便于大规模集成。不足之处是各级静态工作点互相影响，且存在零点漂移问题。

【变压器耦合放大电路】

变压器耦合是将多级放大电路的前后级通过变压器连接，如图 B2-2-8 所示。由于变压器不能传输直流信号，各级静态工作点相互独立，互不影响。改变变压器的匝数比，可实现阻抗变换，因而容易获得较大的输出功率。该连接方式的缺点是变压器体积大、造价高，不便于集成；同时频率特性差，也不能传输直流和变化缓慢的信号。

2. 多级放大电路的性能指标

【多级电压放大倍数】

设各级放大器的电压放大倍数依次为 A_{u1}，A_{u2}，…，A_{un}，则输入信号 u_i 经 n 级放大后输出电压成为 $A_{u1}A_{u2}\cdots A_{un}u_i$。因此，多级放大电路总的电压放大倍数为各级放大器的电压放大倍数之积，即 $A_u = A_{u1}A_{u2}\cdots A_{un}$。

【输入和输出电阻】

第一级的输入电阻为总的输入电阻，最后一级的输出电阻为多级放大器的输出电阻。

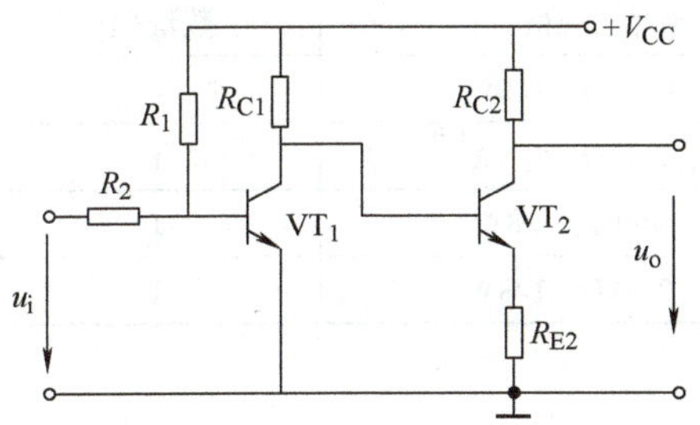

图 B2-2-7　直接耦合放大电路

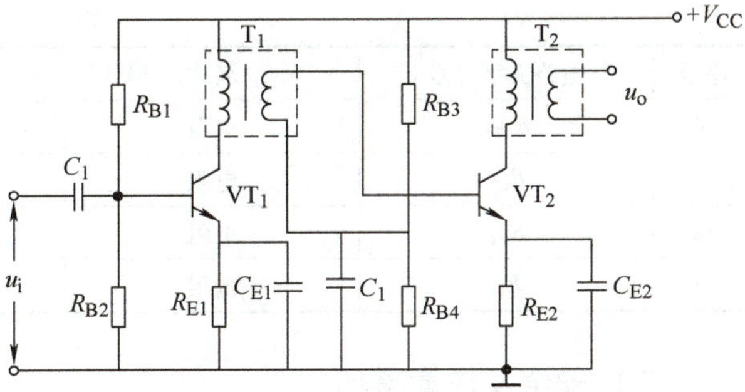

图 B2-2-8　变压器耦合放大电路

四、能力训练

（一）操作条件

所需设备			
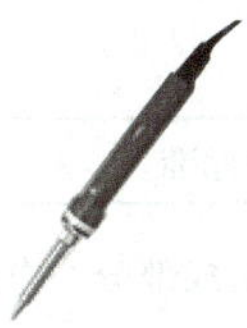			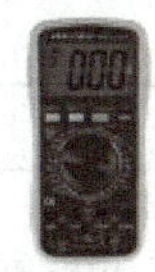
电烙铁（一把）	铆钉板（一块）	钎料（锡丝、铜丝，若干）	万用表（一台）
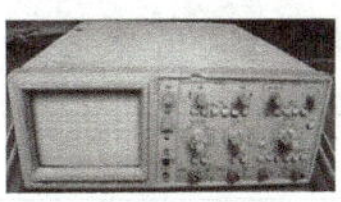	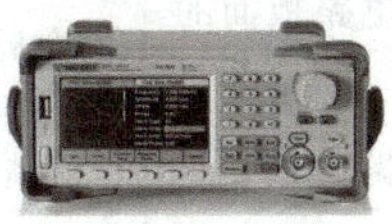	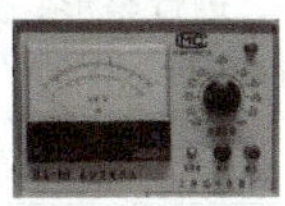	
示波器（一台）	信号发生器（一台）	晶体管毫伏表（一台）	电子元器件详见表 B2-2-1

表 B2-2-1　电子元器件明细表

序号	电路文字符号	名称	型号与规格	数量/个
1	VT_1、VT_2	晶体管	3DG6	2
2	$C_1 \sim C_3$	电解电容器	10μF/16V	3
3	C_{e1}、C_{e2}	电解电容器	47μF/16V	2
4	RP	电位器	RT、1kΩ、1W	1
5	R_{B11}	电阻	RT、100kΩ、1/8W	1
6	R_{B12}	电阻	RT、30kΩ、1/8W	1
7	R_{C1}	电阻	RT、3kΩ、1/8W	1
8	R_{E1}	电阻	RT、560Ω、1/8W	1
9	R_{B21}	电阻	RT、20kΩ、1/8W	1

（续）

序号	电路文字符号	名称	型号与规格	数量/个
10	R_{B22}	电阻	RT、6.2kΩ、1/8W	1
11	R_{C2}	电阻	RT、2.4kΩ、1/8W	1
12	R_{E2}	电阻	RT、750Ω、1/8W	1
13	R_L	电阻	RT、2.4kΩ、1/8W	1

（二）安全及注意事项

1. 正确使用与放置电烙铁，避免干烧或烫坏其他物品。
2. 安全、规范地操作并调试电路，注意人身安全。
3. 增强环保意识，注意节约耗材，避免浪费。
4. 正确使用仪器仪表，爱护仪器仪表。

（三）操作过程

RC 阻容耦合放大电路装调的操作过程见表 B2-2-2。

表 B2-2-2　操作过程

序号	步骤	操作方法及说明	质量标准
1	电路原理图识读	在表 B2-2-3 中列出图 B2-2-9 中所需元器件的名称、型号、参数，并简要写出它们在电路中的作用	正确写出电路的组成部分、作用及组成元器件
2	电路板面安装与布局	按照图 B2-2-9 选择合适的电子元器件，进行整形、安装，完成电路板面的布局	正确选用元器件并正确安装，要求板面布局合理、大小适中、美观
3	电路连接	按照图 B2-2-9 正确连接电路	电路连接正确
4	电路通电	按照图 B2-2-9 正确接上电源，给电路通电	电源参数调节正确，并且正确通电到电路板
5	参数测量与调试	1. 用万用表按照表 B2-2-4 和表 B2-2-5 测量相关参数 2. 使用示波器测量相关参数波形并记录于表 B2-2-6	数据测量、读数正确，波形记录正确

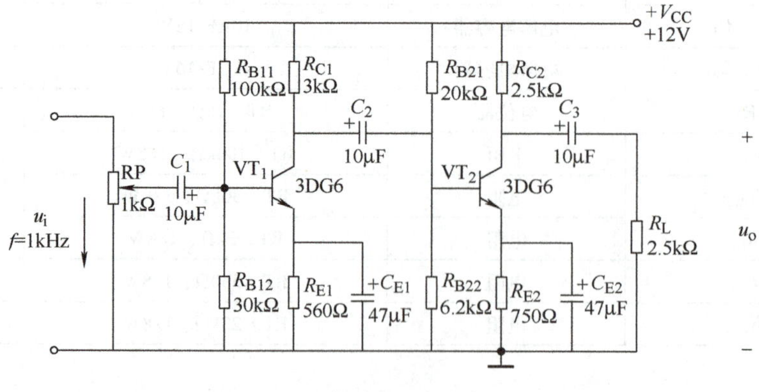

图 B2-2-9　*RC* 阻容耦合放大电路装接原理图

（四）操作记录

【**操作记录1**】（见表 B2-2-3）

表 B2-2-3 识读 *RC* 阻容耦合放大电路装接原理图

序号	组成部分	组成部分的作用	组成元器件	备注
1				
2				
3				
4				
5				
6				
7				

【**操作记录2**】

选择适当的仪表量程，测量晶体管 VT_1、VT_2 三个极的静态电压，记录于表 B2-2-4 中，并计算标准相关值。

表 B2-2-4 静态参数记录表

	基极电位 V_B	发射极电位 V_E	集电极电位 V_C	$U_{BE}=V_B-V_E$	$U_{CE}=V_C-V_E$
VT_1					
VT_2					

【**操作记录3**】

用信号发生器产生 10mV、1kHz 的正弦波信号并加到电路输入端，通过调节电位器 RP，得到表 B2-2-5 中所需的输入电压值，再依次测量各级放大电路输出的电压值，并计算电压放大倍数，记录于表 B2-2-5 中。

表 B2-2-5 动态参数记录表

	测量值			A_u		
	输入电压 U_i	输出电压 U_{o1}	输出电压 U_{o2}	A_{u1}	A_{u2}	A_u
第一次测量	1.8mV					
第二次测量	5mV					

【**操作记录4**】

用双踪示波器显示观察并记录第一次测量时的各级输入输出波形，并计算相关各值，记录于表 B2-2-6 中。

表 B2-2-6　波形记录表

序号	参数测量与记录（用示波器测量相关波形）	数据分析	备注
1	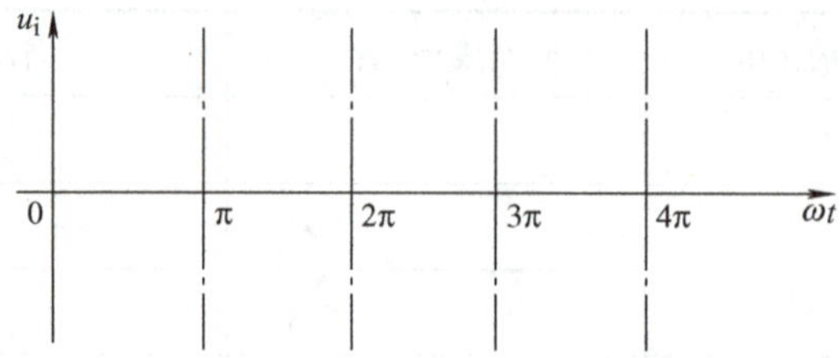	电压峰峰值 U_{PP} = 周期 T = 频率 f =	
2	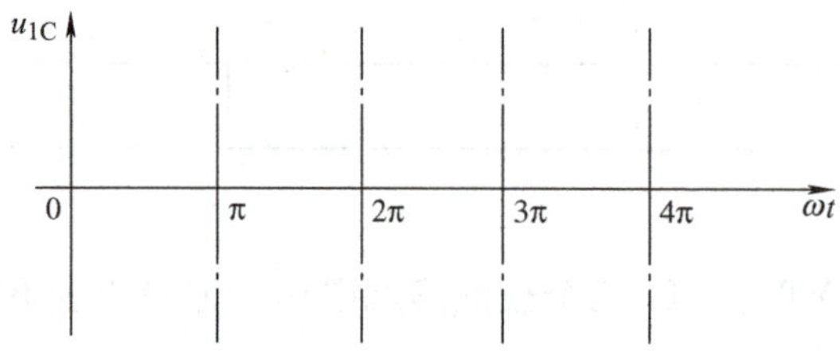	电压峰峰值 U_{PP} = 周期 T = 频率 f =	
3	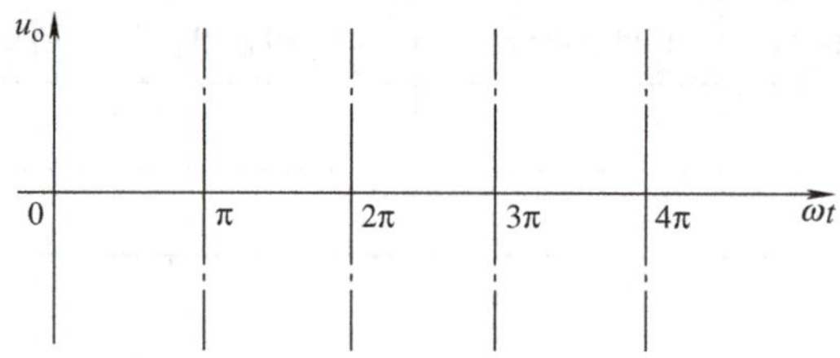	电压峰峰值 U_{PP} = 周期 T = 频率 f =	

（五）问题情境

【问题情境 1】

观察 *RC* 阻容耦合放大电路的输出波形时，发现第一级输出正弦波正常，但第二级输出波形失真，上下两端被削去一部分，是何原因？

解决途径：这种情况说明输入电压幅度太大，由于两级放大电路的电压放大倍数较大，使第二级输出幅度超过了晶体管的放大区，导致上下削顶。只要调节电位器 RP，降低输入电压幅度即可。

【问题情境 2】

调试电路时，输入正弦波，第二级输出波形正常，但是第一级放大电路的输出波形略有失真，正负半周波形不对称，是否正确？

解决途径：这是正常现象。由于晶体管的非线性特性，正弦波经放大后波形会略有非线性失真，导致正负半周不对称。二级放大后，两次非线性失真影响会相互抵消，输出波形基本不失真。测量调试时，以最后输出波形的最大不失真为准。

（六）学习结果评价

序号	评价内容	评价标准	评价结果（是/否）
1	能简单识读 RC 阻容耦合放大电路的电路原理图	正确识读电路原理图并记录	
2	能按照电路原理图合理布局、安装电子元器件	元器件选择正确，板面布局合理，疏密有致	
3	能按照电路原理图正确连接电路	元器件安装正确，电路连接可靠	
4	能正确给电路通电，能按要求测量相关数据并记录	正确通电调试、测量与记录	
5	能根据故障现象分析电路并排除故障	能分析解决在调试过程中出现的问题	

五、课后作业

【作业 1】

判断题：只有直接耦合放大电路中晶体管的参数才随温度而变化，阻容耦合放大电路中的晶体管参数不随温度而变化，因此只有直接耦合放大电路存在零点漂移。（　　）

【作业 2】

与共发射极放大电路相比，射极输出器的特点是（　　）。

A. 输入电阻高，输出电阻低　　B. 输入电阻低，输出电阻高

C. 输入电阻、输出电阻都很高　　D. 输入电阻、输出电阻都很低

【作业 3】

在两级共发射极直接耦合放大电路中，前后两级的静态工作点（　　）。

A. 彼此独立，互补影响　　B. 互相影响，互相牵制

C. 后级对前级有影响，前级对后级无影响

职业能力 B-2-3　能正确装调带负反馈的两级放大电路

一、核心概念

带负反馈的两级放大电路装调的核心概念如图 B2-3-1 所示。

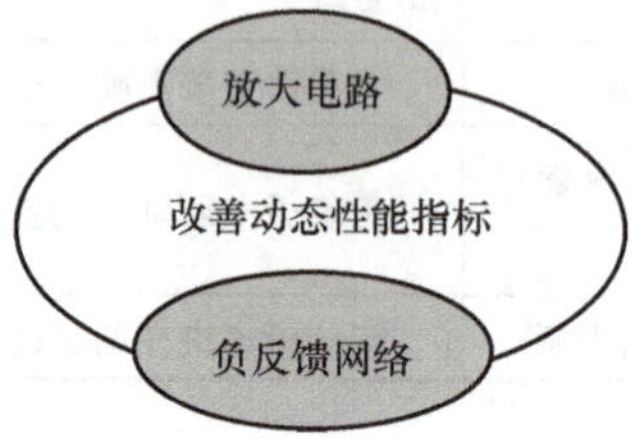

图 B2-3-1　带负反馈的两级放大电路装调的核心概念

二、学习目标

1. 能简单识读带负反馈的两级放大电路的电路原理图，认识其组成及各部分的作用。
2. 能正确识读带负反馈的两级放大电路中各元器件的名称、作用。
3. 能按照电路原理图合理布局、安装电子元器件。
4. 能按照电路原理图正确连接电路。
5. 能正确给电路通电，并按要求测量相关数据并记录。
6. 能根据故障现象，分析电路并排除故障。
7. 养成独立分析、思考、解决问题的思维习惯，提高团结互助的合作能力。

三、基本知识

（一）反馈的基本概念

在实际应用中，为了能使放大电路稳定工作，往往引入负反馈。引入负反馈虽然削弱了净输入信号，降低了电压放大倍数，但却以此为代价换取了动态性能指标的改善。

【反馈的定义】

反馈是将系统或电路中的输出信号（电压或电流）通过一定的网络送回输入端，并同输入信号一起参与放大器的输入控制作用，从而使放大器的某些性能获得有效改善的过程。

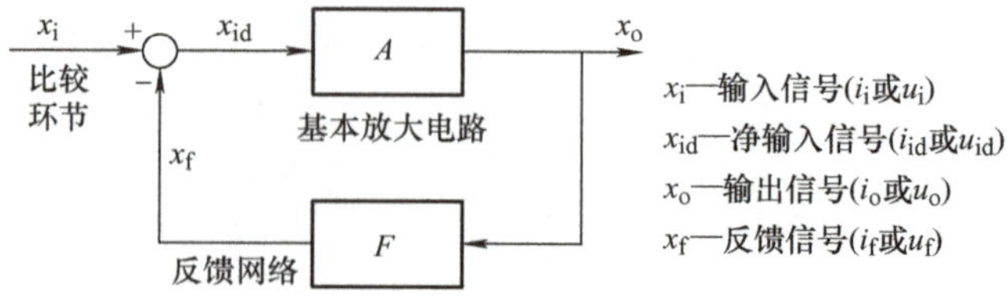

图 B2-3-2　反馈放大电路框图

【负反馈放大电路的构成】

在放大电路中，可以通过由外接元器件组成的反馈网络（见图 B2-3-2），把放大电路的输出信号送回输入端，使反馈信号与原输入信号叠加后，重新进入放大电路放大。这种放大器称为反馈放大电路，这些元器件称为反馈元器件。

在图 B2-3-2 中，当反馈信号 x_f的相位与输入信号 x_i 的相位相反时，叠加形成的净输入信号减小，即反馈信号削弱了原输入信号，该反馈是负反馈，放大电路就是负反馈放大电路。

（二）反馈的分类

【按反馈信号的极性分类】

根据反馈信号的极性，可以将反馈分为正反馈和负反馈。如果反馈信号与输入信号的极性相同，使净输入信号增强，称为正反馈；反之，反馈信号与输入信号极性相反，使净输入信号削弱，称为负反馈。

在工程技术中，正反馈虽然能使输出信号和电压放大倍数增大，但会使放大电路的性能显著变差（工作不稳定、失真严重等），所以在放大电路中不采用正反馈。正反馈一般用于振荡电路中。正、负反馈的判断一般用瞬时极性法。判断过程、反馈信号与输入信号的关系如图 B2-3-3 所示。

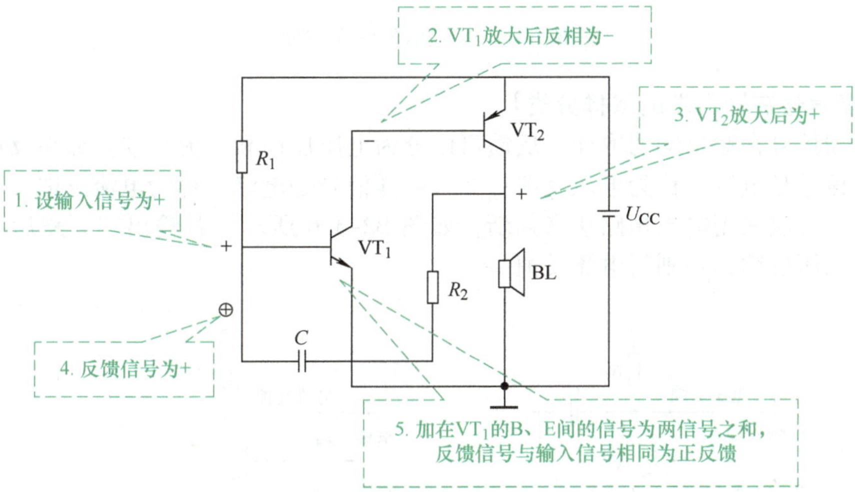

图 B2-3-3　利用瞬时极性法判断反馈极性

如图 B2-3-3 所示，在假定输入信号为正极性的情况下，先由正向传输到输出端，然后再通过反馈网络送回输入端。反馈到晶体管的电极可能为基极或发射极，反馈回的信号可正可负。为区分反馈量，习惯上将反馈到输入端的反馈量画上圈。反馈信号与输入信号作用的四种情况如图 B2-3-4 所示。

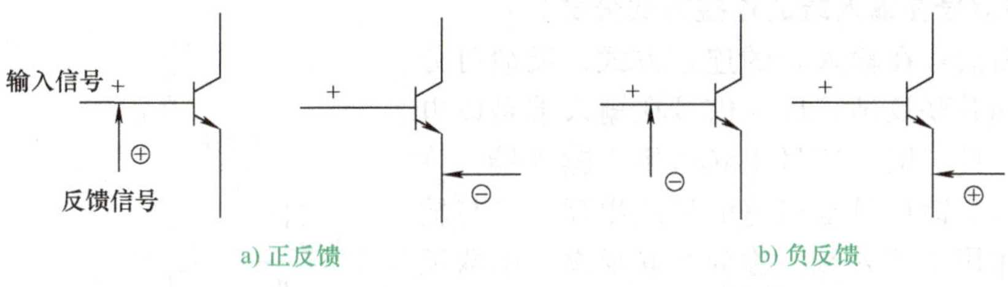

图 B2-3-4　反馈信号与输入信号作用的四种情况

【按反馈信号的性质分类】

根据反馈信号的性质（即交直流成分），反馈可以分为交流反馈、直流反馈和交直流反馈。若从输出端反馈到输入端的信号是直流电压或电流，称为直流反馈；若是交流电压或电流，称为交流反馈；若交流与直流电压或电流都能反馈到输入端，称为交直流反馈。其中，直流负反馈的主要作用是稳定放大电路的静态工作点；交流负反馈的作用是改善放大电路性能。

判断反馈信号的性质，主要看反馈网络中的电容的隔直通交作用在电路中所引起的后果，使输入端得到的反馈信号是哪种成分，如图 B2-3-5 所示。

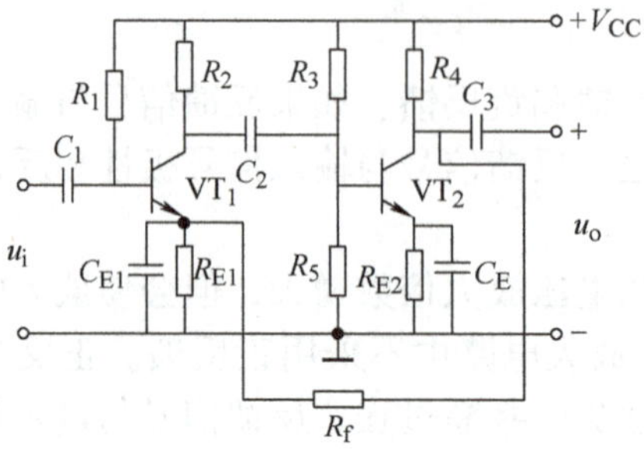

a) 直流反馈

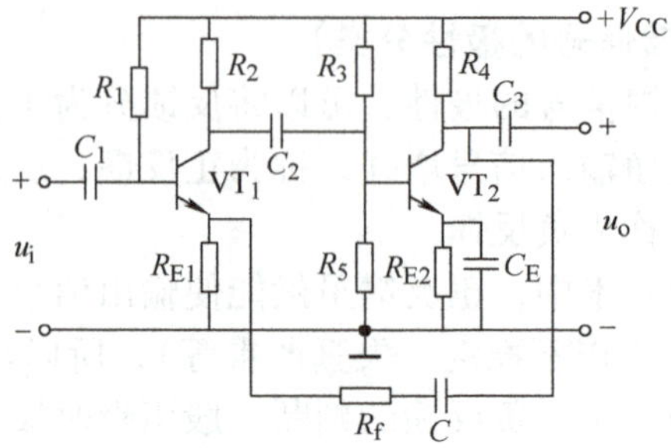

b) 交流反馈

图 B2-3-5 反馈信号的性质分类

【按反馈信号在输出端的取样分类】

根据反馈信号在输出端的取样，反馈可以分为电压反馈和电流反馈。如果反馈支路在输出端的取样信号是电压，称为电压反馈；如果取样信号是电流，称为电流反馈。电压反馈还是电流反馈，可以采用输出短路法来判断，如图 B2-3-6 所示。若输出端短路后，反馈信号消失，则属电压反馈，否则属电流反馈。

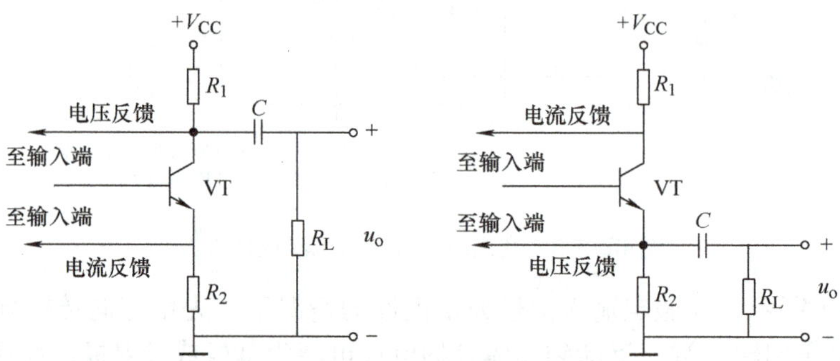

图 B2-3-6 利用输出短路法判断反馈类型

【按反馈信号在输入端的连接方式分类】

根据反馈信号在输入端的连接方式，反馈可分为串联反馈和并联反馈。反馈信号在输入端是以电压形式出现，且与输入信号串联作用于输入端，称为串联反馈；反馈信号是以电流形式出现，且与输入信号并联作用于输入端，称为并联反馈。串联反馈与并联反馈的连接方式可以用直接查看法判断，如图 B2-3-7 所示。

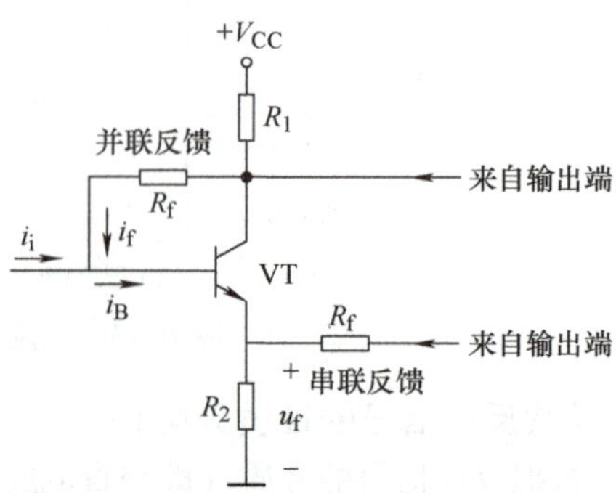

图 B2-3-7 用直接查看法判断反馈类型

（三）负反馈放大电路的四种组态

负反馈放大电路按反馈电路与输入、输出的连接关系分有四种基本组态，即电压串联负反馈、电流串联负反馈、电压并联负反馈、电流并联负反馈。

电压串联负反馈：电压串联负反馈电路能够稳定输出电压，减小输出电阻，增大输入电阻。

电流串联负反馈：电流串联负反馈电路能够稳定输出电流，增大输出电阻、输入电阻。

电压并联负反馈：电压并联负反馈电路能够稳定输出电压，减小输入电阻和输出电阻。

电流并联负反馈：电流并联负反馈电路能够稳定输出电流，减小输入电阻，增大输出电阻。

综上可知：反馈对象看输出（端），反馈方式看输入（端），反馈性质看极性。

四、能力训练

（一）操作条件

所需设备			
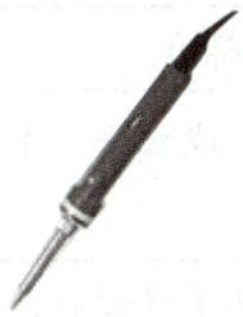			
电烙铁（一把）	铆钉板（一块）	钎料（锡丝、铜丝，若干）	万用表（一台）
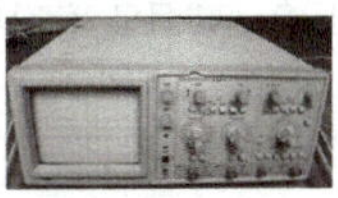		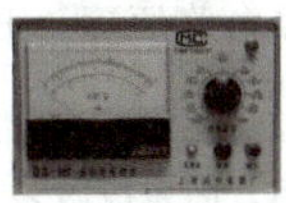	
示波器（一台）	信号发生器（一台）	晶体管毫伏表（一台）	电子元器件详见表 B2-3-1

表 B2-3-1　电子元器件明细表

序号	电路文字符号	名称	型号与规格	数量/个
1	VT_1、VT_2	晶体管	3DG6	2
2	C_1、C_2、C_3	电容器	10μF/16V	3
3	C_4、C_5	电容器	100μF/16V	2
4	C_6	电容器	10μF/16V	1
5	R_1	电阻器	RT、680kΩ、1/8W	1
6	R_2、R_4、R_L	电阻器	RT、2.4kΩ、1/8W	3
7	R_3	电阻器	RT、20kΩ、1/8W	1

（续）

序号	电路文字符号	名称	型号与规格	数量/个
8	R_5、R_8	电阻器	RT、1kΩ、1/8W	2
9	R_6	电阻器	RT、10kΩ、1/8W	1
10	R_7	电阻器	RT、100Ω、1/8W	1
11	R_f	电阻器	RT、8.2kΩ、1/8W	1
12	S	开关	KNX250V/2A	1

（二）安全及注意事项

1. 正确使用与放置电烙铁，避免干烧或烫坏其他物品。
2. 安全、规范地操作并调试电路，注意人身安全。
3. 增强环保意识，注意节约耗材，避免浪费。
4. 正确使用仪器仪表，爱护仪器仪表。

（三）操作过程（表 B2-3-2）

表 B2-3-2 装调带负反馈的两级放大电路的操作过程

序号	步骤	操作方法及说明	质量标准
1	电路原理图识读	在表 B2-3-3 中列出图 B2-3-8 中的各主要组成部分及其组成元器件与作用	正确写出电路的组成部分、作用及组成元器件
2	电路板面安装与布局	按照电路原理图，选择合适的电子元器件，进行整形、安装，完成电路板面的布局	正确选用元器件并正确安装，要求板面布局合理、大小适中、美观
3	电路连接	按照电路原理图，正确连接电路	电路连接正确
4	电路通电	按照电路原理，正确接上电源，给电路通电	电源参数调节正确，并且正确通电到电路板
5	参数测量与调试	1. 用万用表按照表 B2-3-4 和表 B2-3-5 测量相关参数 2. 使用示波器测量相关参数的波形并记录于表 B2-3-6	数据测量、读数正确，波形记录正确

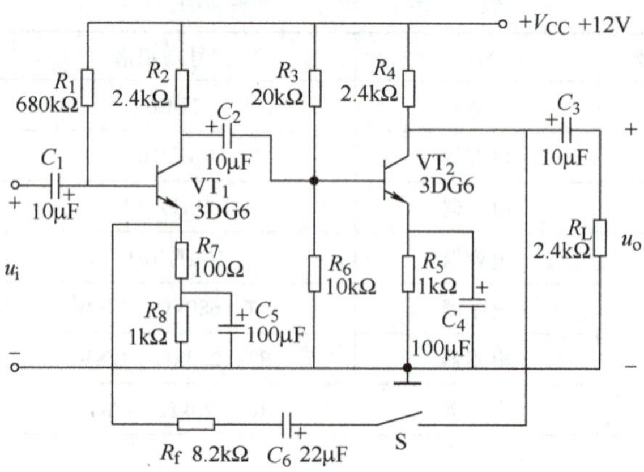

图 B2-3-8 带负反馈的两级放大电路装接原理图

（四）操作记录

【操作记录 1】

识读图 B2-3-8，列出电路各主要组成部分、元器件及其在电路中的作用，填入表 B2-3-3。

表 B2-3-3　识读带负反馈的两级放大电路装接原理图

序号	组成部分	组成部分的作用	组成元器件	备注
1				
2				
3				

【操作记录 2】

选择适当的仪表量程，测量晶体管 VT_1、VT_2 的三个极的静态电压，记录于表 B2-3-4 中，并计算标准相关值。

表 B2-3-4　静态参数记录表

	基极电位 V_B	发射极电位 V_E	集电极电位 V_C	$U_{BE}=V_B-V_E$	$U_{CE}=V_C-V_E$
VT_1					
VT_2					

【操作记录 3】

用信号发生器产生 10mV、1kHz 的正弦波信号并加到电路输入端，依次测量各级放大电路输出的电压值，并计算电压放大倍数，记录于表 B2-3-5 中。

表 B2-3-5　动态参数记录表

	测量值			A_u		
	输入电压 U_i	输出电压 U_{o1}	输出电压 U_{o2}	A_{u1}	A_{u2}	A_u
第一次测量	10mV					
第二次测量						

【操作记录 4】

用双踪示波器显示观察并记录各级输入输出波形，并计算相关各值，记录于表 B2-3-6 中。

表 B2-3-6　波形记录表 1

序号	参数测量与记录	数据分析	备注
1	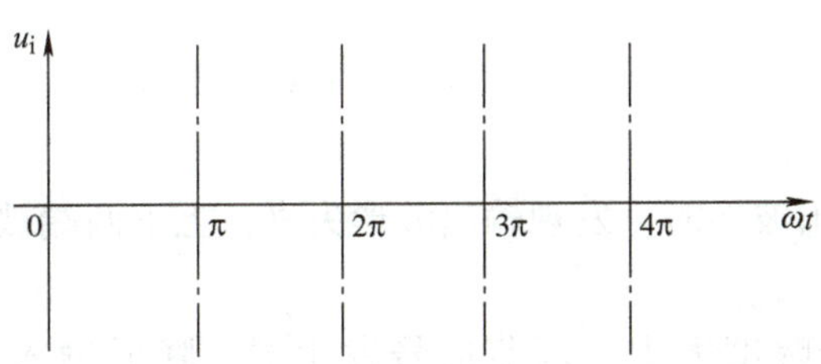	电压峰峰值 $U_{PP}=$ 周期 $T=$ 频率 $f=$	

（续）

序号	参数测量与记录	数据分析	备注
2	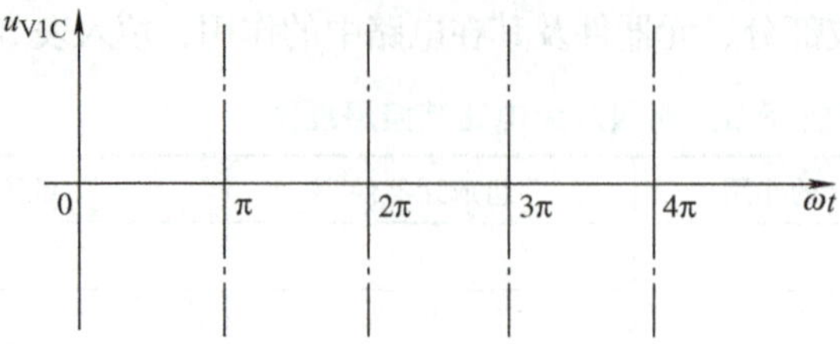	电压峰峰值 U_{PP} = 周期 T = 频率 f =	
3	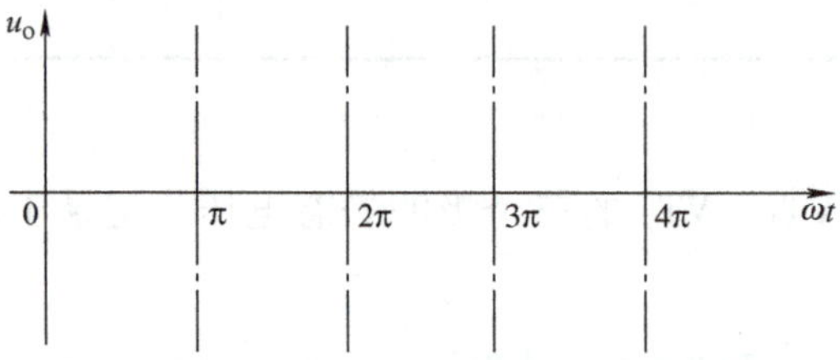	电压峰峰值 U_{PP} = 周期 T = 频率 f =	

【操作记录 5】

将开关断开，再次用双踪示波器显示观察并记录各级输入输出波形，并计算相关各值，记录于表 B2-3-7 中。

表 B2-3-7　波形记录表 2

序号	参数测量与记录	数据分析	备注
1	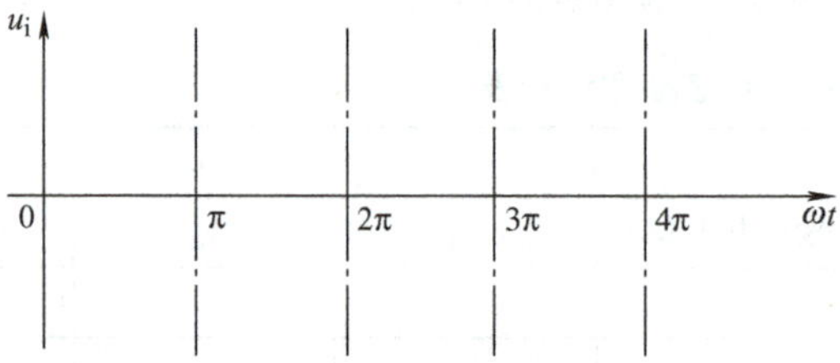	电压峰峰值 U_{PP} = 周期 T = 频率 f =	
2	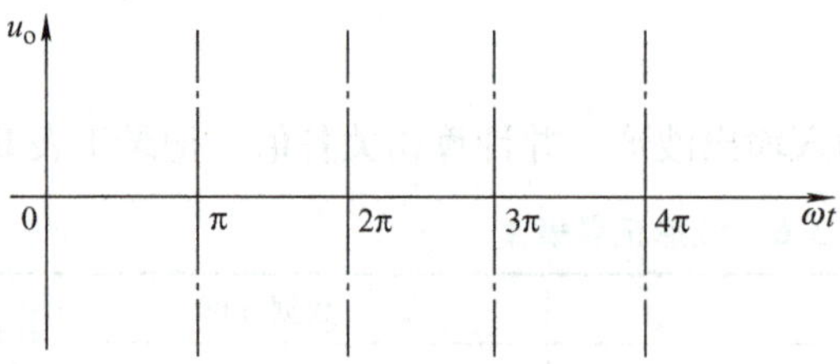	电压峰峰值 U_{PP} = 周期 T = 频率 f =	

（五）问题情境

【问题情境 1】

观察带负反馈的两级放大电路的输出波形时，发现输出波形失真，上下两端被削去一部分，是何原因？

解决途径：这种情况说明输入信号幅度太大，调节信号发生器，降低输入电压幅度即可。

【问题情境2】

观察带负反馈的两级放大电路的输出波形时，不管负反馈支路有无接入电路，输出波形都没有变化，是否正确？

解决途径：这种情况说明电路中的负反馈没有起作用，请检查反馈支路部分是否接好。

（六）学习结果评价

序号	评价内容	评价标准	评价结果（是/否）
1	能简单识读带负反馈的两级放大电路的电路原理图	正确识读电路原理图并记录	
2	能按照电路原理图合理布局、安装电子元器件	元器件选择正确，板面布局合理，疏密有致	
3	能按照原理电路图正确连接电路	元器件安装正确，电路连接可靠	
4	能正确给电路通电，并按要求测量相关数据并记录	正确通电调试与测量、记录	
5	能根据故障现象分析电路并排除故障	在调试过程中出现的问题，能分析解决问题	

五、课后作业

【作业1】

按照极性分类，反馈有正反馈和负反馈两种。电路引入正反馈的目的是（　　）。

A. 稳定放大倍数，即稳定输出量　　B. 抑制反馈环路内的干扰和噪声

C. 让电路振荡　　D. 改变电路的输入电阻

【作业2】

要求负载变化时放大电路的输出电压比较稳定，且取用信号源的电流尽可能小，应选用（　　）。

A. 电压串联负反馈　　B. 电流串联负反馈

C. 电压并联负反馈　　D. 电流并联负反馈

【作业3】

以下哪个不是电路引入交流负反馈的目的？（　　）

A. 稳定静态工作点　　B. 展宽通频带

C. 稳定放大电路输出　　D. 抑制干扰信号

【作业4】

欲设计一反馈放大器，用于放大电流信号，应引入哪种组态的负反馈？（　　）

A. 电压串联　　B. 电压并联

C. 电流串联　　D. 电流并联

职业能力 B-2-4 能正确装调 OTL 功率放大电路

一、核心概念

OTL 功率放大电路装调的核心概念如图 B2-4-1 所示。

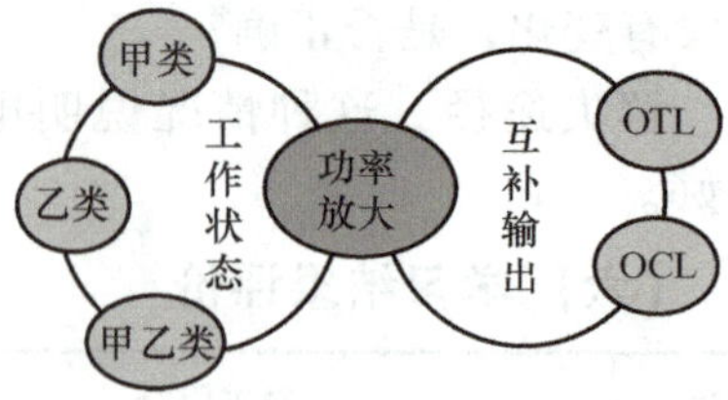

图 B2-4-1 OTL 功率放大电路装调的核心概念

二、学习目标

1. 能简单识读 OTL 功率放大电路的电路原理图。
2. 能正确识读 OTL 功率放大电路中各元器件的名称、作用。
3. 能按照电路原理图合理布局、安装电子元器件。
4. 能按照电路原理图正确连接电路。
5. 能正确给电路通电，能按要求测量并记录相关数据。
6. 能根据故障现象，分析电路并排除故障。
7. 养成独立分析、思考、解决问题的思维习惯，提高团结互助的合作能力。

三、基本知识

（一）功率放大电路的任务与要求

功率放大电路（简称功放电路）处在多级放大电路中的输出级，它的作用是向负载提供不失真的、足以驱动负载的信号功率。对功放电路的要求是：在效率高、非线性失真小、安全工作的前提下，向负载提供足够大的功率。

（二）功率放大电路的分类

【甲类放大】

功率放大晶体管（简称功放管）的静态工作点较高，在输入正弦信号的整个周期内，都有电流流过功放管（即导通角 $\theta=360°$），这种工作方式称为甲类放大，如图 B2-4-2a 所示。

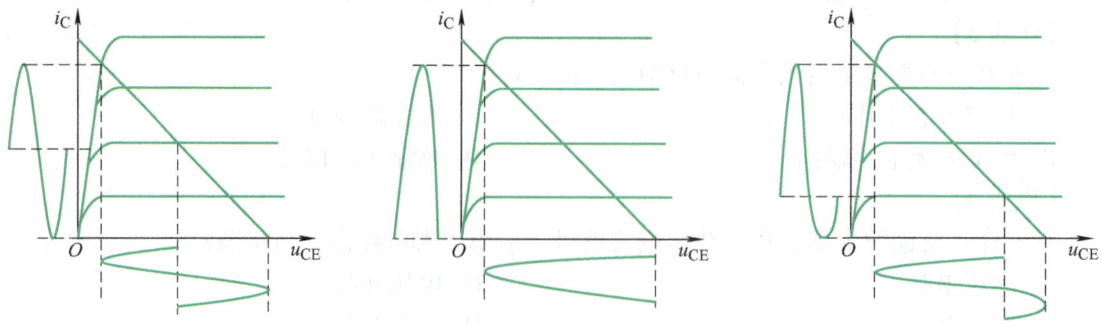

a) 甲类工作状态　b) 乙类工作状态　c) 甲乙类工作状态

图 B2-4-2 功放电路的 3 种工作状态

这种功放失真小，但静态电流大、静态损耗大、效率低（约为 50%），一般应用于家庭高档音响系统。

【乙类放大】

功放管的静态工作点选在晶体管的放大区和截止区的交界处，即 $I_B=0$，在输入正弦信号的一个周期内，只有半个周期内晶体管的电流 $i_C>0$，这种工作方式称为乙类放大，如图 B2-4-2b 所示。

功放电路中两个晶体管交替工作，每只晶体管在信号的半个周期内导通，另半个周期内截止。该类功放效率较高（约为 78%）、静态功耗小，但缺点是容易产生交越失真（两只晶体管分别导通时发生的非线性失真）。

【甲乙类放大】

为了减小和克服交越失真，通常在两基极间加上二极管（或电阻器，或二极管和电阻器的组合），使两个功放管具有一定的正偏压，在输入正弦波信号的一个周期内，有半个周期以上晶体管的电流 $i_C>0$，这种工作方式称为甲乙类放大，如图 B2-4-2c 所示。

甲乙类放大器兼有甲类放大器音质好和乙类放大器效率高的优点，被广泛应用于家庭、专业、汽车音响系统中。

（三）OCL 与 OTL 功率放大电路

【OCL 功放电路】

OCL 是英文 Output Capacitance Less 的缩写，OCL 功放电路是指无输出电容的功放电路，如图 B2-4-3a 所示。其中，VT_1 为 NPN 型晶体管，VT_2 为 PNP 型晶体管，且两管的特性对称一致。从电路可知，每个晶体管均组成共集电极放大电路，属于乙类互补对称 OCL 功放电路。

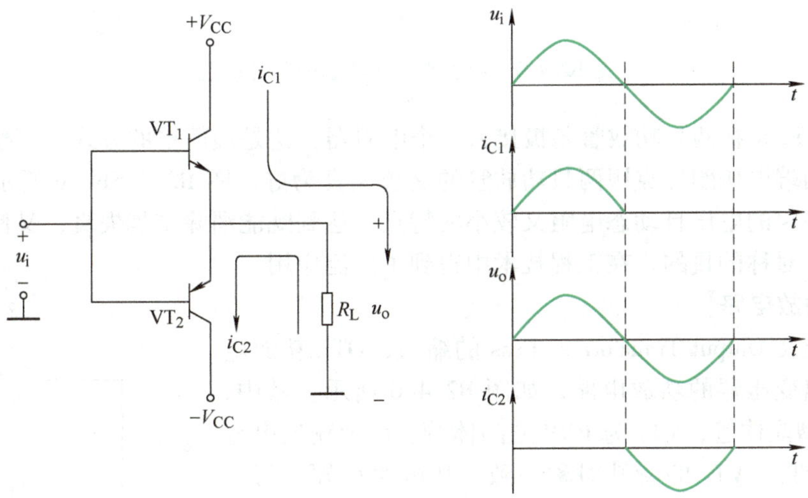

a) OCL功放电路　　b) 工作波形

图 B2-4-3　OCL 功放电路的组成与工作波形

当无输入信号时，由于电路无偏置电压，故两管的基极电流均为 0，即功放管工作于截止状态。电路无功率放大功能。

当有输入信号时，在 u_i 的正半周时，VT_1 的发射结正偏而导通，VT_2 的发射结反偏而截止，此时被放大的电流信号将从 $+V_{CC}$ 经 VT_1 由上而下流过负载电阻 R_L。在 u_i 的负半周则正好相反，VT_1 截止，VT_2 导通，被放大的电流信号从 $-V_{CC}$ 经 VT_2 由下而上流过负载。两个功放管轮流导通、交替工作，这样负载上就得到放大后一个周期的信号波形，如图 B2-4-3b 所示。

【交越失真】

由共集电极放大电路的特性可知，上述电路的电压放大倍数虽然近似为 1，但它具有电流放大作用和功率放大作用，射极输出器的输出电阻小，带负载能力强，所以可将低阻负载（如扬声器）直接接入电路作为负载。但由于晶体管死区电压的存在，两个晶体管在交替工作时必然会出现失真，如图 B2-4-4 所示。习惯上把这种失真称为交越失真。

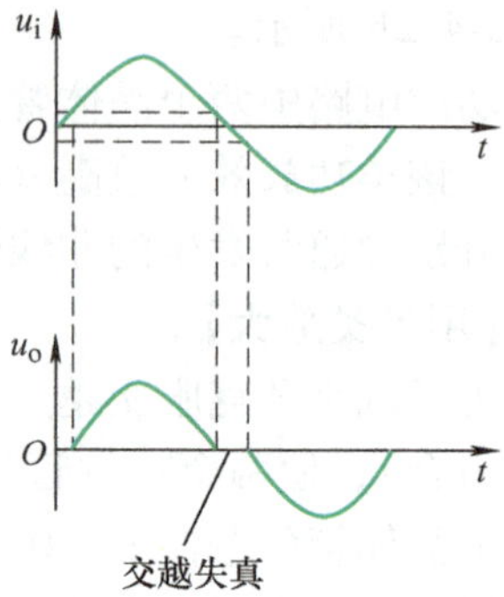

图 B2-4-4　乙类状态的交越失真

为消除交越失真，往往采用如图 B2-4-5 所示的几种形式，以使两只功放管静态时工作在微导通状态，就是使功放管工作在输入特性刚刚脱离死区、即将进入放大区的位置，该类型电路属于甲乙类互补对称 OCL 功放电路。

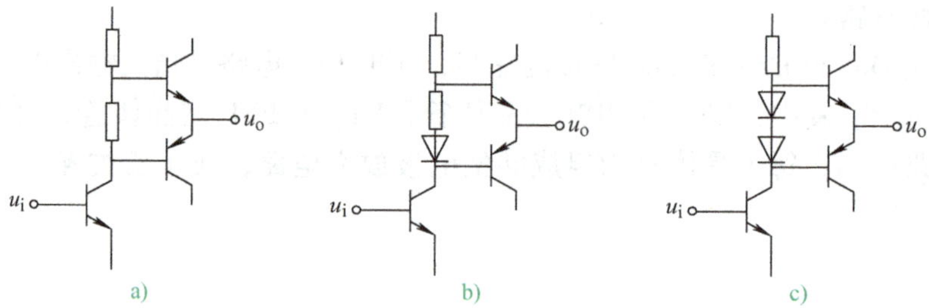

图 B2-4-5　甲乙类工作状态的几种设置

图 B2-4-5a 是在两只功放管基极接入一个电阻器，这是最简单的方式。调整该电阻器的电阻值，使两端电压刚好克服两只功放管的交越失真为好。图 B2-4-5b、c 所示电路是利用二极管既有一定的电压且动态电阻又较小的特点，达到既能消除交越失真，又使两只功放管输入信号基本对称的目的，在工程技术中得到了广泛应用。

【OTL 功放电路】

OTL 是英文 Output Transformer Less 的缩写，OTL 功放电路是指无输出变压器的功放电路，如图 B2-4-6 所示。其中，VT_1 为 NPN 型晶体管，VT_2 为 PNP 型晶体管，C 为输出电容器，且要求 VT_1、VT_2 的特性对称一致。从电路可知，每个管子均组成共集电极放大电路，所以是乙类互补对称 OTL 功放电路。

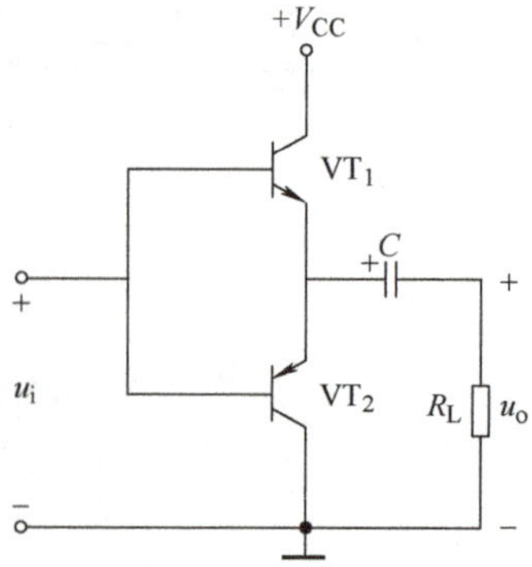

图 B2-4-6　乙类互补对称 OTL 功放电路

由图 B2-4-6 可知，OTL 功放电路的工作方式与 OCL 功放电路基本相同，区别是 OTL 电路除采用一组电源外，VT_2 工作时还由输出电容器 C 等效为一个电源给 VT_2 供电。这是因为在静态时，由于两只功放管的参数一致，所以两只功放管分压使其发射极的电位为电源电压的一半，此时由于 C 两端也将充$\frac{V_{CC}}{2}$的电压，且左正、右负，正好满足 VT_2 工作所需的电源极性。

（四）带有自举电路的 OTL 功放电路

图 B2-4-7 是常见的工作在甲乙类状态的 OTL 功放电路。图中，VT_1 为前置放大级（又称为激励级或推动级），VT_2、VT_3 组成互补对称功率放大级，VD、RP_2 用来使 VT_2、VT_3 建立偏置电压，减小交越失真，保证电路工作在甲乙类状态，C_3 为输出大电容。

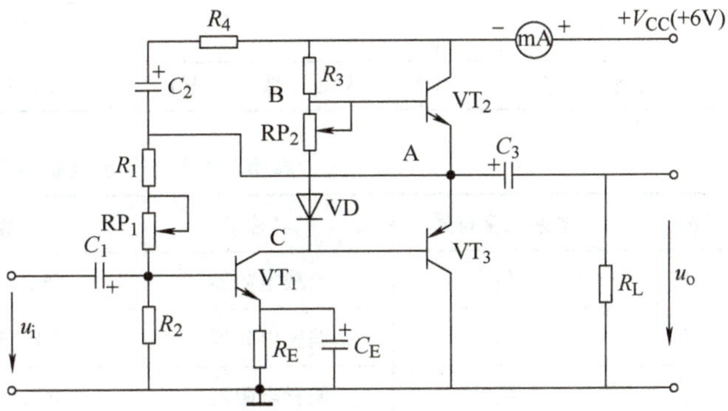

图 B2-4-7　带有自举电路的 OTL 功放电路

前置放大级的偏置电阻 R_1、RP_1 不接到电源 V_{CC} 上，而是接到 A 点，以保证静态时 A 点的电位稳定在 $V_{CC}/2$，而不受温度变化的影响。

VT_2、VT_3、VD、RP_2 组成功放电路的输出级。当输入信号为负半周时，B 点和 C 点的电位升高，VT_2 导通，VT_3 截止，这时电源 V_{CC} 对 C_3 充电，在 R_L 上产生正向电流。当输入信号为正半周时，B 点和 C 点的电位降低，VT_2 截止，VT_3 导通，这时电容 C_3 对 R_L 放电，产生反向电流。图中 VD 起温度补偿作用。

R_4、C_2 组成自举电路。为什么要在电路中加上自举电路呢？这是因为在图 B2-4-7 中，当输入信号为负半周时，B 点和 C 点的电位升高，VT_2 导通，VT_3 截止，这时电源 V_{CC} 对 C_3 充电，A 点的电位将随着充电不断升高，VT_2 会逐渐变为反偏而截止，这样就不能完成负半周的电流放大，输出波形将出现失真。为了解决这一问题，可在 B 点与 A 点之间加一电容器 C_2。这样开机后，C_2 上充有一定的电压，当 A 点的电位升高时，由于电容器两端电压不会突变，这样 B 点的电位保持着 $V_A + U_{C2}$，VT_2 就会一直有正向偏压而不会截止，顺利完成此半周的电流放大，失真减小。由于 B 点的电位是自己举起来的，因此称为自举电路。

四、能力训练

（一）操作条件

所需设备			
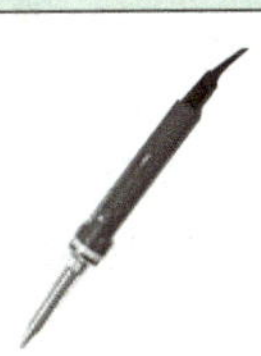	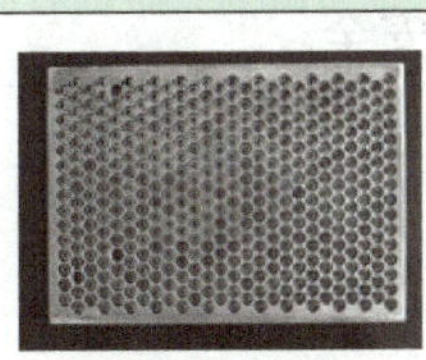		
电烙铁（一把）	铆钉板（一块）	钎料（锡丝、铜丝，若干）	万用表（一台）

（续）

所需设备			
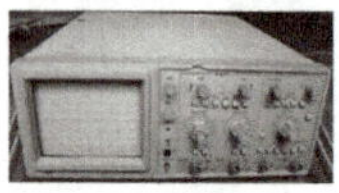			
示波器（一台）	信号发生器（一台）	晶体管毫伏表（一台）	电子元器件详见表 B2-4-1

表 B2-4-1　电子元器件明细表

序号	电路文字符号	名称	型号/规格	数量/个
1	R_L	负载电阻器	RT，270Ω，1/4W	1
2	R_1	偏置电阻器	RT，3.3kΩ，1/4W	1
3	R_2	偏置电阻器	RT，5.1kΩ，1/4W	1
4	R_3	偏置电阻器	RT，470Ω，1/4W	1
5	R_E	发射极电阻器	RT，47Ω，1/4W	1
6	R_4	自举电阻器	RT，150Ω，1/4W	1
7	RP_1	电位器	100kΩ	1
8	RP_2	电位器	1kΩ	1
9	C_1	耦合电解电容器	10μF/16V	1
10	C_E	旁路电解电容器	100μF/16V	1
11	C_2	自举电解电容器	100μF/16V	1
12	C_3	输出电解电容器	470μF/16V	1
13	VD	偏置二极管	2CZ42D	1
14	VT_1（NPN）	激励晶体管	3DD203	1
15	VT_2（NPN）	功放管	3DA10	1
16	VT_3（PNP）	功放管	3CA5	1

（二）安全及注意事项

1. 正确使用与放置电烙铁，避免干烧或烫坏其他物品。
2. 安全、规范地操作并调试电路，注意人身安全。
3. 增强环保意识，注意节约耗材，避免浪费。
4. 正确使用仪器仪表，爱护仪器仪表。

（三）操作过程

装调 OTL 功放电路的操作过程见表 B2-4-2。

表 B2-4-2　装调 OTL 功放电路的操作过程

序号	步骤	操作方法及说明	质量标准
1	电路原理图识读	结合图 B2-4-7 及相关介绍，在表 B2-4-3 中填写电路的组成部分、作用及组成元器件	正确写出电路的组成部分、作用及组成元器件
2	电路板面安装与布局	按照图 B2-4-7 选择合适的电子元器件，进行整形、安装，完成电路板面的布局	正确选用元器件并正确安装，要求板面布局合理、大小适中、美观
3	电路连接	按照图 B2-4-7，正确连接电路	电路连接正确
4	电路通电	按照图 B2-4-7，正确接上电源，给电路通电	电源参数调节正确，并且正确通电到电路板
5	参数测量与调试	1. 用万用表测量相关参数并记录于表 B2-4-4 2. 使用示波器测量相关参数波形并记录于表 B2-4-5 中	数据测量、读数正确，波形记录正确

（四）操作记录

【操作记录 1】

结合图 B2-4-7 及相关介绍，在表 B2-4-3 中填写电路的组成部分、作用及组成元器件。

表 B2-4-3　识读图 B2-4-7

序号	组成部分	组成部分的作用	组成元器件	备注
1				
2				
3				
4				

【操作记录 2】

1）先使 $RP_2=0$，在输入端输入由低频信号发生器提供的频率为 1kHz，电压峰峰值为 1V 的正弦波信号，调节 RP_1，使输出电压波形不失真，然后短接输入端使 $u_i=0$，调节 RP_1 使 A 点的电位 $V_A=\frac{V_{CC}}{2}=3V$（用示波器监视 u_o的波形）。

2）调节 RP_2，使电流表指示范围为 4～15mA。静态电流太大，能量转换效率会降低；静态电流太小，则会产生交越失真。因为电流表串接在电源进线中，测得的是总电流值，但因其他支路电流（VT_1 集电极电流 I_{C1}）较小，因而总电流可近似看作 VT_3、VT_2 的静态电流。

3）用万用表直流电压挡测 VT_1、VT_2、VT_3的三个极的电位，并记录于表 B2-4-4 中。

表 B2-4-4 静态参数记录表

晶体管号	基极电位	发射极电位	集电极电位	$U_{BE}=V_B-V_E$	$U_{CE}=V_C-V_E$
VT_1					
VT_2					
VT_3					

【操作记录 3】

首先用示波器 CH1 测试探头（或输入线）接功放电路输入端，CH2 测试探头（或输入线）接输出端，观察并记录 u_i、u_o的波形。然后，将 B、C 两点短路，再次观察 u_o的波形并记录于表 B2-4-5 中。

表 B2-4-5 动态参数记录表

序号	波形测量与记录	数据分析	备注
1	输入电压波形u_i 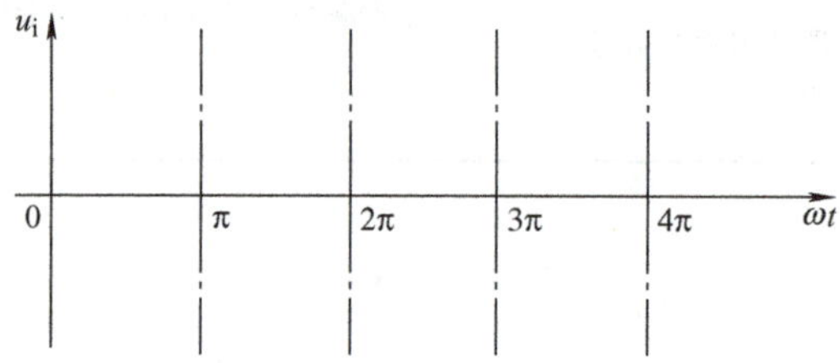 	电压峰峰值 U_{PP} = 周期 T = 频率 f =	
2	甲乙类状态的电路输出电压波形u_o 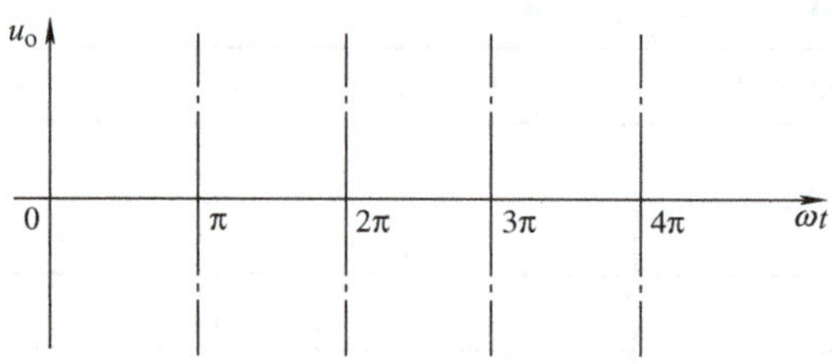 	电压峰峰值 U_{PP} = 周期 T = 频率 f =	
3	乙类状态的电路输出电压波形u_o 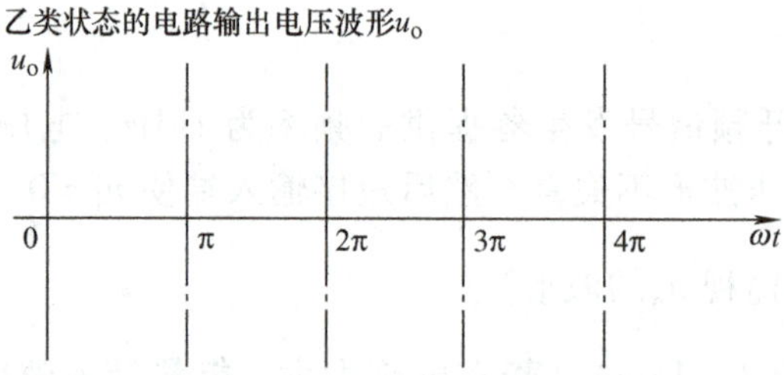 	电压峰峰值 U_{PP} = 周期 T = 频率 f =	

（五）问题情境

【问题情境 1】

完成电路装接后，刚通上电源就发现输出级的晶体管发烫，该如何处理？

解决途径：应当马上切断电源，排除故障后再通电调试。首先检查电路接线是否有误，若没有，可以将 RP_2 调到最大值后再通电，并且注意观察电流表指示。

【问题情境 2】

测试 B、C 两点短接前后的输出电压波形时，发现波形均出现不同程度的交越失真，该如何处理?

解决途径：正常情况下，B、C 两点不短接时，波形不失真。如果依然有交越失真，可以通过适当调节 RP_2 来修正波形，但是需注意观察电流表指示，不要使电流过大烧毁晶体管。

（六）学习结果评价

序号	评价内容	评价标准	评价结果（是/否）
1	能简单识读 OTL 功放电路的电路原理图	正确识读电路原理图并记录	
2	能按照电路原理图合理布局、安装电子元器件	元器件选择正确，板面布局合理，疏密有致	
3	能按照电路原理图正确连接电路	元器件安装正确，电路连接可靠	
4	能正确给电路通电，并按要求测量并记录相关数据	正确通电调试与测量、记录	
5	能根据故障现象分析电路并排除故障	能分析解决在调试过程中出现的问题	

五、课后作业

【作业 1】

对功放电路的基本要求是在不失真的情况下能有（　　）。

A. 尽可能大的电压放大倍数　　B. 尽可能大的输出功率　　C. 尽可能小的零点漂移

【作业 2】

功放电路通常工作在（　　）。

A. 大信号状态　　B. 小信号状态　　C. 脉冲信号状态

【作业 3】

甲乙类功放电路，在理想情况下的最高效率只能达到（　　）。

A. 0.25　　B. 0.5　　C. 0.785

【作业 4】

图 B2-4-8 中二极管的作用是（　　）。

A. 消除交越失真，改善输出波形

B. 提供输出功率

C. 保护晶体管

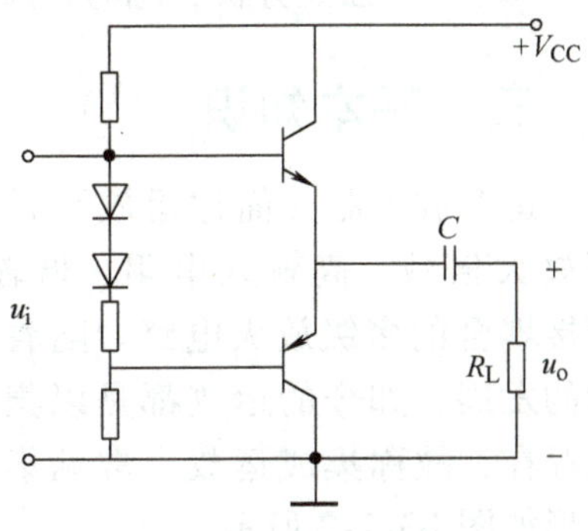

图 B2-4-8

学习任务B-3

集成运算放大电路装调

职业能力 B-3-1　能正确装调反相比例放大电路

一、核心概念

反相比例放大电路装调的核心概念如图 B3-1-1 所示。

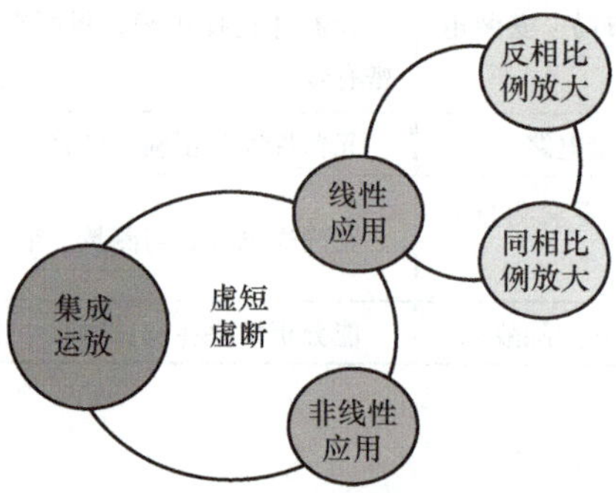

图 B3-1-1　反相比例放大电路装调的核心概念

二、学习目标

1. 能识读反相比例放大电路的电路原理图，正确识读电路中各元器件的名称、作用。
2. 能按照电路原理图合理布局、安装电子元器件。
3. 能按照电路原理图正确连接电路。
4. 能正确给电路通电，并按要求测量并记录相关数据。
5. 能根据故障现象，分析电路并排除故障。
6. 养成独立分析、思考、解决问题的思维习惯，提高团结互助的合作能力。

三、基本知识

运算放大器（简称运放）是一种高电压放大倍数、高输入电阻、低输出电阻、直接耦合的多级放大电路。随着半导体技术的发展，如今的运放都是以集成单片形式存在，故称集成运放。常见集成运放的外形如图 B3-1-2 所示。

a) 圆壳式　b) 双列直插式　c) 扁平式

图 B3-1-2　常见集成运放的外形

（一）集成运放电路的组成

图 B3-1-3 为集成运放的内部结构，有四部分：高阻抗输入级、中间放大级、低阻抗输出级和偏置电路。

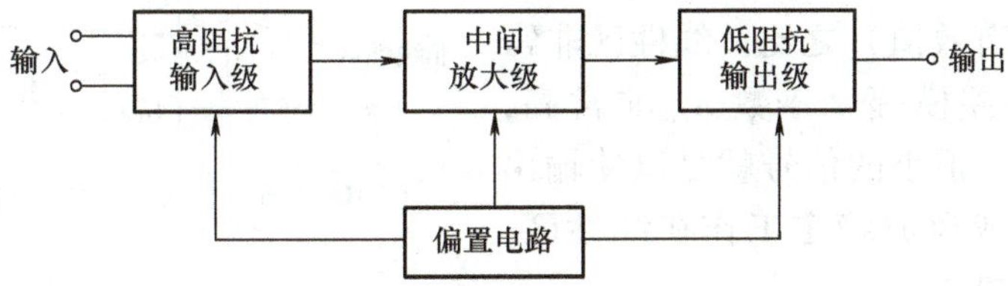

图 B3-1-3　集成运放的内部结构示意图

高阻抗输入级是影响集成运放工作性能的关键级，一般由差动放大电路组成，它有两个输入端：一端为同相输入端，输入信号从该端输入时，输出信号与输入信号的相位相同；另一端为反相输入端，输入信号从该端输入时，输出信号与输入信号的相位相反。

中间放大器由高增益的电压放大电路组成。

低阻抗输出级由射极输出器互补电路组成。

偏置电路为集成运放各级提供合适而稳定的静态工作点。

（二）集成运放的电压传输特性

【集成运放的电路符号】

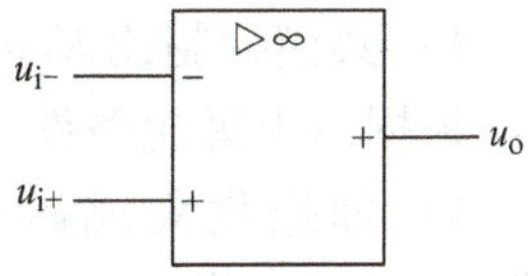

图 B3-1-4　集成运放的电路图形符号

图 B3-1-4 为集成运放的电路图形符号。其中，“▷”表示放大器，三角所指方向为信号传输方向；“∞”表示该放大器的开环电压放大倍数；输入端的“+”（或 P）表示同相输入端，“−”（或 N）表示反相输入端。

实际上，集成运放的引脚不止三个，但分析集成运放时，习惯只画出图示的三个引脚即可，其他引脚各有各的功能，因对分析没有影响，故可略去不画。图 B3-1-5 为 LM741 集成运放的外形、引脚排列及典型接线。

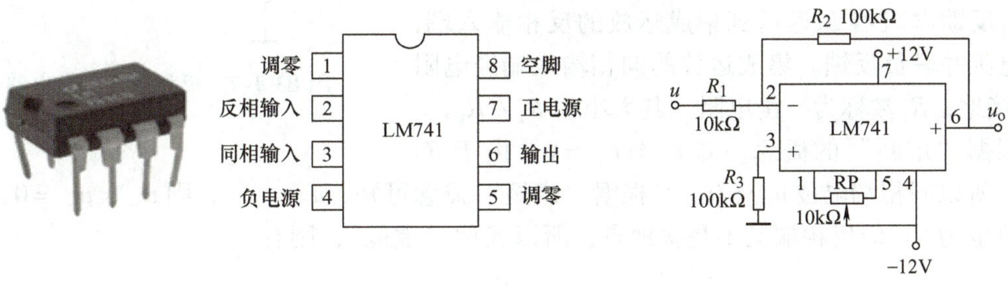

a) 外形及引脚排列　　b) 典型接线

图 B3-1-5　LM741 集成运放的外形、引脚排列及典型接线

【电压传输特性】

集成运放的电压传输特性指输出电压 U_o 与输入电压 $U_+ - U_-$ 之间的关系曲线，如图 B3-1-6 所示。

实际的电压传输特性曲线明显分为两个区域，线性放大区和饱和区（非线性区）。图 B3-1-6 中的斜线反映了线性放大区输入与输出之间的关系，斜率为电压放大倍数，即输出与输入幅值（或有效值）之比。线性区非常窄，这是因为开环差模幅度倍数 A_{od} 非常高，可达几十万倍以上，很小的信号就足以使输出电压饱和。要使集成运放稳定工作在线性区，通常引入深度负反馈。

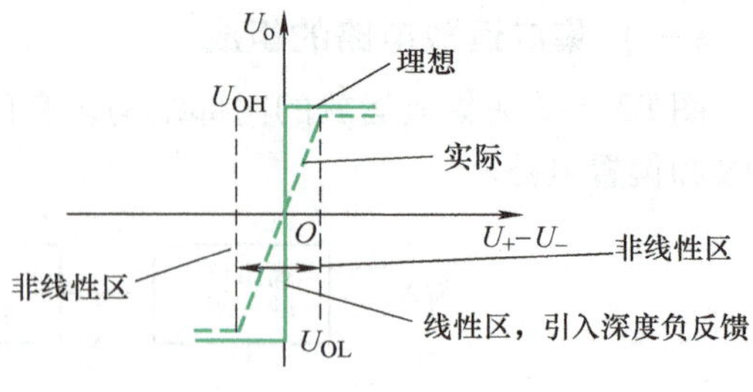

图 B3-1-6　集成运放的电压传输特性曲线

电压传输特性曲线两端的水平线是饱和区，表明输出电压 U_o 不随 $U_+ - U_-$ 的变化而改变，是恒定值 $+U_{om}$（或 $-U_{om}$）。

【理想化集成运放】

为了便于对集成运放电路进行分析，通常将集成运放视为理想器件。理想化集成运放的条件是：

1）开环差模电压放大倍数 $A_{uo}=\infty$；

2）输入电阻 $r_i=\infty$；

3）输出电阻 $r_o=0$；

4）共模抑制比 $K_{CMR}=\infty$。

根据以上理想条件，可推导出以下两个重要结论：

1）理想化集成运放的两输入端电位差趋于 0（称为虚短），即 $u_+=u_-\approx 0$（可认为 $u_+=u_-$）；

2）理想化集成运放的输入电流趋于 0（称为虚断），即 $i_i\approx 0$（可认为 $i_+=i_-=0$）。

（三）反相比例放大电路

反相比例放大电路如图 B3-1-7 所示，输入信号 u_i 通过电阻器 R_1 加到集成运放的反相输入端，输出信号通过反馈电阻器 R_f 返送到集成运放的反相输入端，构成电压并联负反馈。集成运放的同相输入端经电阻器 R_2 接地，R_2 被称为平衡电阻，其大小为 $R_1/\!/R_f$。

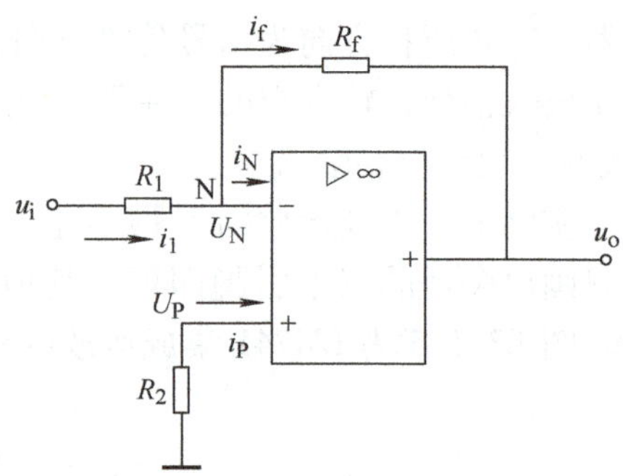

图 B3-1-7　反相比例放大电路

根据“虚断”的概念，即 $i_-=i_+=0$，由于 R_2 接地，所以同相端电位 $u_+=0$。又根据“虚短”概念可知，$u_-=u_+$，则 $u_-=u_+=0$，反相端电位也为 0。但反相端又不是接地点，所以又称“虚地”，则有

$$i_1=i_f,i_1=\frac{u_i}{R_1},i_f=-\frac{u_o}{R_f}$$

因此，反相比例放大电路的的闭环电压放大倍数为

$$A_{uf}=\frac{u_o}{u_i}=\frac{-R_f i_f}{R_1 i_1}=-\frac{R_f}{R_1}$$

则输出电压为

$$u_o = -\frac{R_f}{R_1}u_i$$

结论：反相比例放大电路的闭环电压放大倍数 A_{uf} 只取决于 R_f 与 R_1 之比，与开环差模幅度倍数 A_{od} 无关，输出电压与输入电压成反相比例关系。负号表示输出电压与输入电压极性相反。

四、能力训练

（一）操作条件

所需设备			

电烙铁（一把）	铆钉板（一块）	钎料（锡丝、铜丝，若干）	万用表（一台）
	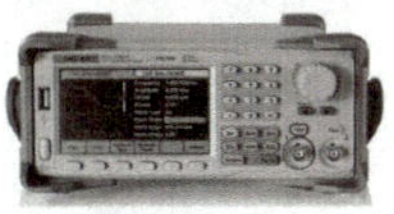		
示波器（一台）	信号发生器（一台）	晶体管毫伏表（一台）	直流稳压电源（一台）

电子元器件详见表 B3-1-1			

表 B3-1-1　电子元器件明细表

序号	文字符号	名称	型号与规格	数量/个
1	IC	集成运放	LM741	1
2	R_1、R_2	电阻器	RT，10kΩ，1/4W	2
3	R_3、R_4	电阻器	RT，100kΩ，1/4W	2
4	R_5、R_6	电阻器	RT，2kΩ，1/4W	2
5	RP	电位器	WXJ 102，1/4W	1

（二）安全及注意事项

1. 正确使用与放置电烙铁，避免干烧或烫坏其他物品。
2. 安全、规范地操作并调试电路，注意人身安全。
3. 增强环保意识，注意节约耗材，避免浪费。
4. 正确使用仪器仪表，爱护仪器仪表。

（三）操作过程

装调反相比例放大电路的操作过程见表 B3-1-2。

表 B3-1-2　装调反相比例放大电路的操作过程

序号	步骤	操作方法及说明	质量标准
1	电路原理图识读	在表 B3-1-3 中列出图 B3-1-8 中所需元器件的名称、型号/参数，并简要写出它们在电路中的作用	正确写出电路中的元器件名称、型号/参数及作用
2	电路板面安装与布局	按照电路原理图，选择合适的电子元器件，进行整形、安装，完成电路板面的布局	正确选用元器件并正确安装，要求板面布局合理、大小适中、美观
3	电路连接	按照电路原理图，正确连接电路	电路连接正确
4	电路通电	按照电路原理图正确接上电源，给电路通电	电源参数调节正确，并且正确通电到电路板
5	参数测量与调试	正确选择仪表，测量相关参数并记录于表 B3-1-4；使用示波器测量相关参数波形并记录于表 B3-1-5	数据测量、读数正确，波形记录正确

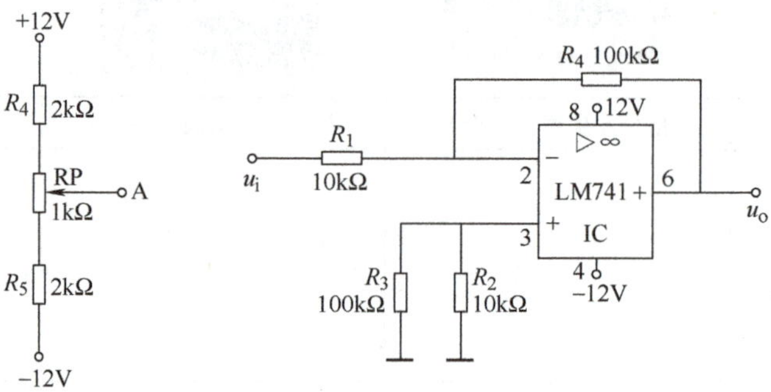

反相比例放大电路装调演示

图 B3-1-8　反相比例放大电路装接原理图

（四）操作记录

【操作记录 1】

在表 B3-1-3 中列出图 B3-1-8 中所需元器件名称、型号、参数，并简要写出其在电路中的作用。

表 B3-1-3　识读反相比例放大电路的装接原理图

序号	电路文字符号	元器件名称	型号/参数	作用	备注
1					
2					
3					
4					
5					

【操作记录 2】

1）按图 B3-1-8 所示的电路正确连线。

2）将双路直流稳压电源的两路均调到 12V，分别接到集成运放的 8 脚和 4 脚，注意 8 脚是正电源，4 脚是负电源，不能接错。

3）将两个 2kΩ 的电阻器和 1kΩ 的电位器 RP 组成简易信号源。简易信号源上加上正负电源。调节 RP 可以改变 A 点对地电位的大小，先调 RP 使 A 点对地电压减小。

4）将集成运放的输入端接到 A 点，调节 RP，使 U_i 满足表 B3-1-4 中的数值要求（用万用表在电路中监测），然后用万用表测出不同输入电压对应的输出电压并记录。

表 B3-1-4 反相比例放大电路参数测试

输入电压 U_i/V		0.1	−0.1	0.3	−0.3
反相比例运算	U_o/V（测量值）				
	U_o/V（理论值）				

【操作记录 3】

用信号发生器产生 1kHz、10mV 的正弦波信号，送到反相比例放大电路的输入端，用示波器观察输入及输出信号波形之间的相位关系，并记录与计算相关参数，填入表 B3-1-5。

表 B3-1-5 输入及输出信号波形记录

序号	参数测量与记录（用示波器测量相关波形）	数据分析	备注
1	u_i波形记录  	电压峰峰值 U_{PP} = 周期 T = 频率 f =	
2	u_o波形记录 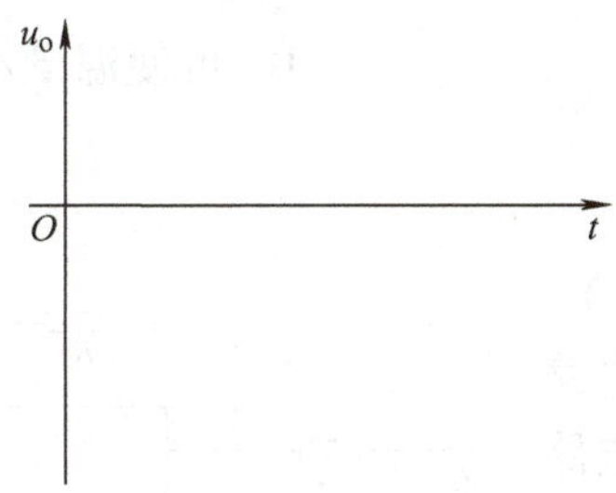 	电压峰峰值 U_{PP} = 周期 T = 频率 f =	
3	波形特点与关系：		

（五）问题情境

用万用表测量不同输入电压对应的输出电压时，发现测得数据与理论数据偏差较大，该如何处理？

解决途径：测得数据与理论数据偏差较大，请首先排除以下两种情况：

1）读数方法有误；

2）测量仪表问题。

对于 LM741 集成运放而言，实际接线需如图 B3-1-5 所示，在 1、5 两脚间接一调零电位器，在数据测量前需通过调零电位器进行校准，使输入电压为 0 时输出电压也为 0，从而保证反相比例放大电路的输出电压与输入电压间成线性关系。

（六）学习结果评价

序号	评价内容	评价标准	评价结果（是/否）
1	能简单识读反相比例放大电路的电路原理图	正确识读电路原理图并记录	
2	能按照电路原理图合理布局、安装电子元器件	元器件选择正确，板面布局合理，疏密有致	
3	能按照电路原理图正确连接电路	元器件安装正确，电路连接可靠	
4	能正确给电路通电，并按要求测量并记录相关数据	正确通电调试与测量、记录	
5	能根据故障现象分析电路并排除故障	能分析解决在调试过程中出现的问题	

五、课后作业

【作业 1】

理想化集成运放的开环输出电阻 R_o 的值为（　　）。

A. 0　　B. 无穷大　　C. 大约几千欧

【作业 2】

集成运放的输出级的主要特点是（　　）。

A. 输出电阻小，带负载能力强　　B. 能抑制零点漂移

C. 电压放大倍数非常大

【作业 3】

集成运放电路采用直接耦合方式是因为（　　）。

A. 可获得很大的放大倍数　　B. 可使温漂小

C. 集成工艺难以制造大容量电容器

【作业 4】

图 B3-1-9 所示电路为哪种经典运算电路？（　　）

A. 同相比例运算电路　　B. 反相比例运算电路

C. 同相求和运算电路　　D. 反相求和运算电路

【作业 5】

图 B3-1-9 所示电路中，输入电压 $u_i = 2\sin\omega t$（单位为 V），电源电压为 ±12V，则输出电压为（　　）。

A. 与 u_i 同相位的方波

B. 与 u_i 反相位的正弦波

C. 与 u_i 同相位的正弦波

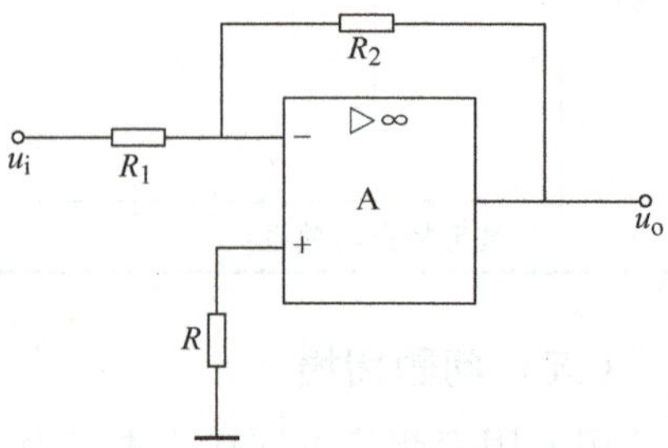

图 B3-1-9

职业能力 B-3-2　能正确装调同相比例放大电路

一、核心概念

同相比例放大电路装调的核心概念如图 B3-2-1 所示。

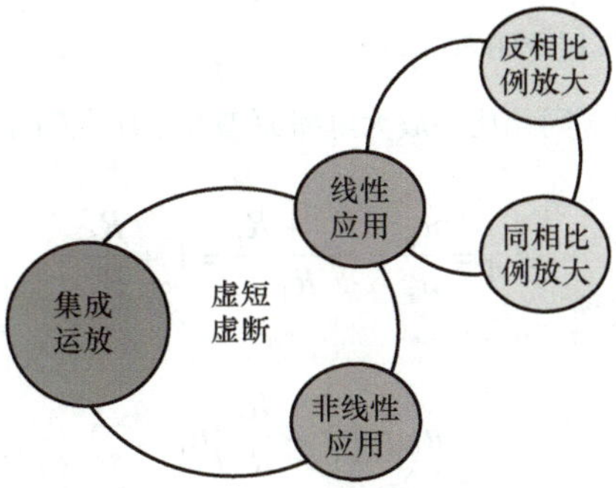

图 B3-2-1　同相比例放大电路装调的核心概念

二、学习目标

1. 能简单识读同相比例放大电路的电路原理图，正确识读电路中各元器件的名称、作用。
2. 能按照电路原理图合理布局、安装电子元器件。
3. 能按照电路原理图正确连接电路。
4. 能正确给电路通电，并按要求测量并记录相关数据。
5. 能根据故障现象，分析电路并排除故障。
6. 养成独立分析、思考、解决问题的思维习惯，提高团结互助的合作能力。

三、基本知识

（一）同相比例放大电路

【电路特点】

同相比例放大电路如图 B3-2-2a 所示，输入电压 u_i经电阻 R_2加在同相输入端上，反相输入端经电阻 R_1接地，输出电压 u_o经过 R_f接回反相输入端，形成电压串联负反馈。

【电压放大倍数 A_{uf}】

根据虚断（$i_+=i_-=0$）可知，R_2上没有电压降，所以 $u_+=u_i$，并且 $i_1=i_f$。根据虚短（$u_+=u_-$）可知，$u_-=u_+=u_i$，即 A 点的电位等于输入信号。所以，有

$$u_i=u_+=u_-=\frac{R_1}{R_1+R_f}u_o$$

故同相比例放大电路的闭环电压放大倍数为

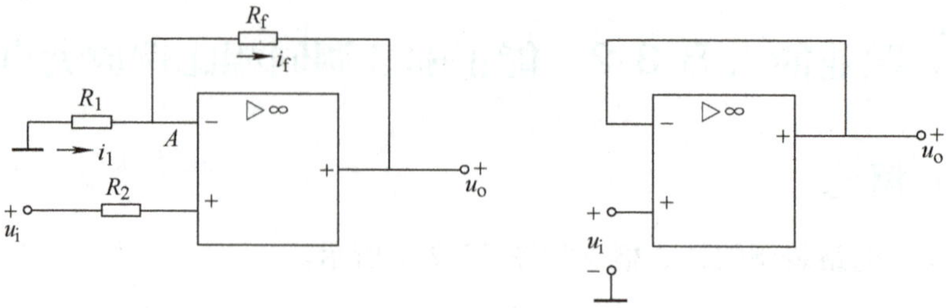

a) 同相比例放大电路原理　　b) 电压跟随器图形符号

图 B3-2-2　同相比例放大电路原理及电压跟随器图形符号

$$A_{uf} = \frac{u_o}{u_i} = \frac{R_1 + R_f}{R_1} = 1 + \frac{R_f}{R_1}$$

输出电压为

$$u_o = \left(1 + \frac{R_f}{R_1}\right) u_i$$

结论：同相比例放大电路的电压放大倍数 A_{uf} 只取决于 R_f 与 R_1 的比值，输出电压与输入电压同相且成比例关系。

（二）电压跟随器

当同相比例放大电路中 $R_f = 0$、$R_1 = \infty$ 时，$R_f/R_1 = 0$，则 $u_o = u_i$、$A_{uf} = 1$。输出电压与输入电压大小相等、相位相同，称为电压跟随器（同号器），这是同相比例放大器中的一个特例。电压跟随器的图形符号见图 B3-2-2b。

四、能力训练

（一）操作条件

所需设备			

电烙铁（一把）	铆钉板（一块）	钎料（锡丝、铜丝，若干）	万用表（一台）
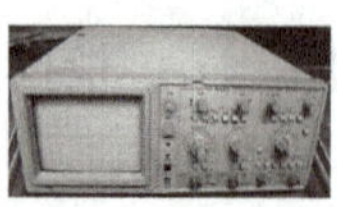			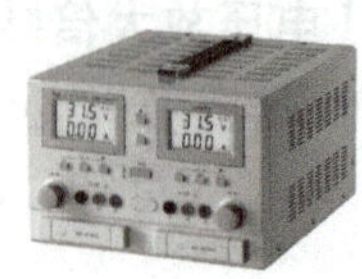
示波器（一台）	信号发生器（一台）	晶体管毫伏表（一台）	直流稳压电源（一台）

（续）

所需设备			

电子元器件详见表 B3-2-1			

表 B3-2-1 电子元器件明细表

序号	文字符号	名称	型号与规格	数量/个
1	IC	集成运放	LM358	1
2	R_2、R_4、R_5	电阻器	RT，10kΩ，1/4W	3
3	R_f	电阻器	RT，100kΩ，1/4W	1
4	R_1、R_3、R_6	电阻器	RT，2kΩ，1/4W	3
5	RP	电位器	WXJ，202，1/4W	1

（二）安全及注意事项

1. 正确使用与放置电烙铁，避免干烧或烫坏其他物品。
2. 安全、规范地操作并调试电路，注意人身安全。
3. 增强环保意识，注意节约耗材，避免浪费。
4. 正确使用仪器仪表，爱护仪器仪表。

（三）操作过程

装调同相比例放大电路的操作过程见表 B3-2-2。

表 B3-2-2 装调同相比例放大电路的操作过程

序号	步骤	操作方法及说明	质量标准
1	电路原理图识读	在表 B3-2-3 中列出图 B3-2-3 中所需元器件的名称、型号/参数，并简要写出它们在电路中的作用	正确写出电路中的元器件名称、型号/参数及作用
2	电路板面安装与布局	按照电路原理图选择合适的电子元器件，进行整形、安装，完成电路板面的布局	正确选用元器件并正确安装，要求板面布局合理、大小适中、美观
3	电路连接	按照电路原理图正确连接电路	电路连接正确
4	电路通电	按照电路原理图正确连接电源，给电路通电	电源参数调节正确，并且正确通电到电路板
5	参数测量与调试	正确选择仪表，按照表 B3-2-4 测量相关参数；使用示波器测量相关参数波形并记录于表 B3-2-5	数据测量、读数正确，波形记录正确

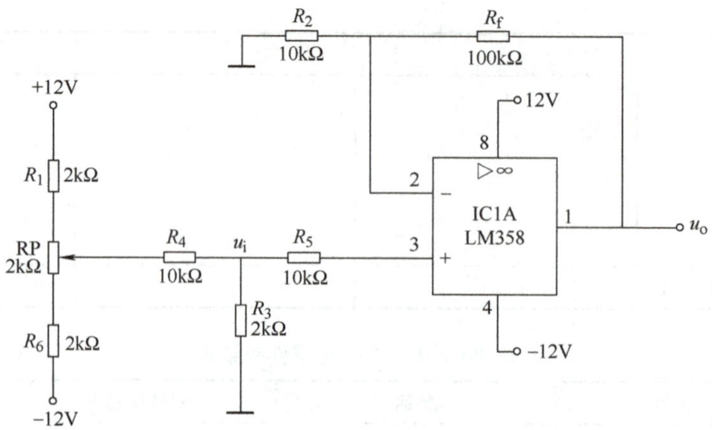

图 B3-2-3　同相比例放大电路装接原理图

（四）操作记录

【操作记录 1】

在表 B3-2-3 中列出图 B3-2-3 中所需元器件的名称、型号/参数，并简要写出其在电路中的作用。

表 B3-2-3　识读同相比例放大电路装接原理图

序号	电路文字符号	元器件名称	型号/参数	作用	备注
1					
2					
3					
4					
5					

【操作记录 2】

1）按图 B3-2-3 所示的电路正确连线。

2）将双路直流稳压电源两路均调到 12V，分别接到集成运放的 8 脚和 4 脚，注意 8 脚是正电源，4 脚是负电源，不能接错。

3）两只 2kΩ 电阻器和一个 2kΩ 的电位器 RP 组成简易信号源。简易信号源上加上正负电源。调节 RP 可以改变输入对地电压的大小，先调 RP 使输入对地电压等于 0。

4）调节 RP，使输入电压 u_i满足表 B3-2-4 中的数值要求（要用万用表在电路中监测），然后用万用表测出不同输入电压对应的输出电压并记录。

表 B3-2-4　同相比例运算测试

输入信号 u_i/V		0.1	-0.1	0.3	-0.3
同相比例运算	u_o/V（测量值）				
	u_o/V（理论值）				

【操作记录 3】

用信号发生器产生 1kHz、10mV 的正弦波信号，送到同相比例放大电路的输入端，用示波器观察输入及输出信号波形之间的相位关系，并进行记录与计算，填入表 B3-2-5。

表 B3-2-5　输入及输出信号波形之间的相位关系

序号	参数测量与记录（用示波器测量相关波形）	数据分析	备注
1	u_i波形记录 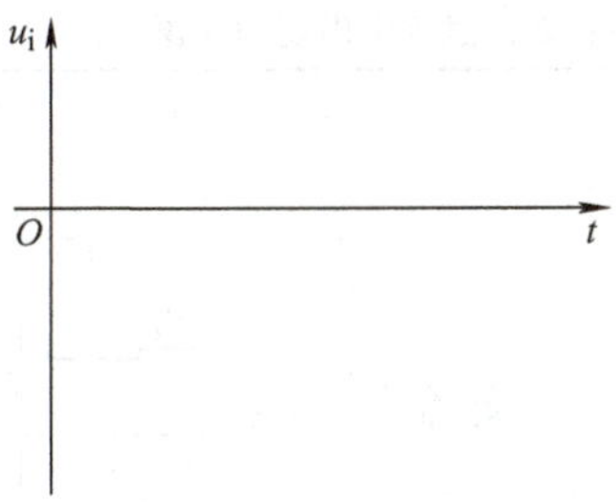	电压峰峰值 U_{PP} = 周期 T = 频率 f =	
2	u_o波形记录 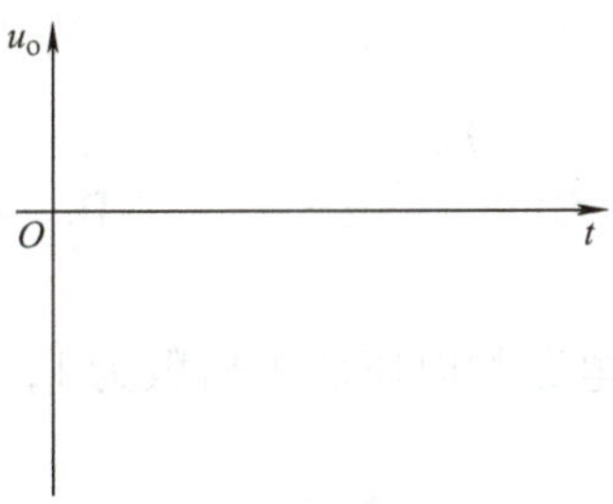	电压峰峰值 U_{PP} = 周期 T = 频率 f =	
3	波形特点与关系：		

（五）问题情境

【问题情境 1】

测量同相比例放大电路的输出电压时，发现无论输入电压值为多少，输出电压都接近正负电源电压，该如何处理？

解决途径：这种现象说明电路工作于非线性开路状态，请检查负反馈支路接线有无开路或元件 R_f 是否开路。

【问题情境 2】

如何把同相比例放大电路改装为一个电压跟随器？

解决途径：电压跟随器是同相比例放大电路的一种特殊情况，只要将同相比例放大电路中的反馈电阻器 R_f短接或将电阻器 R_1从电路中断开即可。

（六）学习结果评价

序号	评价内容	评价标准	评价结果（是/否）
1	能简单识读同相比例放大电路的电路原理图	正确识读电路原理图并记录	

（续）

序号	评价内容	评价标准	评价结果（是/否）
2	能按照电路原理图合理布局、安装电子元器件	元器件选择正确，板面布局合理，疏密有致	
3	能按照电路原理图正确连接电路	元器件安装正确，电路连接可靠	
4	能正确给电路通电，并按要求测量并记录相关数据	正确通电调试、测量与记录	
5	能根据故障现象分析电路并排除故障	能分析解决在调试过程中出现的问题	

五、课后作业

【作业 1】

如图 B3-2-4 所示，电路引入的反馈为（　　）交流负反馈。

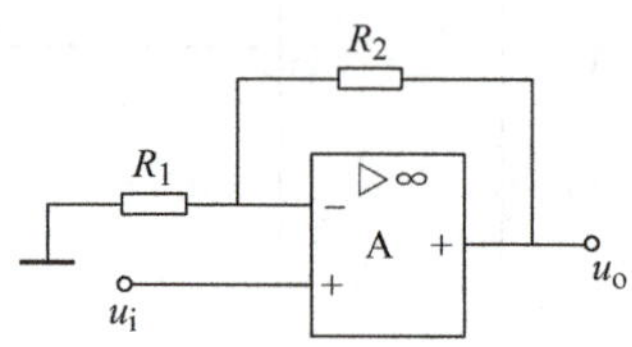

图 B3-2-4

A. 电压并联　　B. 电压串联

C. 电流串联　　D. 电流并联

【作业 2】

如图 B3-2-5 所示，该电路的电压幅度倍数为（　　）。

A. 0　　B. 2　　C. 1　　D. −1

【作业 3】

已知图 B3-2-6 所示电路中电阻 $R_1=10\text{k}\Omega$，若电路的电压放大倍数为 1，请在虚线框中补全电路，并写出电路的名称。

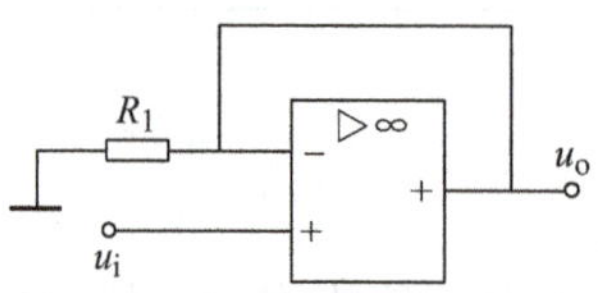

图 B3-2-5

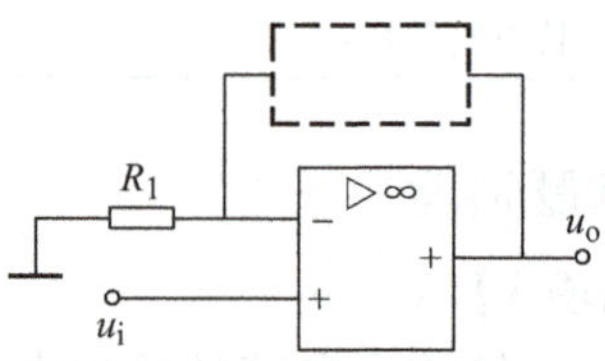

图 B3-2-6

职业能力 B-3-3　能正确装调过零比较器

一、核心概念

过零比较器装调的核心概念如图 B3-3-1 所示。

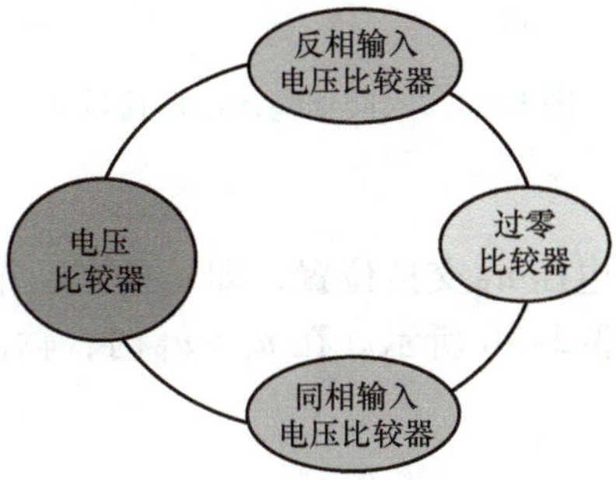

图 B3-3-1　过零比较器装调的核心概念

二、学习目标

1. 能简单识读过零比较器的电路原理图，正确识读电路中各元器件的名称、作用。
2. 能按照电路原理图合理布局、安装电子元器件。
3. 能按照电路原理图正确连接电路。
4. 能正确给电路通电，按要求测量并记录相关数据。
5. 能根据故障现象分析电路并排除故障。
6. 养成独立分析、思考、解决问题的思维习惯，提高团结互助的合作能力。

三、基本知识

（一）电压比较器

运放非线性应用的典型例子是电压比较器（又称电平比较器）。这种电路的结构十分简单，运放工作在开环状态，有同相与反相输入两种情况。

【同相输入电压比较器】

如图 B3-3-2a 所示，输入电压 u_i接在同相输入端，参考电压 u_R接在反相输入端。由于运放的开环电压放大倍数很大，因此输入电压 u_i只要略大于参考电压 u_R，即 $u_i > u_R$，输出端就得到一个极大的正电压，输出电压 $u_o = +U_{om}$，但由于受到运放电源电压的限幅，因此输出电压 u_o接近于正电源电压 $+U_{CC}$；反之，若输入电压 u_i略小于参考电压 u_R，即 $u_i < u_R$，输出电压 $u_o = -U_{om}$，输出电压 u_o接近于负电源电压 $-U_{CC}$。运放的输入电压与输出电压之间关系的特性曲线称为传输特性曲线。同相输入电压比较器的传输特性曲线如图 B3-3-2b 所示。

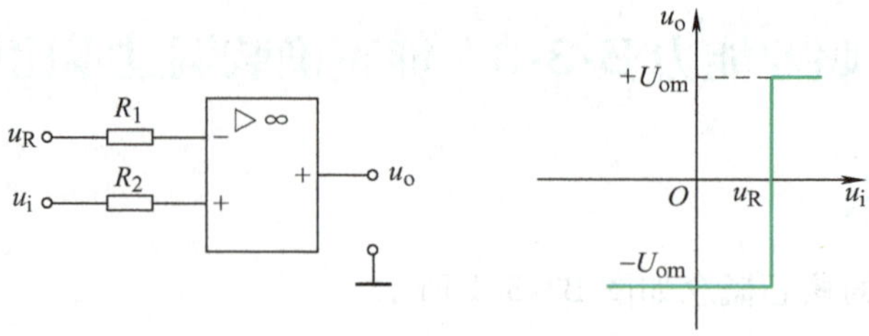

a) 电路　　　b) 波形

图 B3-3-2　同相输入电压比较器

【反相输入电压比较器】

如果将输入电压 u_i 与参考电压 u_R 交换位置，即 u_i 接在反相输入端，u_R 接在同相输入端，则电路与传输特性曲线如图 B3-3-3b 所示。在 $u_i > u_R$ 时，输出电压 $u_o = -U_{om}$；而 $u_i < u_R$ 时，输出电压 $u_o = +U_{om}$。

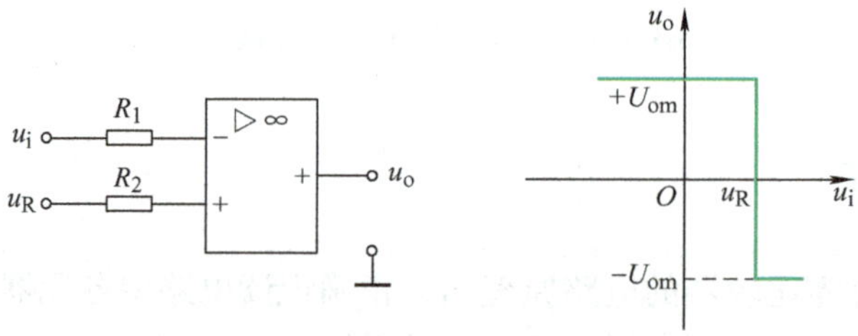

a) 电路　　　b) 波形

图 B3-3-3　反相输入电压比较器

（二）过零比较器

当电压比较器的参考电压 $u_R = 0$ 时，电压比较器又可称为“过零比较器”。电路就只判别输入信号是大于 0 还是小于 0，其电路如图 B3-3-4a 所示。当 u_i 为正弦波电压时，则 u_o 为矩形波电压，如图 B3-3-4b 所示。

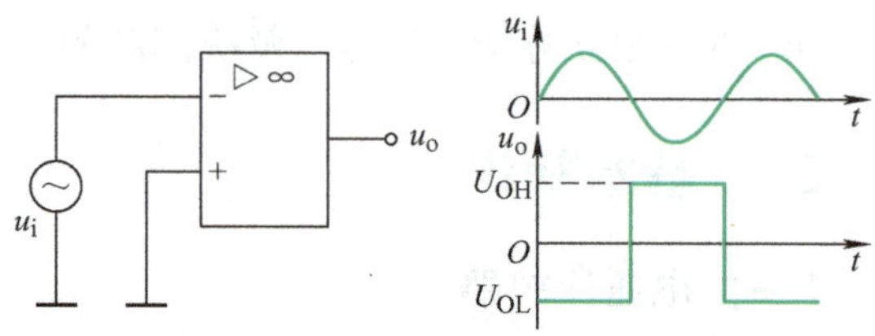

a) 电路　　　b) 波形

图 B3-3-4　过零比较器

四、能力训练

（一）操作条件

所需设备			

电烙铁（一把）	铆钉板（一块）	钎料（锡丝、铜丝，若干）	万用表（一台）

（续）

所需设备			
	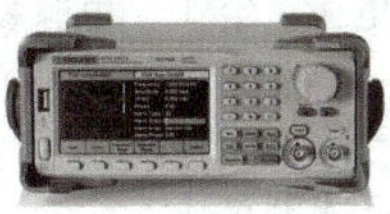		
示波器（一台）	信号发生器（一台）	晶体管毫伏表（一台）	直流稳压电源（一台）

电子元器件详见表 B3-3-1			

表 B3-3-1　电子元器件明细表

序号	文字符号	名称	型号与规格	数量/个
1	IC	集成运放	LM358	1
2	R	电阻器	RT，10kΩ，1/4W	1
3	R_o	电阻器	RT，5.1kΩ，1/4W	1
4	R_1、R_2	电阻器	RT，2kΩ，1/4W	2
5	RP	电位器	WXJ102，1/4W	1
6	VI	稳压管	1N4735	1

（二）安全及注意事项

1. 正确使用与放置电烙铁，避免干烧或烫坏其他物品。
2. 安全、规范地操作、调试电路，注意人身安全。
3. 增强环保意识，注意节约耗材，避免浪费。
4. 正确使用仪器仪表，爱护仪器仪表。

（三）操作过程

装调过零比较器的操作过程见表 B3-3-2。

表 B3-3-2　装调过零比较器的操作过程

序号	步骤	操作方法及说明	质量标准
1	电路原理图识读	在表 B3-3-3 中列出图 B3-3-5 中所需元器件的名称、型号/参数，并简要写出它们在电路中的作用	正确写出电路中的元器件名称、型号/参数及作用
2	电路板面安装与布局	按照电路原理图选择合适的电子元器件，进行整形、安装，完成电路板面的布局	正确选用元器件并正确安装，要求板面布局合理、大小适中、美观
3	电路连接	按照电路原理图正确连接电路	电路连接正确

（续）

序号	步骤	操作方法及说明	质量标准
4	电路通电	按照电路原理图正确连接电源，给电路通电	电源参数调节正确，并且正确通电到电路板
5	参数测量与调试	正确选择仪表，按照表 B3-3-4 测量相关参数；使用示波器测量相关参数波形并记录于表 B3-3-5	数据测量、读数正确，波形记录正确

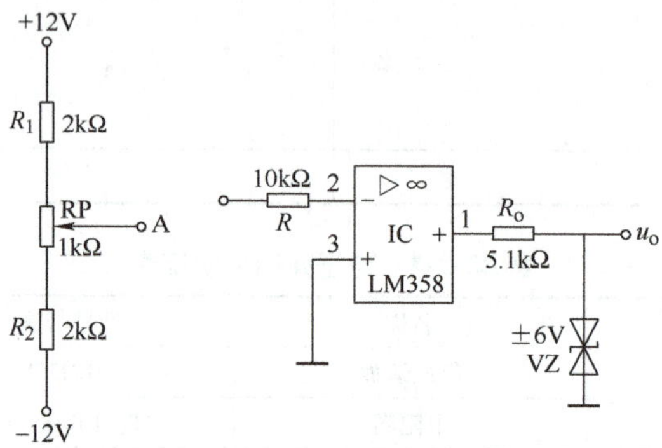

图 B3-3-5　过零比较器装接原理图

（四）操作记录

【操作记录 1】

在表 B3-3-3 中列出图 B3-3-5 中所需元器件的名称、型号/参数，并简要写出其在电路中的作用。

【操作记录 2】

记录给定输入电压下的输出电压幅值。

1）按图 B3-3-5 所示电路连线，确认无误后接通电源。

2）外加正直流电压，从 0 开始逐渐加大，测量对应的输出电压。

3）再外加负直流电压，重复上一步，记录测试数据。

4）将以上测试数据填入表 B3-3-4 中，并画出传输特性曲线。

表 B3-3-3　识读过零比较器装接原理图

序号	电路文字符号	元器件名称	型号/参数	作用	备注
1					
2					
3					
4					
5					

表 B3-3-4　过零比较器参数记录

输入电压 u_i	−2.0V	−1.5V	−1.0V	−0.5V	0	0.5V	1.0V	1.5V	2.0V
输出电压 u_o									

画出传输特性曲线：

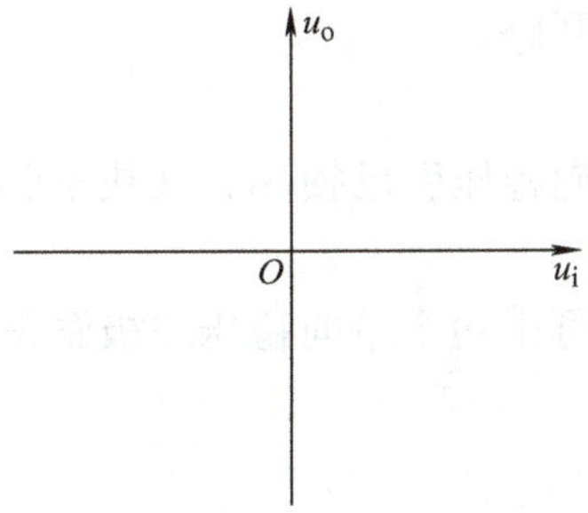

【操作记录3】

用信号发生器产生1kHz、10mV的正弦波信号，送到过零比较器输入端，用示波器双踪观察输入及输出信号波形之间的关系，并进行记录与计算，填入表B3-3-5。

表 B3-3-5　输入及输出信号波形记录

序号	参数测量与记录（用示波器测量相关波形）	数据分析	备注
1	u_i波形记录 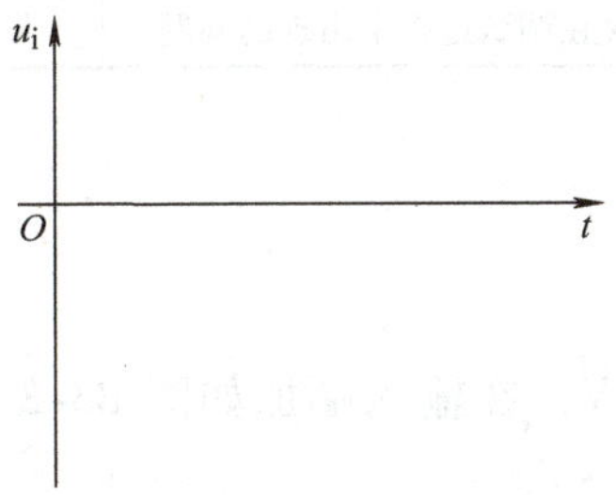	电压峰峰值 U_{PP} = 周期 T = 频率 f =	
2	u_o波形记录 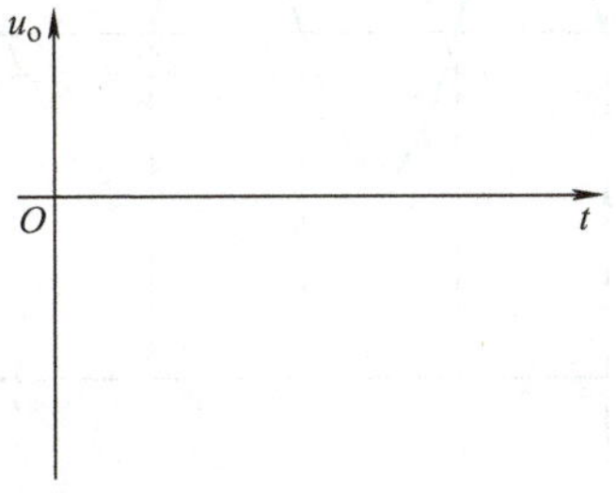	电压峰峰值 U_{PP} = 周期 T = 频率 f =	
3	波形特点与关系：		

（五）问题情境

【问题情境1】

测量过零比较器的输出电压时，发现不论输入电压值为多少，输出电压都接近正负电源电压，不知该如何处理？

解决途径：这种现象说明电路中的双向稳压二极管没有起作用，请检查双向稳压二极管接线有无开路或其他元器件是否开路。

【问题情境2】

调试过零比较器时，发现双向稳压管已损坏，又找不到同型号稳压二极管，不知是否有替代方案？

解决途径：双向稳压二极管可由两个单向稳压二极管正反向串联来替代，得到相应的稳压值即可。

（六）学习结果评价

序号	评价内容	评价标准	评价结果（是/否）
1	能简单识读过零比较器的电路原理图	正确识读并记录	
2	能按照电路原理图合理布局、安装电子元器件	元器件正确安装，布局合理	
3	能按照电路原理图正确连接电路	电路连接正确	
4	能正确给电路通电，并按要求测量并记录相关数据	正确通电、测量并记录	
5	能根据故障现象分析电路并排除故障	能分析解决在调试过程中出现的问题	

五、课后作业

1. 请写出如图 B3-3-6 所示电路的名称。

2. 已知图 B3-3-7 中电源电压为 ±10V、$u_R=3V$，在输入端加如图 B3-3-7 所示的正弦波，请画出对应的输出电压波形。

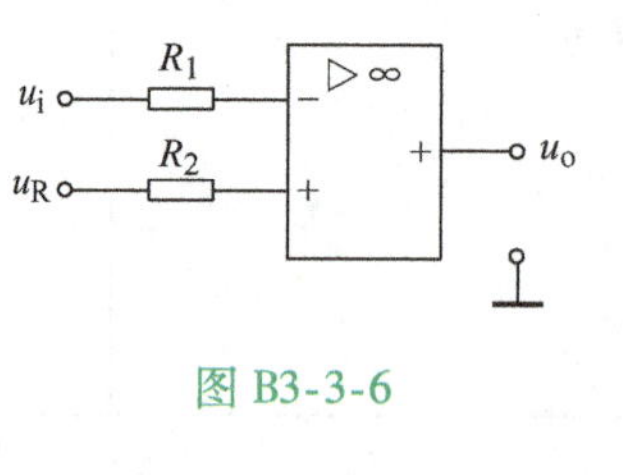

图 B3-3-6

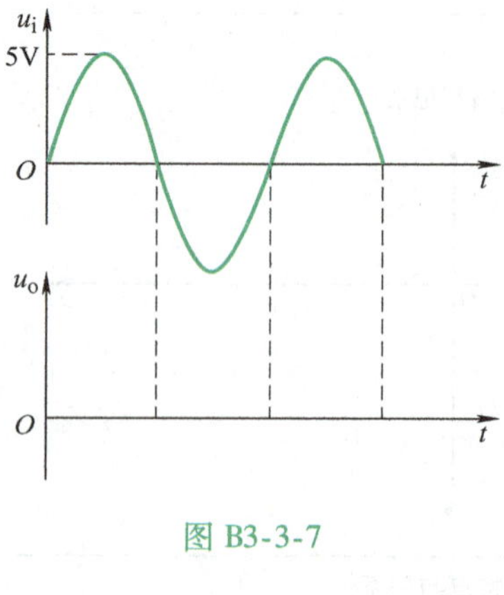

图 B3-3-7

学习任务B-4

正弦波振荡电路装调

职业能力 B-4-1　能正确装调 *RC* 桥式振荡电路

一、核心概念

振荡电路装调的核心概念如图 B4-1-1 所示。

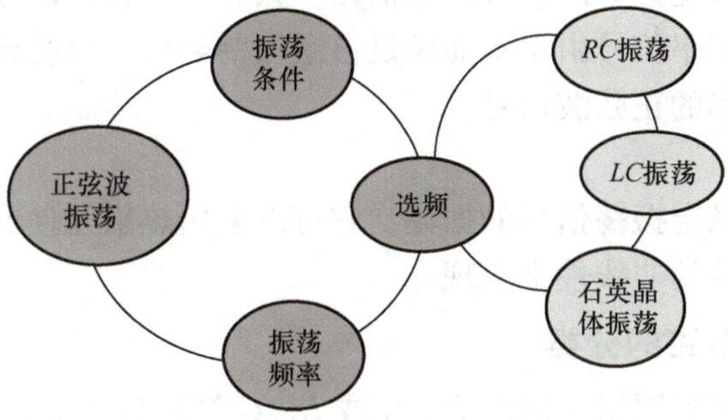

图 B4-1-1　振荡电路装调的核心概念

二、学习目标

1. 能简单识读 *RC* 桥式振荡电路的电路原理图，认识其组成及各部分的作用。
2. 能按照电路原理图合理布局、安装电子元器件。
3. 能按照电路原理图正确连接电路。
4. 能正确给电路通电，按要求测量并记录相关数据。
5. 能根据故障现象分析电路并排除故障。
6. 养成独立分析、思考、解决问题的思维习惯，提高团结互助的合作能力。

三、基本知识

自激振荡电路是一种不需要外加信号就能自己产生输出信号的电路，常作为产生各种频率信号的信号发生器、本机振荡、载波振荡器等。生活中常见的含有振荡电路的设备有收音机、电视机、通信系统、计算机等。

振荡电路分为正弦波振荡电路和非正弦波振荡电路。电子技术试验中经常用到的低频信号发生器就是一种正弦波振荡电路。

（一）正弦波振荡电路的组成

正弦波振荡电路由放大电路、正反馈电路、选频电路、稳幅电路四部分组成，其中放大电器和正反馈电路是振荡电路的主要组成部分，如图 B4-1-2 所示。

【放大电路】

放大电路可以控制电源不断地向振荡系统提供能量，以维持等幅振荡，这对于满足幅度平衡条件是必不可少的。放大电路实质上是一个换能器，起补偿能量损耗的作用。

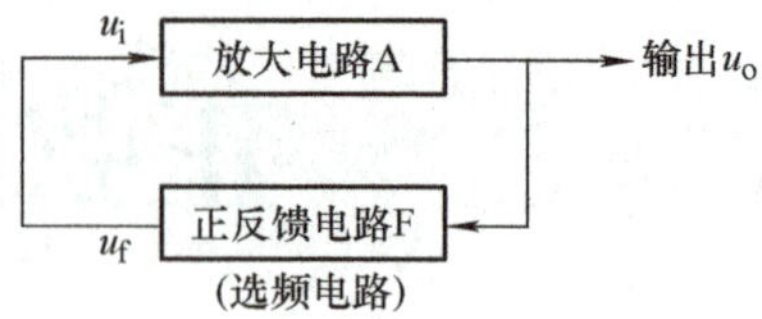

图 B4-1-2　正弦波振荡电路的组成框图

【正反馈电路】

正反馈电路的作用是将放大电路输出的一部分或全部返送到输入端，使电路产生自激，这对于满足相位平衡条件是必不可少的。实质上，它起到的是能量控制作用。

【选频电路】

选频电路只对某个特定频率的信号产生谐振，只有这个特定的频率信号才能使电路满足自激振荡的条件，其他频率信号由于不能满足自激振荡条件，会受到抑制。选频电路的目的在于使电路产生单一频率的正弦波信号。

【稳幅电路】

稳幅电路的作用是稳定振荡信号的振幅。它可以采用热敏元件或其他限幅电路，也可以利用放大电路自身元器件的非线性来实现。

（二）正弦波振荡电路的分类

正弦波振荡电路的选频网络一般由 *R*、*C* 或 *L*、*C* 等阻抗性元件组成，根据选频网络的不同，可分为 *RC* 振荡电路、*LC* 振荡电路和石英晶体振荡电路。正弦波振荡电路的常见类型见表 B4-1-1。

表 B4-1-1　正弦波振荡电路的常见类型

<table>
<tr><td rowspan="2">RC 振荡电路</td><td colspan="2">RC 桥式振荡电路</td></tr>
<tr><td colspan="2">RC 移相式振荡电路</td></tr>
<tr><td rowspan="3">LC 振荡电路</td><td colspan="2">变压器耦合式 LC 振荡电路</td></tr>
<tr><td rowspan="2">三点式 LC 振荡电路</td><td>电感三点式 LC 振荡电路</td></tr>
<tr><td>电容三点式 LC 振荡电路</td></tr>
<tr><td rowspan="2">石英晶体振荡电路</td><td colspan="2">串联型石英晶体振荡电路</td></tr>
<tr><td colspan="2">并联型石英晶体振荡电路</td></tr>
</table>

【*RC* 正弦波振荡电路】

RC 正弦波振荡电路是利用电阻器和电容器组成选频电路的振荡电路，一般用来产生频率在几赫兹至几百千赫兹的正弦波信号。

【*LC* 正弦波振荡电路】

LC 正弦波振荡电路是利用电感器和电容器组成选频电路的振荡电路，一般用来产生频率为几百千赫兹以上的正弦波信号，可用于超外差收音机的本机振荡电路中。

【石英晶体正弦波振荡电路】

石英晶体正弦波振荡电路的振荡频率非常稳定，一般用来产生频率在几十千赫兹以上的正弦波信号，多用于时基电路（如石英钟、电子表）或测量设备中。

（三）自激振荡的条件

正弦波振荡电路是一个信号源。它为什么在接通直流电源后，不外加输入信号就可以产生输出信号呢？这是因为在电路接通直流电源的瞬间，放大电路中的晶体管将产生基极电流和集电极电流的突变，称为电流扰动信号。这一电流扰动信号中包含了多种频率的微弱正弦波信号，统称为激励信号。激励信号经过“放大→正反馈→放大→正反馈（再选频）”的循环过程，就可以由小到大地逐渐建立起输出电压。这种不需要外加信号而靠振荡器内部正反馈作用维持的振荡称为自激振荡。

自激振荡的产生，必须满足一定条件：反馈信号与输入信号大小相等、相位相同，即满足相位平衡条件和振幅平衡条件。

【相位平衡条件】

反馈信号与输入信号同相，就是正反馈，两者的相位差 φ 是 2π 的整数倍，即

$$\varphi_A + \varphi_F = 2n\pi$$

式中，φ_A 为放大电路的相移；φ_F 为反馈电路的相移；n 为整数。

【振幅平衡条件】

反馈信号的幅度必须满足一定的数值，才能补偿振荡中的能量损耗。在振荡建立初期，反馈信号应大于输入信号，使振荡逐渐增强，振幅越来越大，最后趋于稳定。即达到稳定状态，其反馈信号也不能小于原输入信号，才能保持等幅振荡，即 $|\dot{A}\dot{F}|=1$。

（四）*RC* 桥式振荡电路

RC 桥式振荡电路俗称文氏电桥振荡电路，如图 B4-1-3 所示，由同相放大器和具有选频作用的 *RC* 串并联正反馈网络（即选频网络）组成。R_1C_1 和 R_2C_2 构成串并联选频网络，其中间节点连接到运放的同相输入端，运放的输出端连接 R_1，引入正反馈；输出电压的一部分通过反馈网络 R_T 反馈回放大器输入端，形成电压串联负反馈，R_T 和 R_3 构成稳幅电路。

【*RC* 串并联网络的选频特性】

RC 串并联网络如图 B4-1-4a 所示，在信号频率很低时，C_1、C_2 的容抗均很大，R_1、C_1 串联部分的容抗大于阻抗；R_2、C_2 并联部分的容抗大于阻抗。这时，串并联网络可等效为图 B4-1-4b 所示电路。可以看出，频率越低，C_1 的容抗越大，R_2 上的分压越少，U_f 的幅度越小。

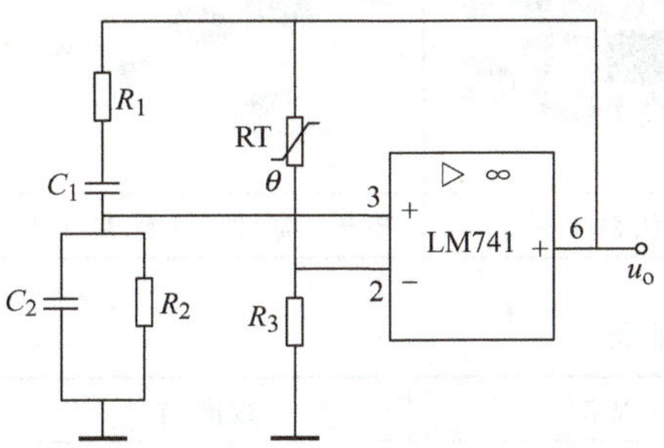

图 B4-1-3　*RC* 桥式振荡电路

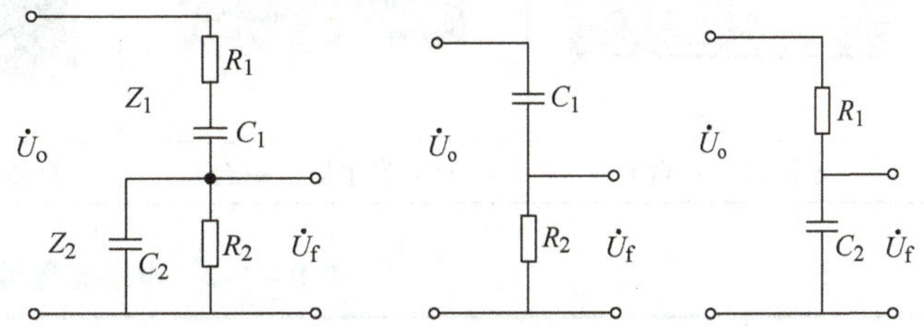

a) *RC* 串并联网络　b) 低频等效电路　c) 高频等效电路

图 B4-1-4　*RC* 串并联网络及高频、低频等效电路

在信号频率很高时，C_1、C_2的容抗均很小，R_1、C_1串联部分的容抗小于阻抗；R_2、C_2并联部分的容抗小于阻抗。这时，串并联网络可等效为图 B4-1-4c 所示电路。可以看出，频率越高，C_2的容抗越小，C_2上的分压越少，U_f的幅度越小。

RC 串并联电路的频率特性曲线如图 B4-1-5 所示。

从图 B4-1-5a 可以看出，只有在谐振频率f_0上，输出电压幅度最大。偏离这个频率，输出电压幅度迅速减小，这就是 *RC* 串并联网络的幅频特性。

从图 B4-1-5b 可以看出，当信号频率f等于 *RC* 回路的选频频率f_0时，输出电压与输入信号u_i同相。这就是 *RC* 串并联网络的相频特性。

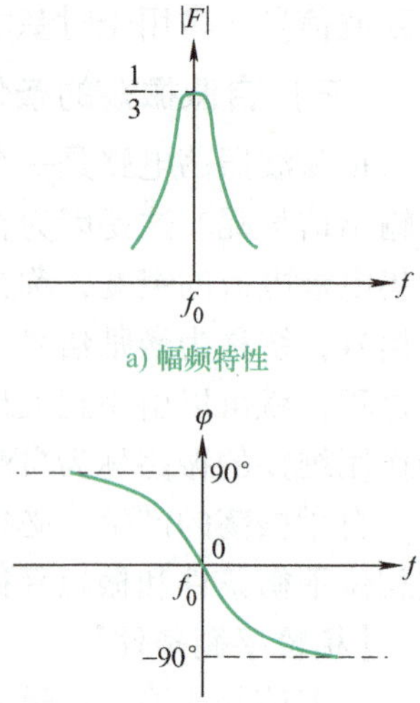

a) 幅频特性

b) 相频特性

图 B4-1-5 *RC* 串并联电路的频率特性

【振荡频率】

理论和实践证明，当$R_1=R_2=R$、$C_1=C_2=C$时，*RC* 串并联选频网络的选频频率为

$$f_0=\frac{1}{2\pi RC}$$

四、能力训练

（一）操作条件

所需设备			

电烙铁（一把）	铆钉板（一块）	钎料（锡丝、铜丝，若干）	万用表（一台）
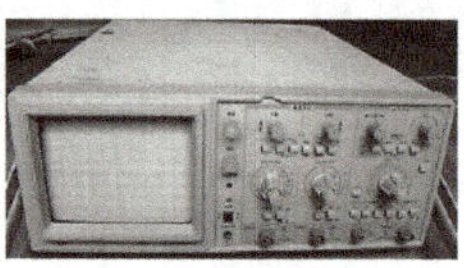	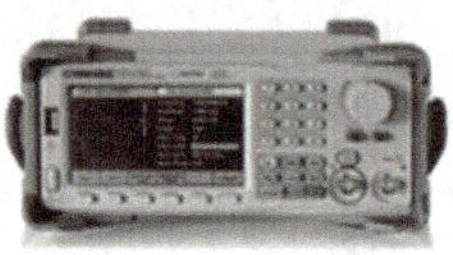	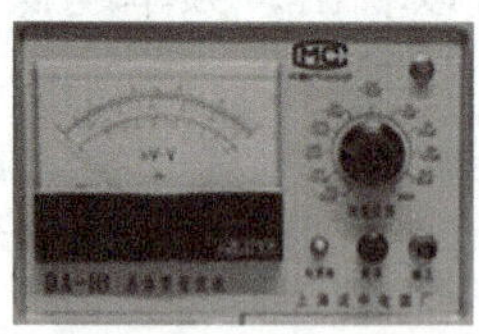	
示波器（一台）	信号发生器（一台）	晶体管毫伏表（一台）	电子元器件详见表 B4-1-2

表 B4-1-2 电子元器件明细表

序号	符号	名称	型号/规格	数量/个
1	VT_1、VT_2	晶体管	3DG6 等	2
2	R_1、R_2	电阻器	RT、8.2kΩ、1/8W	2

（续）

序号	符号	名称	型号/规格	数量/个
3	R_3	电阻器	RT、390kΩ（或680kΩ等）、1/8W	1
4	R_4、R_5、R_8	电阻器	RT、2kΩ、1/8W	3
5	R_6	电阻器	RT、3.9kΩ、1/8W	1
6	R_7	电阻器	RT、20kΩ、1/8W	1
7	R_9	电阻器	RT、1.2kΩ、1/8W	1
8	R_{10}	电阻器	RT、200Ω、1/8W	1
9	RP	电位器	WT、10kΩ（或15kΩ）、0.25W	1
10	R_L	电阻器	RT、10kΩ、0.25W	1
11	C_1、C_2	电容器	CGZX、0.01μF	2
12	C_3	电解电容器	10μF/16V	1
13	C_4、C_5	电解电容器	22μF/16V	2
14	C_6	电解电容器	22μF/16V	1
15	C_{E1}、C_{E2}	电容器	47μF/16V	2

（二）安全及注意事项

1. 正确使用与放置电烙铁，避免干烧或烫坏其他物品。
2. 安全、规范地操作、调试电路，注意人身安全。
3. 增强环保意识，注意节约耗材，避免浪费。
4. 正确使用仪器仪表，爱护仪器仪表。

（三）操作过程

装调 *RC* 桥式振荡电路的操作过程见表 B4-1-3。

表 B4-1-3　装调 *RC* 桥式振荡电路的操作过程

序号	步骤	操作方法及说明	质量标准
1	电路原理图识读	正确识读电路原理图 B4-1-6，在表 B4-1-4 中填写电路的组成部分、作用及组成元器件	正确写出电路的组成部分、作用及组成元器件
2	电路板面安装与布局	按照电路原理图选择合适的电子元器件，进行整形、安装，完成电路板面的布局	正确选用元器件并正确安装，要求板面布局合理、大小适中、美观
3	电路连接	按照电路原理图正确连接电路	电路连接正确
4	电路通电	按照电路原理图正确连接电源，给电路通电	电源参数调节正确，并且正确通电到电路板
5	参数测量与调试	正确选择仪表，按照表 B4-1-5 测量相关参数；使用示波器测量相关参数波形并记录于表 B4-1-6	数据测量、读数正确，波形记录正确

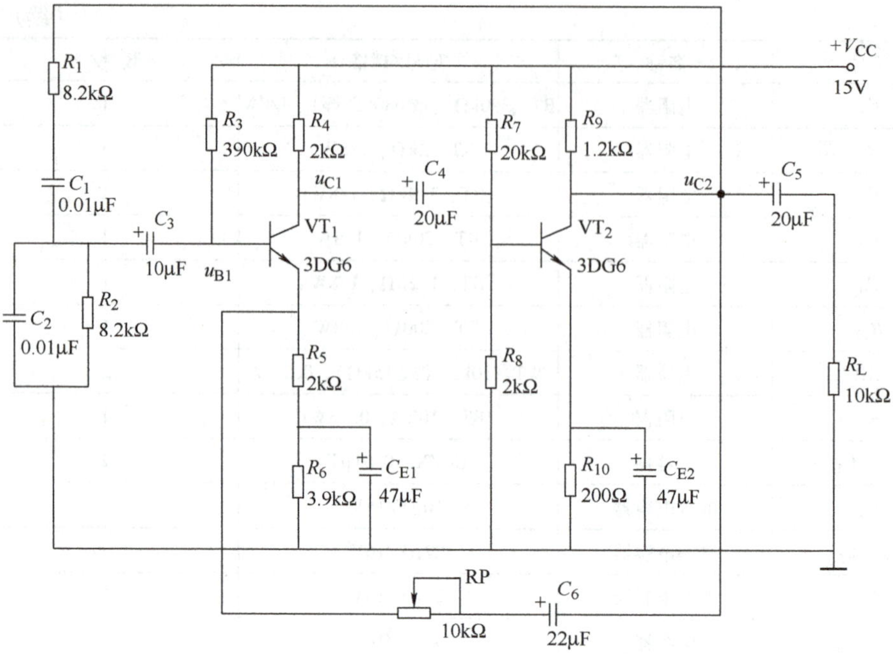

RC桥式振荡电路装调演示

图 B4-1-6　*RC* 桥式振荡电路装接原理图

（四）操作记录

【操作记录 1】

结合正弦波振荡电路组成的介绍，在表 B4-1-4 中填写图 B4-1-7 所示电路的组成部分及其作用与组成元器件。

表 B4-1-4　识读 *RC* 桥式振荡电路装接原理图

序号	组成部分	组成部分的作用	组成元器件	备注
1				
2				
3				
4				

【操作记录 2】

按图 B4-1-7 所示，给电路通上正确电源后，按表 B4-1-5 的要求测量晶体管的静态电位。

表 B4-1-5　电路参数测量记录

静态电压	V_{C1}	V_{B1}	V_{C2}	V_{B2}
测量值				

【操作记录 3】

用双踪示波器测量图 B4-1-7 所示 *RC* 桥式振荡电路中各点的电压波形，并进行参数计算与记录，填入表 B4-1-6。

表 B4-1-6　电路波形记录

序号	参数测量与记录（用示波器测量相关波形）	数据分析	备注
1	电压波形 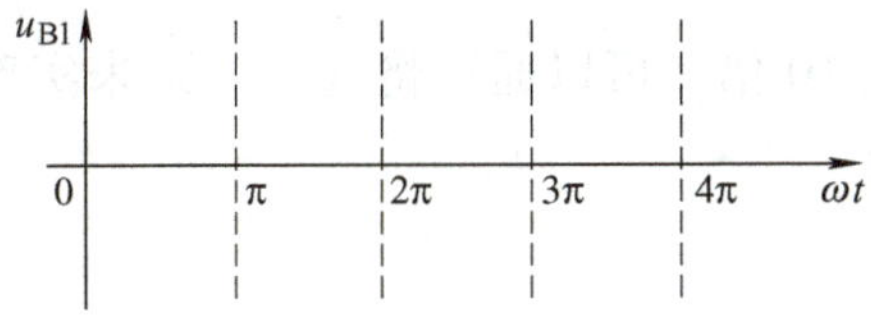	电压峰峰值 U_{PP} = 周期 T = 频率 f =	
2	电压波形 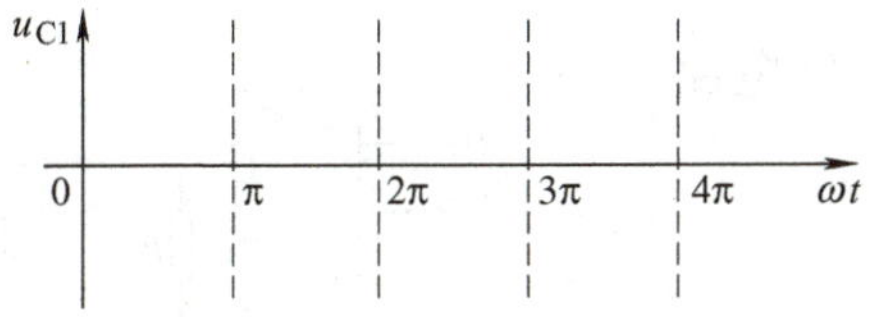	电压峰峰值 U_{PP} = 周期 T = 频率 f =	
3	输出电压波形 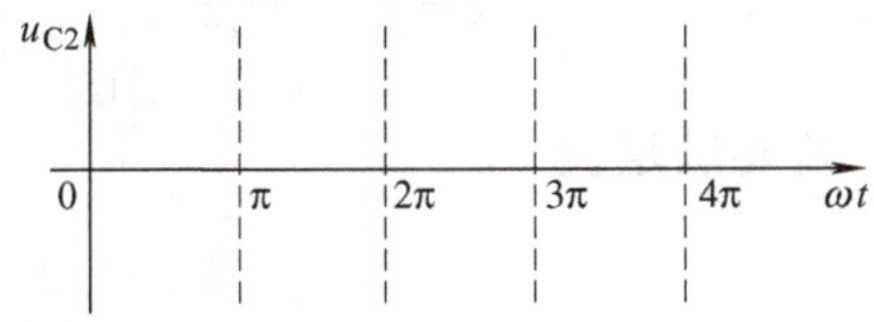	电压峰峰值 U_{PP} = 周期 T = 频率 f =	
4	波形特点与关系：		

（五）问题情境

【问题情境 1】

测量 *RC* 桥式振荡电路的波形时，发现波形出现失真，该如何处理？

解决途径：这种现象主要是由于放大电路的静态工作点不够合适。请仔细观察波形失真的特点，适当调节电路中电位器 RP，可以减小波形失真。

【问题情境 2】

调试 *RC* 桥式振荡电路时，电路不起振，没有输出波形，该如何处理？

解决途径：首先可以仔细调节电位器 RP，使电路满足起振条件。若调节无效，则要检查电路连接是否正确以及元器件是否出现损坏。

（六）学习结果评价

序号	评价内容	评价标准	评价结果（是/否）
1	能简单识读 *RC* 桥式振荡电路的电路原理图	正确识读电路原理图并记录	
2	能按照电路原理图合理布局、安装电子元器件	元器件选择正确，板面布局合理，疏密有致	
3	能按照电路原理图正确连接电路	元器件安装正确，电路连接可靠	
4	能正确给电路通电，并按要求测量并记录相关数据	正确通电调试与测量、记录	
5	能根据故障现象分析电路并排除故障	能分析解决在调试过程中出现的问题	

五、课后作业

【作业 1】

若要使 *RC* 桥式振荡电路的振荡频率增大 10 倍，可以通过将（　　）来实现。

A. *RC* 串并联网络中的电阻 *R* 增大 10 倍

B. *RC* 串并联网络中的电容增大 10 倍

C. *RC* 串并联网络中的电容 *C* 减小 10 倍

【作业 2】

制作频率为 20Hz～20kHz 的音频信号发生电路，一般应选用（　　）。

A. 石英晶体正弦波振荡电路

B. *LC* 正弦波振荡电路

C. *RC* 正弦波振荡电路

【作业 3】

电路如图 B4-1-7 所示，参数选择合理，若要满足振荡的相应条件，其正确接法是（　　）。

A. 1 与 3 相接，2 与 4 相接

B. 1 与 4 相接，2 与 3 相接

C. 1 与 3 相接，2 与 5 相接

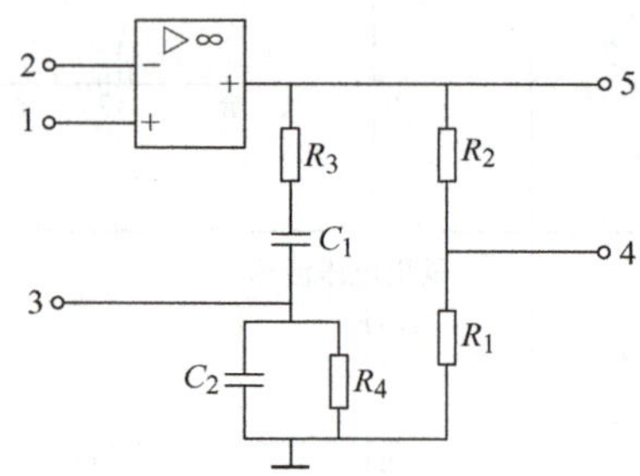

图 B4-1-7

职业能力 B-4-2　能正确装调电容三点式 *LC* 振荡电路

一、核心概念

LC 振荡电路的核心概念如图 B4-2-1 所示。

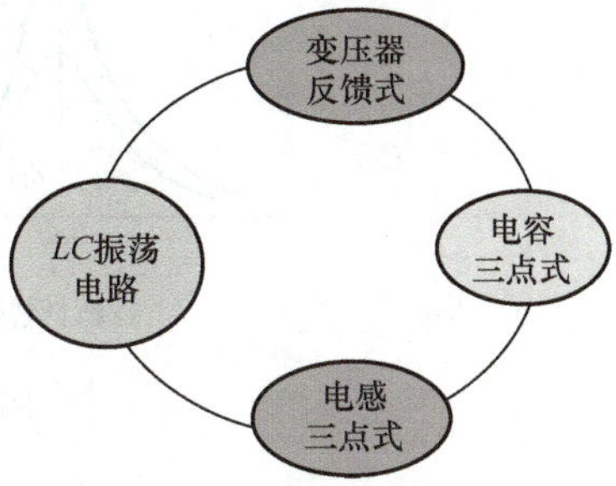

图 B4-2-1　*LC* 振荡电路的核心概念

二、学习目标

1. 能简单识读电容三点式 *LC* 振荡电路的电路原理图，认识其组成及各部分的作用。
2. 能按照电路原理图合理布局、安装电子元器件。
3. 能按照电路原理图正确连接电路。
4. 能正确给电路通电，按要求测量并记录相关数据。
5. 能根据故障现象分析电路并排除故障。
6. 养成独立分析、思考、解决问题的思维习惯，提高团结互助的合作能力。

三、基本知识

（一）*LC* 并联电路的频率特性

【振荡频率】

LC 振荡电路用 *LC* 并联电路作为选频网络。在理想情况下，假设电感线圈为没有电阻的纯电感，电容器也没有介质损耗，电路的谐振频率为

$$f_0 = \frac{1}{2\pi f\sqrt{LC}}$$

【选频特性】

LC 并联电路阻抗大小与幅角都是随频率而变化的，其频率特性如图 B4-2-2 所示。由图可见，电路对于谐振频率 f_0 具有最大的阻抗，且电路的阻抗角为 0°，即电路呈现纯电阻性；频率大于或小于 f_0 时，电路的阻抗将大大减小，且电路的阻抗角不为 0°，分别呈现电容性或电感性。电路的选频性能与品质因数 *Q* 值的大小有很大关系，*Q* 值越大则选频性能越好。*Q* 是指谐振时的感抗（X_L）大于电阻（*R*）的倍数，即

$$Q = \frac{X_L}{R} = \frac{2\pi f_0 L}{R} = \frac{\sqrt{L/C}}{R}$$

（二）变压器反馈式 *LC* 振荡电路

变压器反馈式 *LC* 振荡电路如图 B4-2-3 所示，电路实际上是一个分压式偏置放大电路，只是用 *LC* 并联电路取代了原来的集电极电阻 R_C。对于不同的频率，*LC* 并联电路的阻抗不

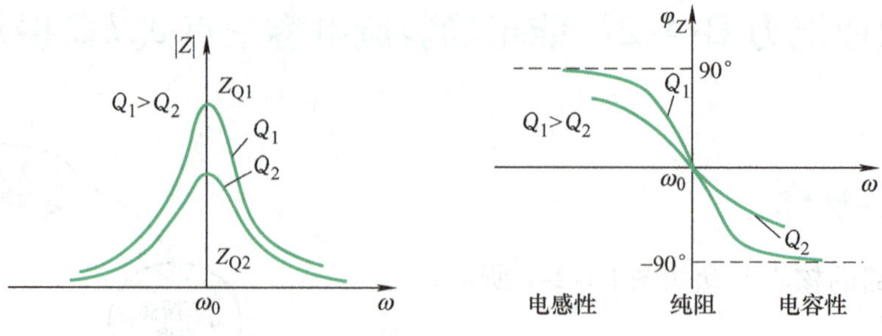

a) 幅频特性　　b) 相频特性

图 B4-2-2　*LC* 并联电路的频率特性

同就有不同的电压放大倍数，其中对于谐振频率 f_0 来说，因为阻抗最大，放大倍数就最大。这种对于不同频率有着不同放大倍数的放大电路通常称为选频放大器。

【电路振荡相位条件分析】

在分析变压器反馈式 *LC* 振荡电路是否可能产生振荡时，可采用瞬时极性法分析电路的反馈是否是正反馈，如通过图 B4-2-3 所示标识可得到判断。

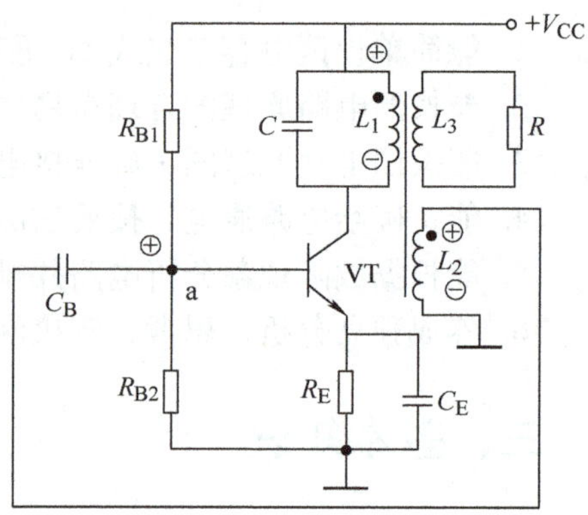

图 B4-2-3　变压器反馈式 *LC* 振荡电路

（三）电感三点式 *LC* 振荡电路

电感三点式 *LC* 振荡电路如图 B4-2-4 所示，电路采用一个有抽头的电感线圈，直流电源接在电感线圈的抽头上。从交流通路来看，直流电源端是交流接地的，C_E、C_B对交流可视为短路，因而电感线圈的三个端钮在交流通路上分别与晶体管的 3 个极相连。由于电感线圈的中间抽头接地，线圈两端感应出来的瞬时极性是反相的，电路就不必再用二次绕组来引出反馈，直接把电感线圈另一端的交流信号反馈到输入端就可实现正反馈。电感三点式 *LC* 振荡电路只要改变线圈抽头，就可以调节反馈电压的大小，使电路满足振荡的幅度条件，一般抽头位置在全部匝数的 1/8 ~ 1/4 之间，具体可通过调试确定。

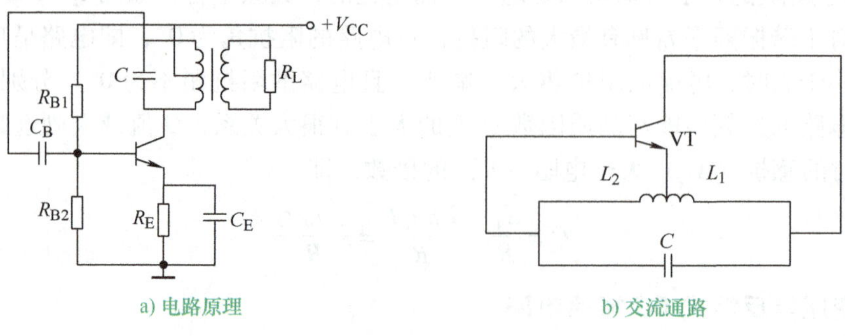

a) 电路原理　　b) 交流通路

图 B4-2-4　电感三点式 *LC* 振荡电路

【电路特点】

电感三点式 LC 振荡电路具有起振容易、调频方便的优点，但存在电路频率的稳定度不高、输出波形较差等缺点。电感三点式 LC 振荡电路一般用于频率在几十兆赫兹以下且对波形要求不高的场合。

（四）电容三点式 LC 振荡电路

电容三点式 LC 振荡电路如图 B4-2-5 所示，C_1 与 C_2 连接，其三点分别与晶体管的三个极相连，故称电容三点式 LC 振荡电路。反馈电压从 C_2 上取出，改变 C_1 与 C_2 的比值可以改变反馈系数以满足振荡的幅度条件。

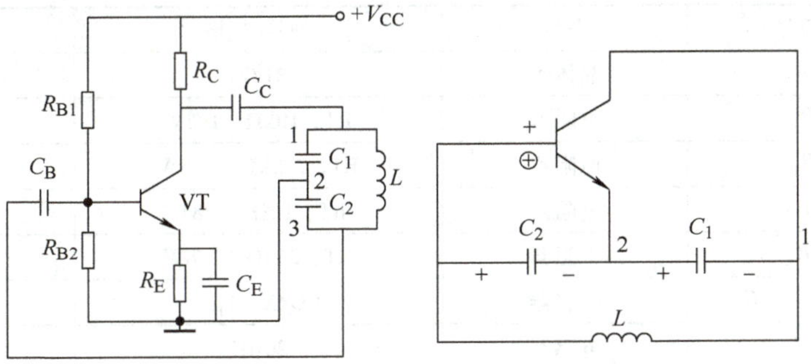

a) 电路原理　　b) 交流通路

图 B4-2-5　电容三点式 LC 振荡电路

【振荡频率】

电容三点式 LC 振荡电路的振荡频率为

$$f_0=\frac{1}{2\pi}\sqrt{\frac{C_1+C_2}{L\,C_1C_2}}$$

【电路特点】

电容三点式 LC 振荡器的优点是振荡波形好，电路的频率稳定度较高；工作频率可以做得较高，可达到几十兆赫兹至几百兆赫兹的甚高频波段范围。该电路的缺点是通过调节 C_1 或 C_2 改变振荡回路工作频率时，反馈系数也会改变，使振荡器的频率稳定度不高。

四、能力训练

（一）操作条件

所需设备			
	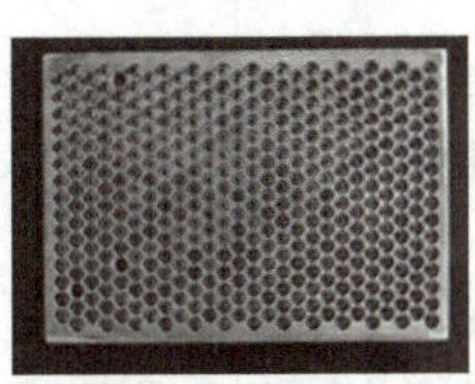		
电烙铁（一把）	铆钉板（一块）	钎料（锡丝、铜丝，若干）	万用表（一台）

（续）

所需设备			
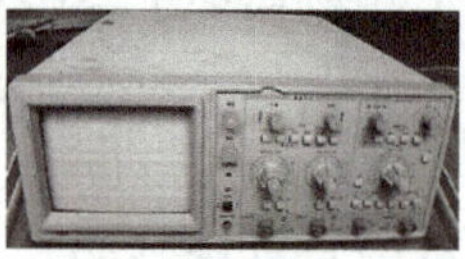	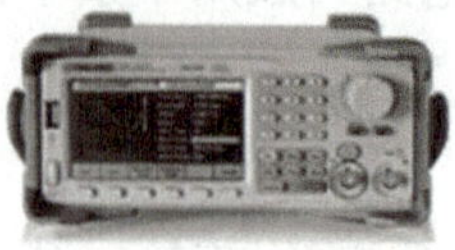		
示波器（一台）	信号发生器（一台）	晶体管毫伏表（一台）	电子元器件详见表 B4-2-1

表 B4-2-1　电子元器件明细表

序号	符号	名称	型号/规格	数量/个
1	VT	晶体管	3DG6	1
2	R_{B1}	电阻器	RT、10kΩ、1/8W	1
3	R_{B2}	电阻器	RT、2.2kΩ、1/8W	1
4	R_C	电阻器	RT、1kΩ、1/8W	1
5	R_E	电阻器	RT、560Ω、1/8W	1
6	C_B、C_C、C_E	电容器	CGZX、1μF	3
7	L	电感器	20μH	1
8	C_1、C_2	电容器	10pF	2

（二）安全及注意事项

1. 正确使用与放置电烙铁，避免干烧或烫坏其他物品。
2. 安全、规范地操作并调试电路，注意人身安全。
3. 增强环保意识，注意节约耗材，避免浪费。
4. 正确使用仪器仪表，爱护仪器仪表。

（三）操作过程

装调电容三点式 *LC* 振荡电路的操作过程见表 B4-2-2。

表 B4-2-2　装调电容三点式 *LC* 振荡电路的操作过程

序号	步骤	操作方法及说明	质量标准
1	电路原理图识读	在表 B4-2-3 中填写图 B4-2-6 所示电路的组成部分、作用及组成元器件	正确写出电路的组成部分、作用及组成元器件
2	电路板面安装与布局	按照电路原理图，选择合适的电子元器件，进行整形、安装，完成电路板面的布局	正确选用元器件并正确安装，要求板面布局合理、大小适中、美观
3	电路连接	按照电路原理图正确连接电路	电路连接正确
4	电路通电	按照电路原理图正确连接电源，给电路通电	电源参数调节正确，并且正确通电到电路板
5	参数测量与调试	正确选择仪表，按照表 B4-2-4 测量相关参数；使用示波器测量相关参数波形并记录于表 B4-2-5	数据测量、读数正确，波形记录正确

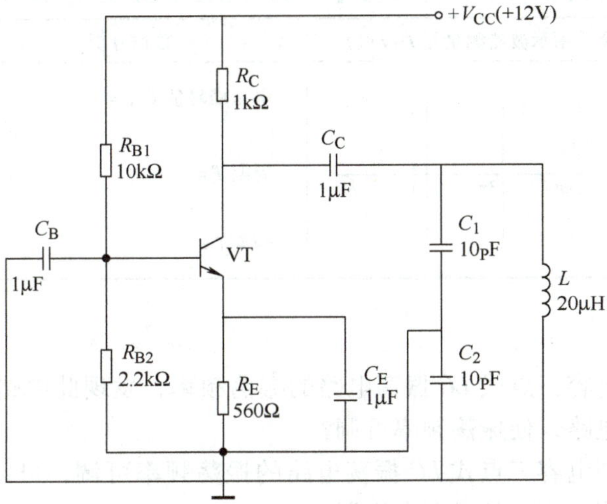

图 B4-2-6　电容三点式 *LC* 振荡电路装接原理图

（四）操作记录

【操作记录 1】

结合电容三点式 *LC* 振荡电路的介绍，在表 B4-2-3 中填写电路的组成部分、作用及组成元器件。

表 B4-2-3　识读电容三点式 *LC* 振荡电路装接原理图

序号	组成部分	组成部分的作用	组成元器件	备注
1				
2				
3				
4				

【操作记录 2】

给电路正确通上电源后，按表 B4-2-4 的要求测量晶体管的静态电位。

表 B4-2-4　晶体管静态电压测量值记录表

静态电压	V_C	V_B	V_E
测量值			

【操作记录 3】

用示波器测量电容三点式 *LC* 振荡电路的输出电压波形，并进行参数计算与记录，填入表 B4-2-5 中。

表 B4-2-5　电容三点式 LC 振荡电路波形测量记录表

序号	参数测量与记录（用示波器测量相关波形）	数据分析	备注
1	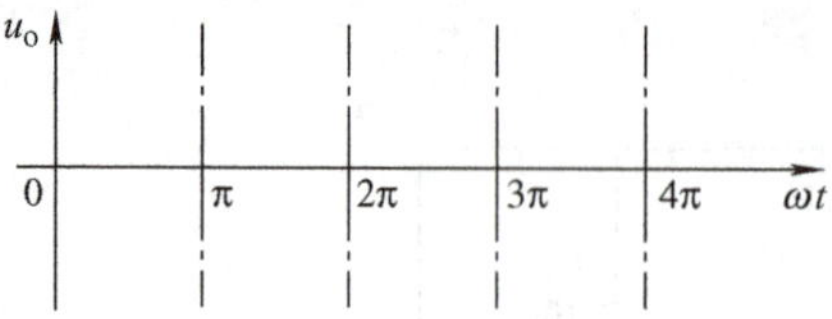	电压峰峰值 U_{PP} = 周期 T = 频率 f =	

（五）问题情境

小电同学想调节电容三点式 LC 振荡电路的振荡频率，发现此电路根本无处可调，不知有何方法可以改进该电路，使振荡频率可调？

解决途径：要实现电容三点式 LC 振荡电路的振荡频率可调，可以在 LC 并联回路中与电感器 L 串联一个适当电容量的可调电容器 C_0。

（六）学习结果评价

序号	评价内容	评价标准	评价结果（是/否）
1	能简单识读电容三点式 LC 振荡电路图	正确识读电路原理图并记录	
2	能按照电路原理图合理布局、安装电子元器件	元器件选择正确，板面布局合理，疏密有致	
3	能按照电路原理图正确连接电路	元器件安装正确，电路连接可靠	
4	能正确给电路通电，并按要求测量相关数据并记录	正确通电调试与测量、记录	
5	能根据故障现象，分析电路并排除故障	能分析解决在调试过程中出现的问题	

五、课后作业

【作业 1】

电容三点式 LC 振荡电路的振荡频率为：________。

【作业 2】

电容三点式 LC 振荡电路中，晶体管的三个极分别与________回路的________连接，故称得名。

【作业 3】

请正确连接图 B4-2-7 中的六个端点，构成一个能满足振荡条件、可以起振的电容三点式 LC 振荡电路。

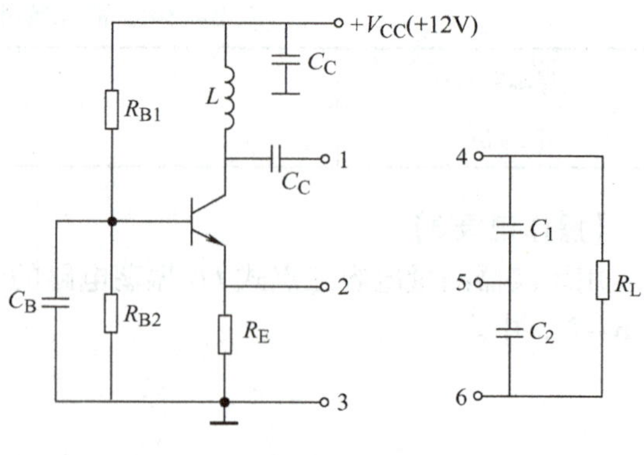

图 B4-2-7

学习任务B-5

晶闸管电路装调

职业能力 B-5-1　能正确装调晶闸管延时电路

一、核心概念

晶闸管电路的核心概念如图 B5-1-1 所示。

图 B5-1-1　晶闸管电路的核心概念

二、学习目标

1. 能简单识读晶闸管延时电路的电路原理图，认识其组成及各部分的作用。
2. 能按照电路原理图合理布局、安装电子元器件。
3. 能按照电路原理图正确连接电路。
4. 能正确给电路通电，按要求测量并记录相关数据。
5. 能根据故障现象分析电路并排除故障。
6. 养成独立分析、思考、解决问题的思维习惯，提高团结互助的合作能力。

三、基本知识

（一）晶闸管

晶闸管全称为硅闸流晶体管，俗称可控硅元件。它是一种大功率半导体器件，主要用于可控整流、逆变、变频、交流调压、直流斩波和无触点电子开关等方面。晶闸管包括普通晶闸管、双向晶闸管、快速晶闸管等，其中普通晶闸管应用最广泛。

【晶闸管的分类与外形】

晶闸管的外形如图 B5-1-2 所示，其外形有金属封装式、塑封式、平板式和螺旋式等。

晶闸管按电流容量可分为大功率晶闸管、中功率晶闸管和小功率晶闸管三种。通常，大功率晶闸管多采用陶瓷封装，而中、小功率晶闸管多采用塑封或金属封装。

【晶闸管的符号与结构】

晶闸管的符号如图 B5-1-3a 所示。晶闸管是一种 PNPN 4 层半导体器件，有 3 个极，如图 B5-1-3b 所示。由 P1 引出的是阳极 A，P2 引出的是门极 G，N2 引出的是阴极 K。

【晶闸管的导通与关断】

晶闸管作为半控型电力电子器件，工作条件有以下四点。

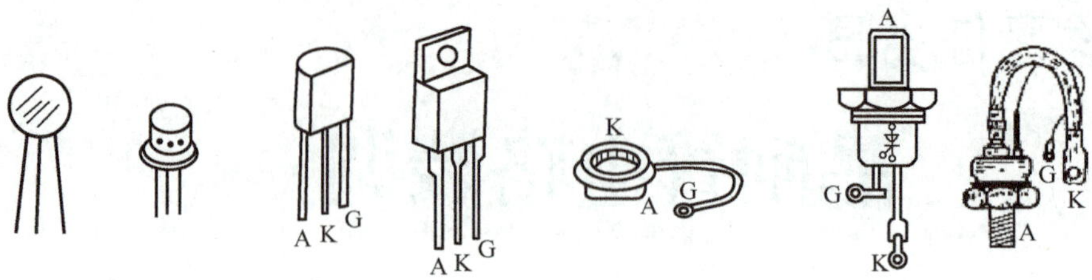

a) 金属封装式　b) 塑封式　c) 平板式　d) 螺旋式

图 B5-1-2　晶闸管的外形

1）晶闸管承受反向阳极电压时，不管门极承受何种电压，晶闸管都处于反向阻断状态。

2）晶闸管承受正向阳极电压时，仅在门极承受正向电压的情况下才导通。这时，晶闸管处于正向导通状态。这就是晶闸管的闸流特性，即可控特性。

3）晶闸管在导通情况下，只要有一定的正向阳极电压，不论门极电压如何，都能保持导通，即晶闸管导通后，门极失去作用（只起触发作用）。

4）晶闸管在导通情况下，当主回路电压（或电流）减小到接近 0 时，晶闸管关断。

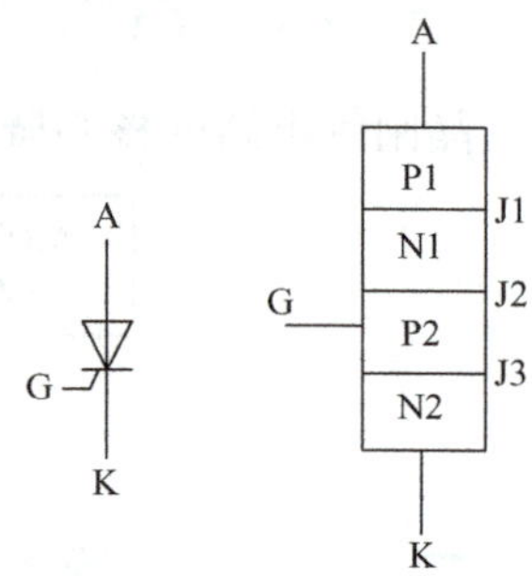

a) 符号　b) 内部结构

图 B5-1-3　晶闸管的符号与内部结构

【伏安特性】

晶闸管的阳极电压与阳极电流的关系，称为晶闸管的伏安特性，如图 B5-1-4 所示，其可分为第 Ⅰ 象限正向特性和第 Ⅲ 象限的反向特性两部分。

在晶闸管应用电路中，利用其正向特性中的单向可控导电性，在晶闸管加上正向阳极电压时，门极电流 I_G 使器件从正向阻断转为正向导通状态，使晶闸管成为一个可控的无触点开关器件。

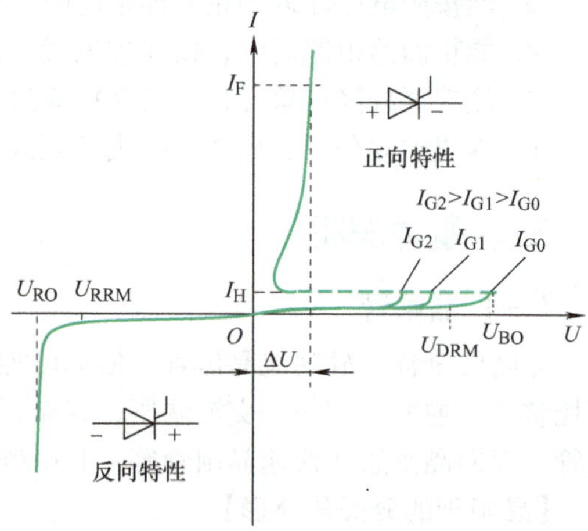

图 B5-1-4　晶闸管的伏安特性

（二）单结晶体管

单结晶体管的外形、结构与符号如图 B5-1-5 所示。它是一种特殊的半导体器件，有三个电极（发射极 E、第一基极 B_1 和第二基极 B_2），只有一个 PN 结，因此称为单结晶体管，又称为双基极二极管。

【伏安特性】

单结晶体管的伏安特性就是在 B_1、B_2 之间加上恒定的直流电压 U_{BB} 时，发射极 E 与第一基极 B_1 端口上的伏安特性，曲线如图 B5-1-6 所示。其工作特性可分为三段：截止区、负阻区、饱和区。

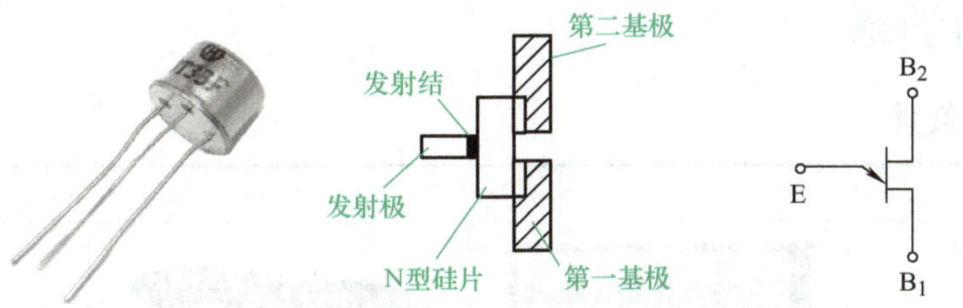

a) 外形　　b) 结构　　c) 符号

图 B5-1-5　单结晶体管的外形、结构与符号

（三）单结晶体管弛张振荡电路

利用单结晶体管的负阻特性和电容器的充放电特性，可以组成单结晶体管弛张振荡电路，如图 B5-1-7 所示。

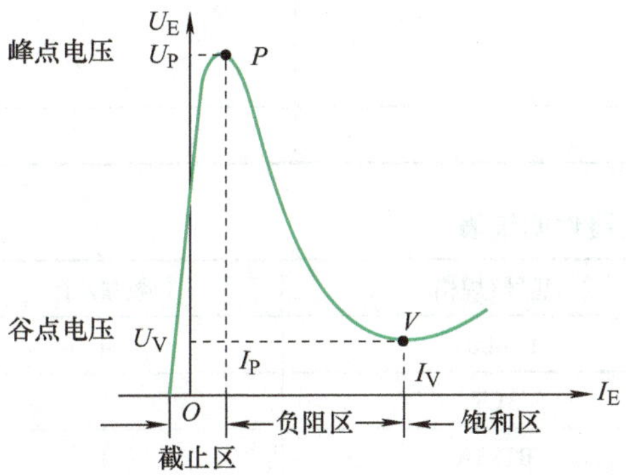

图 B5-1-6　单结晶体管的伏安特性

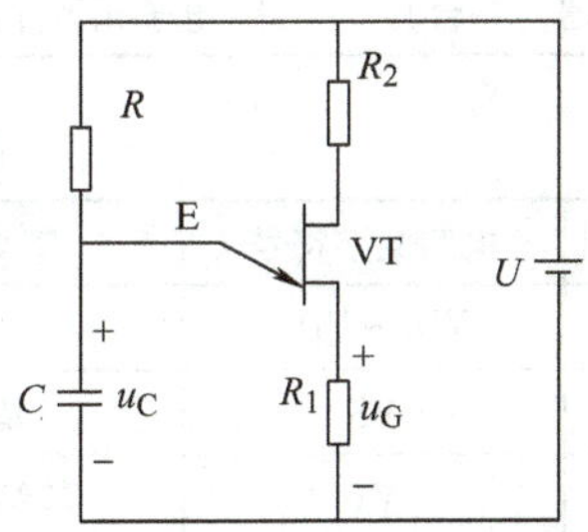

图 B5-1-7　单结晶体管弛张振荡电路

【电路原理】

设电容器无初始电压，电路接通以后，单结晶体管是截止的，电源经 R 对电容器 C 进行充电，电容电压从 0 起按指数规律上升，充电时间常数为 RC；等到电容电压达到单结晶体管的峰点电压 U_P时，单结晶体管导通，电容器开始放电，由于放电回路的电阻很小，放电很快，放电电流在电阻器 R_1 上产生了尖脉冲波。随着电容器 C 放电，电容器电压降低，当电容器电压降低到谷点电压 U_V 以下时，单结晶体管截止，接着电源又重新对电容器充电。如此周而复始，电容器两端会产生一个锯齿波，而电阻器 R_1 两端会产生一个尖脉冲波，如图 B5-1-8所示。

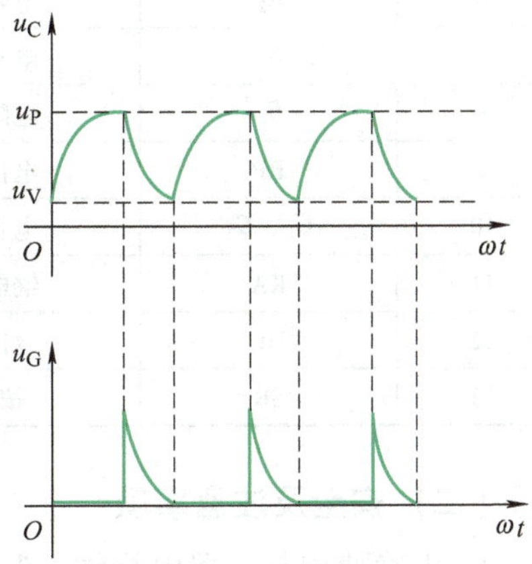

图 B5-1-8　波形图

四、能力训练

（一）操作条件

所需设备			
	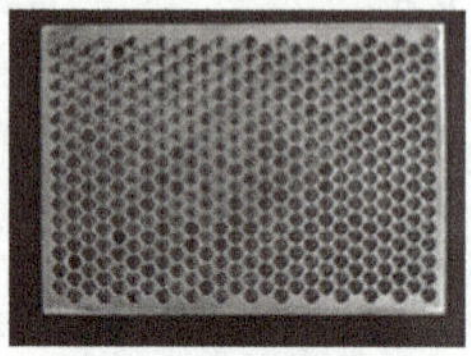		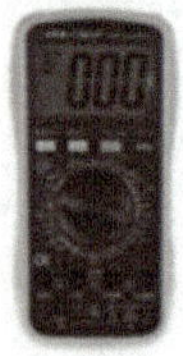
电烙铁（一把）	铆钉板（一块）	钎料（锡丝、铜丝，若干）	万用表（一台）
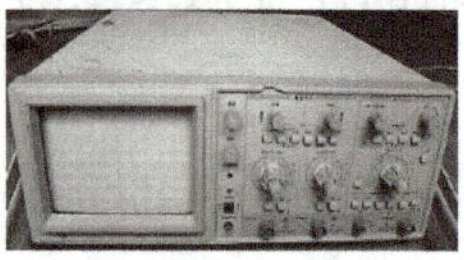			
示波器（一台）	电子元器件详见表 B5-1-1		

表 B5-1-1　电子元器件明细表

序号	电路文字符号	名称	型号/规格	数量/个
1	$VD_1 \sim VD_4$	二极管	1N4001	4
2	VS	晶闸管	3CT	1
3	VT	单结晶体管	BT33A	1
4	VZ	稳压二极管	2CW21J	1
5	R_1	电阻器	1kΩ、0.25W	1
6	R_2	电阻器	510Ω、0.25W	1
7	R_3	电阻器	200Ω、0.25W	1
8	R_4	电阻器	4.7kΩ、0.25W	1
9	RP	电位器	56kΩ、0.25W	1
10	C_1、C_2	电容器	100μF/50V	2
11	KA	继电器	JRX－13/700	1
12	HL	灯泡	24V	1
13	SB	按钮		1

（二）安全及注意事项

1. 正确使用与放置电烙铁，避免干烧或烫坏其他物品。
2. 安全、规范地操作并调试电路，注意人身安全。
3. 增强环保意识，注意节约耗材，避免浪费。
4. 正确使用仪器仪表，爱护仪器仪表。

（三）操作过程

装调晶闸管延时电路的操作过程见表 B5-1-2。

表 B5-1-2　装调晶闸管延时电路的操作过程

序号	步骤	操作方法及说明	质量标准
1	电路原理图识读	正确识读图 B5-1-9 并填写电路的组成部分、作用及组成元器件，记录于表 B5-1-3	正确写出电路的组成部分、作用及组成元器件
2	电路板面安装与布局	按照电路原理图选择合适的电子元器件，进行整形、安装，完成电路板面的布局	正确选用元器件并正确安装，要求板面布局合理、大小适中、美观
3	电路连接	按照电路原理图正确连接电路	电路连接正确
4	电路通电	按照电路原理图正确连接电源，给电路通电	电源参数调节正确，并且正确通电到电路板
5	参数测量与调试	使用示波器测量相关参数波形并记录于表 B5-1-4	数据测量、读数正确，波形记录正确

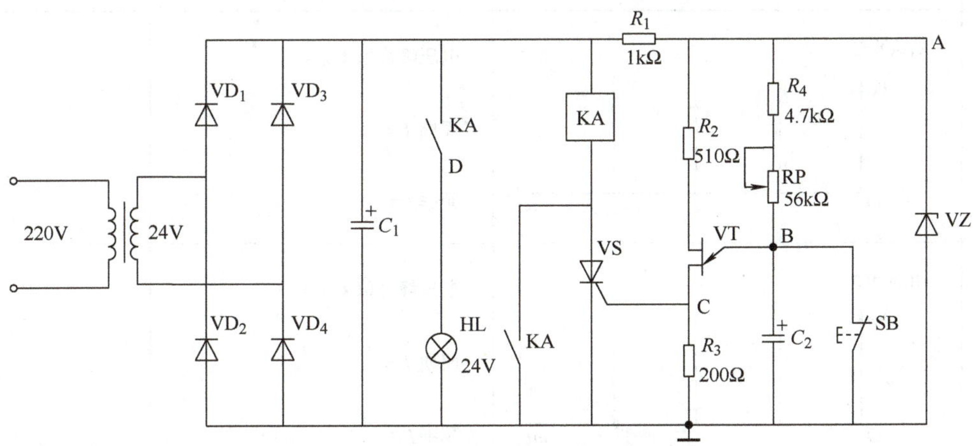

图 B5-1-9　晶闸管延时电路装接原理图

（四）操作记录

【操作记录 1】

识读图 B5-1-9，在表 B5-1-3 中填写电路的组成部分、作用及组成元器件。

表 B5-1-3　识读晶闸管延时电路装接原理图

序号	组成部分	组成部分的作用	组成元器件	备注
1				
2				
3				
4				
5				

【操作记录 2】

电路正确通电后，用示波器实测并画出晶闸管延时电路各点波形图，填入表 B5-1-4。

表 B5-1-4　波形记录表

序号	参数测量与记录（用示波器测量相关波形）	数据分析	备注
1	VZ两端电压 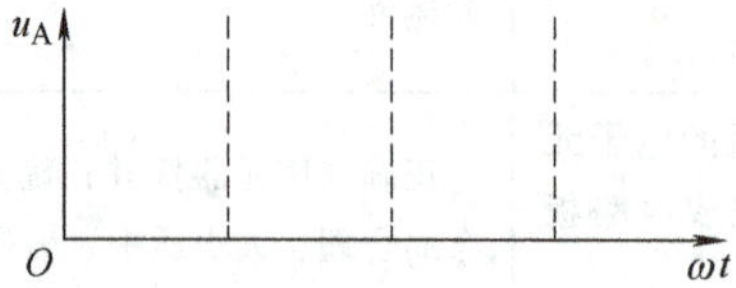	电压峰峰值 U_{PP} = 周期 T = 频率 f =	
2	C_2端波形 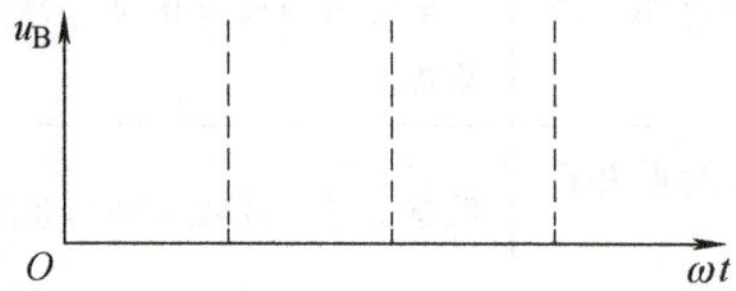	电压峰峰值 U_{PP} = 周期 T = 频率 f =	
3	R_3端波形 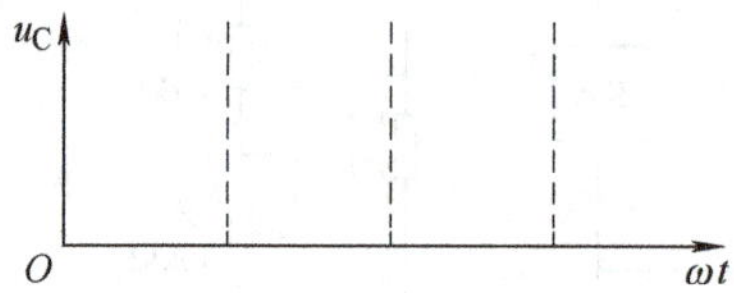	电压峰峰值 U_{PP} = 周期 T = 频率 f =	
4	HL端电压 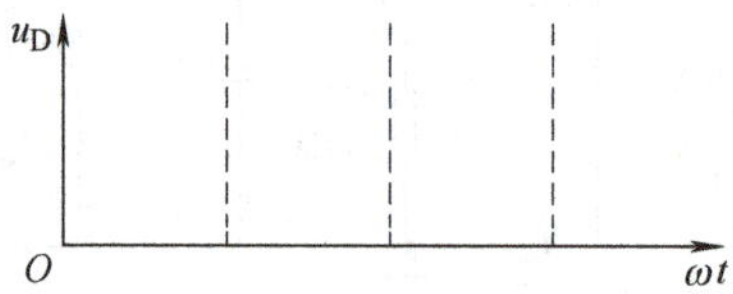	电压峰峰值 U_{PP} = 周期 T = 频率 f =	

（五）问题情境

【问题情境 1】

调试晶闸管延时电路时，只要电路一通电，还没有按下开灯按钮，灯就马上亮了，没有延时功能。经检测电路各点的波形均正确，参数正常，该如何处理？

解决途径：请检查按钮回路是否有开路或者按钮接头是否用错，勿把常开按钮当作常闭按钮来用。

【问题情境 2】

调试晶闸管延时电路时，想要改变延时时间，该如何调整？

解决途径：通过分析单结晶体管弛张振荡电路的工作原理可知，要改变延时时间，只要改变单结晶体管的脉冲产生时间，从而推迟晶闸管的触发导通时间的延时时间即可。因此在此电路中，调节电位器 RP 即可。

（六）学习结果评价

序号	评价内容	评价标准	评价结果（是/否）
1	能简单识读晶闸管延时电路的电路原理图	正确识读电路原理图并记录	
2	能按照电路原理图合理布局、安装电子元器件	元器件选择正确，板面布局合理，疏密有致	
3	能按照电路原理图正确连接电路	元器件安装正确，电路连接可靠	
4	能正确给电路通电，并按要求测量并记录相关数据	正确通电调试与测量、记录	
5	能根据故障现象，分析电路并排除故障	能分析解决在调试过程中出现的问题	

五、课后作业

【作业 1】

关于普通晶闸管结构，说法正确的是（　　）。

A. 4 层 3 端半导体器件，有 2 个 PN 结　　B. 4 层 2 端半导体器件，有 3 个 PN 结

C. 4 层 3 端半导体器件，有 3 个 PN 结　　D. 4 层 4 端半导体器件，有 3 个 PN 结

【作业 2】

晶闸管关断的条件是（　　）。

A. 加反向门极电压　　B. 去掉门极电压

C. 阳极电流低于维持电流　　D. 阳极和门极均加正极性电压

【作业 3】

用万用表测量某小功率晶闸管，当开关 S 闭合时指针如图 B5-1-10 所示。若晶闸管质量很好，则开关 S 断开后指针将（　　）。

A. 原位置不动　　B. 原位置摆动　　C. 偏转到 0Ω 处　　D. 返回无穷大

【作业 4】

有一电子器件，某同学用万用表电阻挡对各引脚间的电阻进行测量，表笔接法与测量结果标于图 B5-1-11 上，请指出该器件的名称，并说明引脚 a、b、c 的名称。

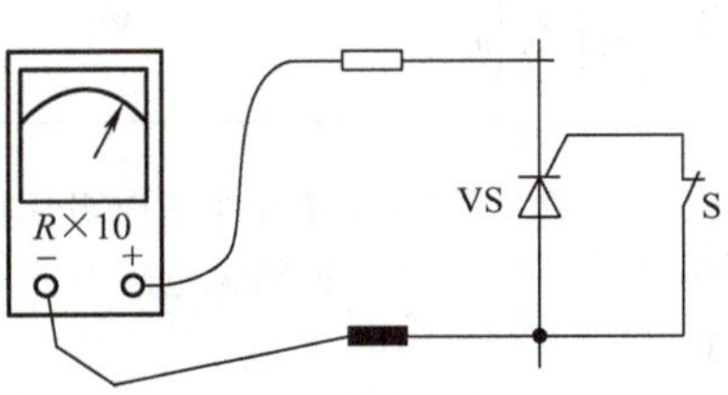

图 B5-1-10

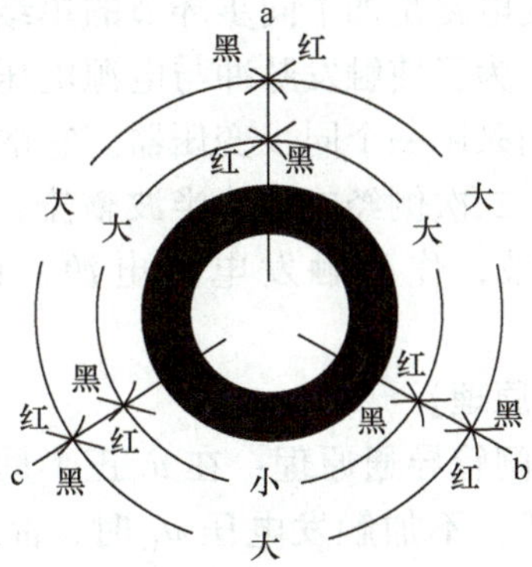

图 B5-1-11

职业能力 B-5-2 能正确装调晶闸管调光电路

一、核心概念

晶闸管调光电路的核心概念如图 B5-2-1 所示。

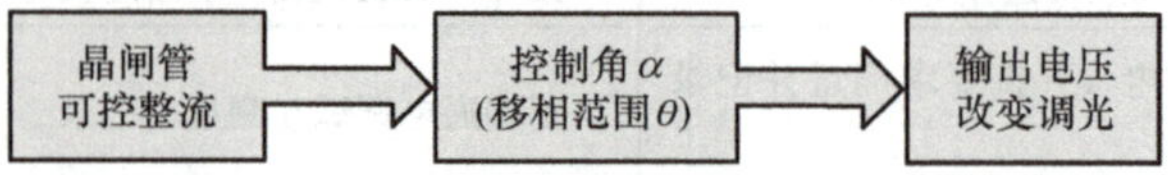

图 B5-2-1 晶闸管调光电路的核心概念

二、学习目标

1. 能简单识读晶闸管调光电路的电路原理图，认识其组成及各部分的作用。
2. 能按照电路原理图合理布局、安装电子元器件。
3. 能按照电路原理图正确连接电路。
4. 能正确给电路通电，并按要求测量并记录相关数据。
5. 能根据故障现象，分析电路并排除故障。
6. 养成独立分析、思考、解决问题的思维习惯，提高团结互助的合作能力。

三、基本知识

将普通整流电路中的二极管换成晶闸管，就能通过控制晶闸管的通断，改变输出直流电的大小，这种电路称为可控整流电路。可控整流电路按结构分为半波、全波桥式等，按交流电源的相数分为单相和三相。由晶闸管组成的可控整流电路可以制作高电压、大电流的直流电源，广泛用于直流调速系统。

（一）单相半波可控整流电路

图 B5-2-2 为单相半波电阻性负载可控整流电路，其触发电路是加了同步环节的单结晶体管弛张振荡电路。为了使触发脉冲与电源电压的相位配合同步，我们采用一个同步变压器。它的一次侧接主电路电源，二次侧经二极管半波整流、稳压削波后得到梯形波，作为触发电路电源，也作为同步信号。

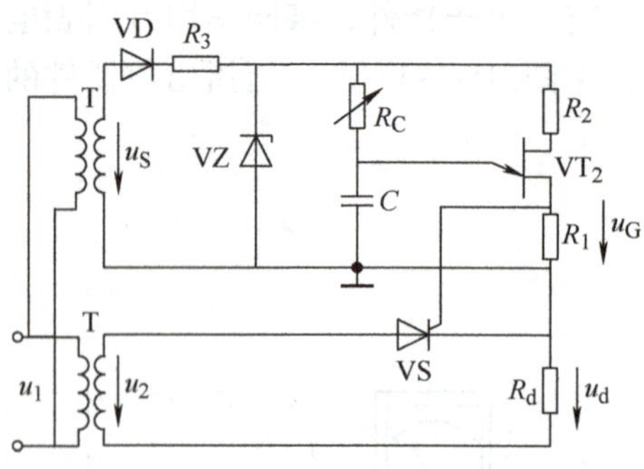

图 B5-2-2 单相半波电阻性负载可控整流电路

【工作原理】

1）晶闸管导通原理：在 u_S正半周，晶闸管承受正向电压，不加触发电压 u_G时，晶闸管不会导通。当 $\omega t=\alpha$（控制角）时，触发电路发出触发脉冲 u_G，晶闸管立即导通，直到 $\omega t=\pi$，此期间电源电压全部加在 R_d上，触发脉冲必须在电源电压每次过零后滞后 α 角出现。

2）同步原理：当主电路电压过零时，触发电路的同步电压也过零，单结晶体管的电压 U_{BB} 也降为0，使电容器 C 放电到0，保证了下一个周期电容器 C 从0开始充电，起到了同步作用。从图 B5-2-3 可以看出，每周期中 C 的充放电不止一次，晶闸管由第一个触发脉冲导通，后面的脉冲不起作用。改变 R_C 的大小，可改变 C 的充放电速度，达到调节 α 角的目的。若图中的负载电阻 R_d 为灯泡，则可以实现调光功能。

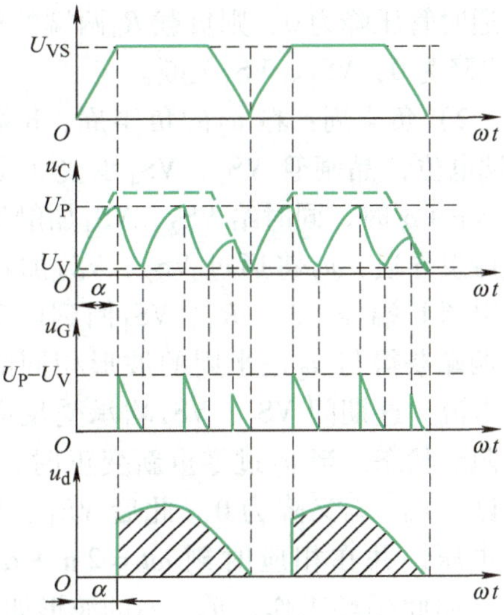

图 B5-2-3　单相半波可控整流电路的电压波形

【移相范围】

在可控整流电路中，把晶闸管开始承受正向电压到触发导通的这段时间所对应的电角度称为控制角（移相角），用符号 α 表示。控制角在电路中的可调范围，称为移相范围。晶闸管在一个周期内导通的电角度称为导通角，用符号 θ 表示。

在单相半波可控整流电路中，$\theta = 180° - \alpha$，控制角 α 越小，则导通角 θ 越大。控制角 α 的移相范围为 0～180°。

【相关变量计算】

1）负载上的直流平均电压 U_d 与平均电流 I_d：

$$U_d = 0.45\ U_2 \frac{1 + \cos\alpha}{2}$$

$$I_d = \frac{U_d}{R_d}$$

2）晶闸管两端可能承受的最大反向电压 U_{TM}：

$$U_{TM} = \sqrt{2} U_2$$

（二）单相桥式全控整流电路

【电路结构】

图 B5-2-4 为单相桥式全控整流电路，电路由四个晶闸管 VS_1、VS_3 和 VS_2、VS_4 组成的两对桥臂、电源变压器 TR 及负载电阻 R_d 组成。变压器的二次电压 u_2 接在桥臂的中点 a、b 端。

【工作原理】

1）正半周：当变压器的二次电压 u_2 处于正半周时，a 端电位高于 b 端电位，两个晶闸管 VS_1、VS_3 同时承受正向电压。如果此时门极无触发信号，则两个晶闸管均处于正向阻断状态。当 $\omega t = \alpha$ 时，给 VS_1、VS_3 同时加触发脉冲，两个晶闸管立即被触发导通，u_2 将通过 VS_1、VS_3 加在负载电阻 R_d 上，负载电流 i_d 从电源 a 端经 VS_1、R_d、VS_3 回到电源 b 端。在 u_2 正半周，VS_2、VS_4 均承受反向电压而处于阻断状态。设晶闸管

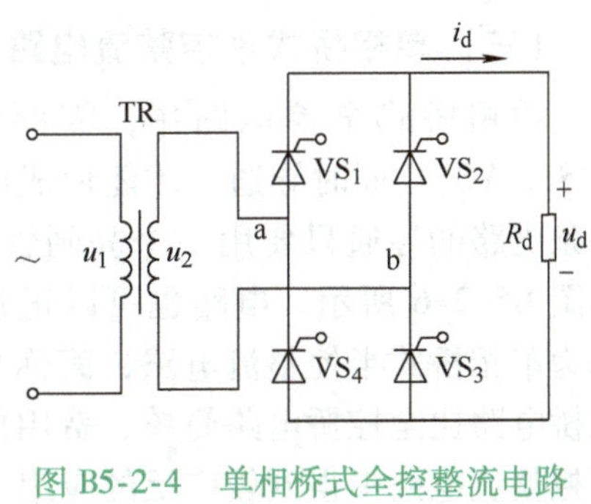

图 B5-2-4　单相桥式全控整流电路

导通时管压降为0，则负载 R_d 两端的整流电压 u_d 与 u_2 正半周的波形相同。当 u_2 降到0时，i_d 也降为0，VS_1、VS_3 关断。

2）负半周：在 u_2 的负半周，b端电位高于a端电位，晶闸管 VS_2、VS_4 承受正向电压，当 $\omega t=\pi+\alpha$ 时，同时给 VS_2、VS_4 加触发脉冲使其被触发导通，u_2 将通过 VS_2、VS_4 加在 R_d 上，i_d 从电源b端经 VS_2、R_d、VS_4 回到电源a端，在 R_d 两端获得与 u_2 正半周的波形相同的整流电压和电流。这期间 VS_1、VS_3 均承受反向电压而处于阻断状态。当 u_2 过零重新变正时，VS_2、VS_4 关断，u_d、i_d 又降为0。此后 VS_1、VS_3 承受正向电压，并在相应时刻 $\omega t=2\pi+\alpha$ 被触发导通。如此循环工作。u_d、i_d 的波形如图B5-2-5所示。

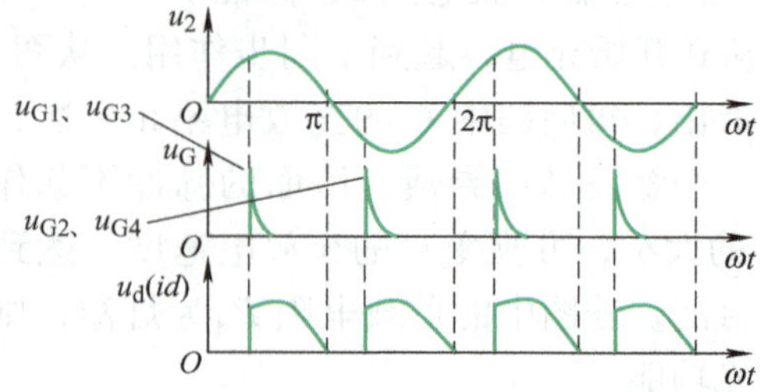

图B5-2-5　单向桥式全控整流电路的电压、电流波形

由以上工作原理可知，在交流电源电压 u_2 的正、负半周里，VS_1、VS_3 和 VS_2、VS_4 两组晶闸管轮流被触发导通，将交流电转变成脉动的直流电。改变 α 角的大小，负载电压 u_d、电流 i_d 的波形及整流输出直流电压平均值均相应改变。

【相关变量计算】

1）输出直流电压平均值 U_d：

$$U_d=0.9\times\frac{1+\cos\alpha}{2}U_2$$

由上式可知，当 $\alpha=0°$ 时，$U_d=0.9U_2$ 为最大值；当 $\alpha=\pi$ 时，$U_d=0$，故单相桥式全控整流电路中 α 的移相范围为180°。

2）输出直流电流平均值 I_d：

$$I_d=\frac{U_d}{R_d}$$

3）晶闸管直流电流平均值 I_{dT}：两组晶闸管 VS_1、VS_3 和 VS_2、VS_4 在一个周期中轮流导通，故流过每个晶闸管的平均电流为负载平均电流 I_d 的一半，即

$$I_{dT}=\frac{1}{2}I_d=0.45\,U_2\frac{1+\cos\alpha}{2}$$

4）晶闸管两端可能承受的最大反向电压 U_{TM}：

$$U_{TM}=\sqrt{2}U_2$$

（三）单相桥式半控整流电路

单相桥式全控电路中，需要两个串联的晶闸管（VS_1、VS_3）同时导通，才能形成电流回路。而实际上一条支路的导通只要用一个晶闸管就可以进行控制了。如图B5-2-6所示，电路也可以正常工作，这种电路就称为单相桥式半控整流电路，简称半控桥电路。由于半控桥电路比全控桥电路简单、费用低，因此在一般桥式可控整流电路中得到较广泛的应用。

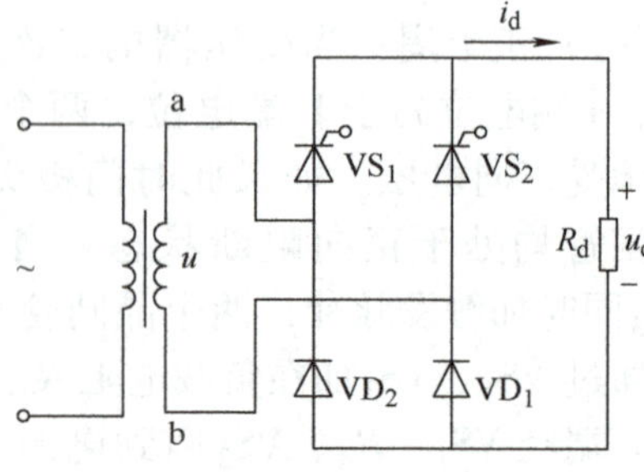

图B5-2-6　单相桥式半控整流电路

【工作原理】

半控桥电路带电阻性负载时，其工作情况与单相全控桥电路完全相同。在电源电压 u_2 正半周，当触发脉冲 u_{G1} 到来时，晶闸管 VS_1 触发导通，电流经 VS_1、负载 R_d、V_{D1} 流通，此时 VS_2、V_{D2} 均承受反向电压而截止，到交流电压 u_2 过零时，晶闸管 VS_1 关断。在电源电压 u_2 负半周，当触发脉冲 u_{G2} 到来时，晶闸管 VS_2 触发导通，电流经 VS_2、R_d、V_{D2} 流通，到交流电压 u_2 过零时，晶闸管 VS_2 关断。电路输出电压 u_d 的波形、晶闸管 i_{dT} 的波形也与全控桥电路完全一样。因此，电路计算与单相全控桥电路相同。

四、能力训练

（一）操作条件

所需设备			

电烙铁（一把）	铆钉板（一块）	钎料（锡丝、铜丝，若干）	万用表（一台）

示波器（一台）	电子元器件详见表 B5-2-1		

表 B5-2-1　电子元器件明细表

序号	电路文字符号	名称	型号/规格	数量/个
1	VD_1 ~ VD_4	二极管	1N4007	4
2	VZ	稳压二极管	2CW64（18~21V）	1
3	VT	单结晶体管	BT33A	1
4	VD_5、VD_6	二极管	2CZ11D	2
5	VS_1、VS_2	晶闸管	KP1-4	2
6	R_1	电阻器	RT、2kΩ（或1.2kΩ）、1W	1
7	R_2	电阻器	RT、4.7kΩ、1/8W	1
8	R_3	电阻器	RT、510Ω、1/8W	1
9	R_4	电阻器	RT、100Ω、1/8W	1
10	R_5、R_6	电阻器	RT、51Ω、1/8W	2
11	RP	电位器	WT、100kΩ、0.25W	1
12	C	电容器	CGZX、0.15μF/160V	1
13	HL	灯泡	24V	1

（二）安全及注意事项

1. 正确使用与放置电烙铁，避免干烧或烫坏其他物品。
2. 安全规范操作、调试电路，注意人身安全。
3. 增强环保意识，注意节约耗材，避免浪费。
4. 正确使用仪器仪表，爱护仪器仪表。

（三）操作过程

装调晶闸管调光电路的操作过程见表 B5-2-2。

表 B5-2-2 装调晶闸管调光电路的操作过程

序号	步骤	操作方法及说明	质量标准
1	电路原理图识读	正确识读图 B5-2-7 并记录其组成部分、作用及组成元器件，并记录于表 B5-2-3	正确写出电路的组成部分、作用及组成元器件
2	电路板面安装与布局	按照电路原理图，选择合适的电子元器件，进行整形、安装，完成电路板面的布局	正确选用元器件并正确安装，要求板面布局合理、大小适中、美观
3	电路连接	按照电路原理图正确连接电路	电路连接正确
4	电路通电	按照电路原理图正确连接电源，给电路通电	电源参数调节正确，并且正确通电到电路板
5	参数测量与调试	使用示波器测量相关参数波形并记录于表 B5-2-4	数据测量、读数正确，波形记录正确

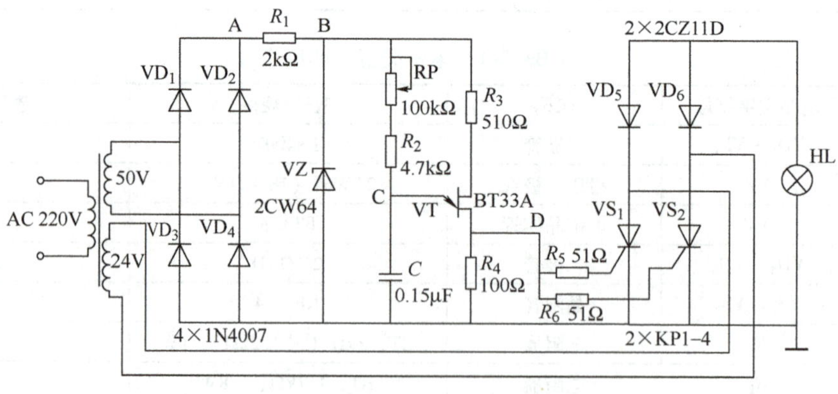

图 B5-2-7 晶闸管调光电路装接原理图

（四）操作记录

【操作记录 1】

结合晶闸管可控整流电路组成的介绍，在表 B5-2-3 中填写电路的组成部分、作用及组成元器件。

表 B5-2-3　识读晶闸管调光电路

序号	组成部分	组成部分的作用	组成元器件	备注
1				
2				
3				
4				

【操作记录 2】

用示波器实测并画出晶闸管调光电路各点的波形，填入表 B5-2-4。

表 B5-2-4　波形记录表

序号	参数测量与记录（用示波器测量相关波形）	数据分析	备注
1	桥式整流后脉动电压波形 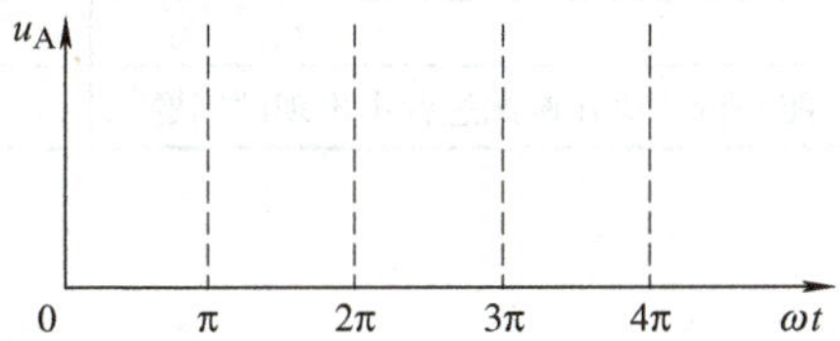	电压峰峰值 U_{PP} = 周期 T = 频率 f =	
2	同步电压波形 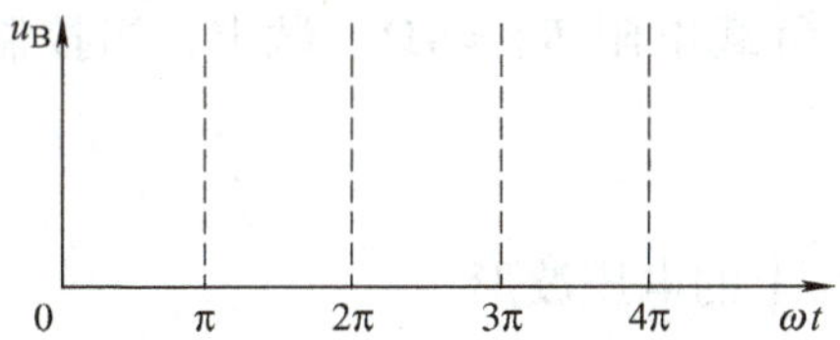	电压峰峰值 U_{PP} = 周期 T = 频率 f =	
3	电容电压波形 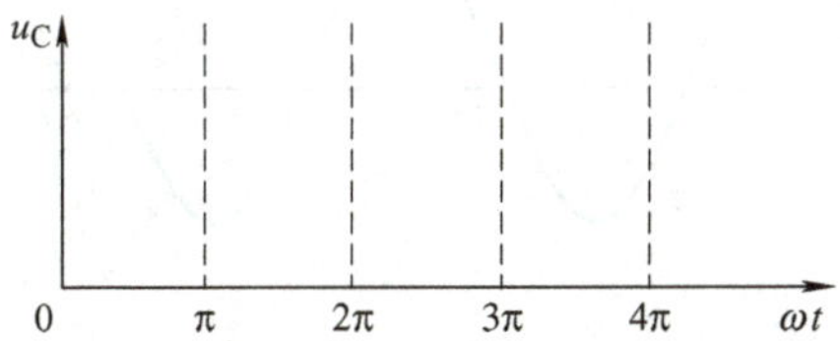	电压峰峰值 U_{PP} = 周期 T = 频率 f =	
4	输出电压波形 α =______°（由教师任意选定） 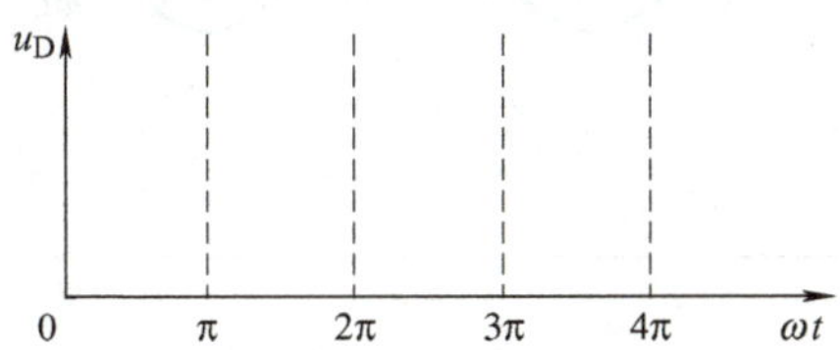	电压峰峰值 U_{PP} = 周期 T = 频率 f =	

（五）问题情境

【问题情境 1】

调试晶闸管调光电路时，无论如何调节电位器 RP，灯始终不亮，是何原因？

解决途径：首先可用示波器检测是否有脉冲输出，若无则检查脉冲产生电路；若正常，则检查主电路元器件是否极性接反或电路接线有误，尤其注意两个晶闸管必须是共阴极的。

【问题情境2】

调试晶闸管调光电路时，调节电位器 RP，灯泡的亮度有变化但变化不大，是何原因？

解决途径：首先用示波器检测输出脉冲波形移相范围是否正常。若正常，则检查变压器极性连接是否同步。

（六）学习结果评价

序号	评价内容	评价标准	评价结果（是/否）
1	能简单识读晶闸管调光电路图	正确识读电路原理图并记录	
2	能按照电路原理图合理布局、安装电子元器件	元器件选择正确，板面布局合理，疏密有致	
3	能按照电路原理图正确连接电路	元器件安装正确，电路连接可靠	
4	能正确给电路通电，并按要求测量并记录相关数据	正确通电调试与测量、记录	
5	能根据故障现象分析电路并排除故障	能分析解决在调试过程中出现的问题	

五、课后作业

【作业1】

单相半控桥电路中，已知 $u_2=220\text{V}$，负载电阻 $R_d=4\Omega$。试求：当控制角 $\alpha=60°$ 时，负载电阻两端的电压值 u_d 和电流值 i_d。

【作业2】

画出图 B5-2-8 所示电路的负载电阻 R_d 上的电压波形。

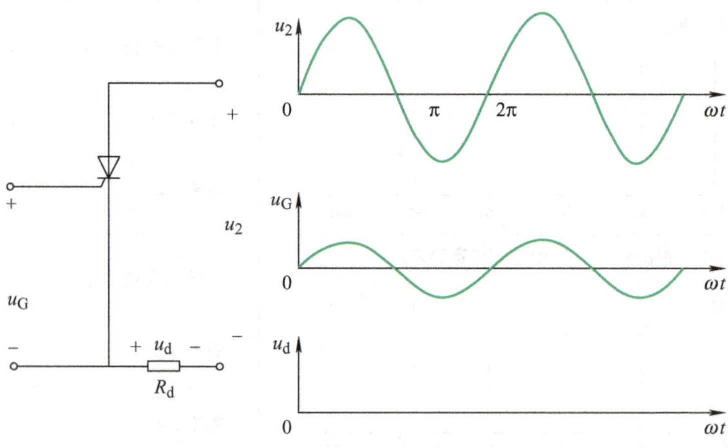

图 B5-2-8

学习领域C

综合电子线路装调

学习任务C-1　无线遥控发射器电路装接

学习任务C-2　温度控制自动调节电路调试

学习任务C-3　声光控楼道灯电路装调

学习任务C-4　行走机器人电路装调

学习任务C-1

无线遥控发射器电路装接

职业能力 C-1-1　能正确装接无线遥控发射器电路

一、核心概念

无线遥控发射器电路的核心概念如图 C1-1-1 所示。

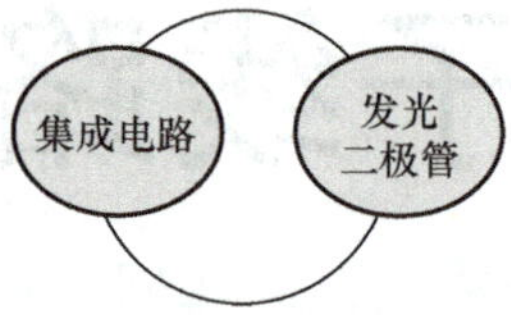

图 C1-1-1　无线遥控发射器电路的核心概念

二、学习目标

1. 能熟练识别元器件类型或型号。
2. 能在电路板上合理地进行元器件布局和整形，并能按照工艺规范地安装元器件。
3. 能按照工艺要求正确完成元器件焊接。
4. 能正确连接和开启电源，遵守规范流程，完成电路功能的调试。
5. 熟练装配整机，完成产品交付。
6. 养成独立分析、思考、解决问题的思维习惯，提高团结互助的合作能力。

三、基本知识

（一）发光二极管

发光二极管（LED）是一种能将电能转换为光能的特殊二极管。它由含镓（Ga）、砷（As）、磷（P）、氮（N）等的化合物制成，其外形如图 C1-1-2 所示，电气符号如图 C1-1-3 所示。

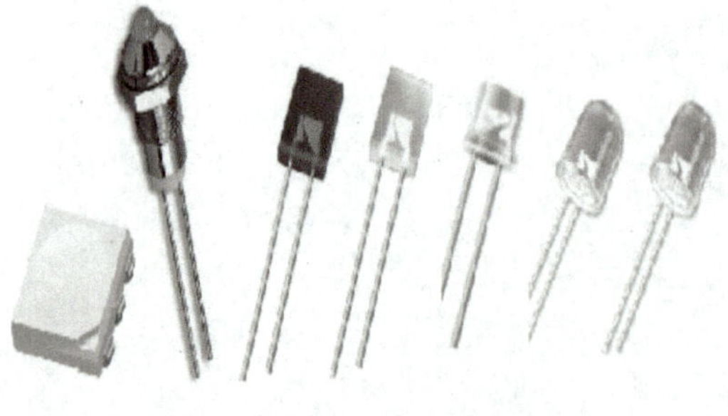

图 C1-1-2　发光二极管的外形

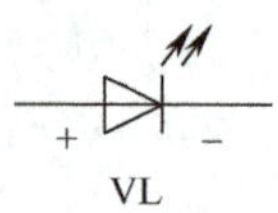

图 C1-1-3　电气符号

发光二极管主要是通过电子与空穴复合释放能量发光，在电路及仪器中作为指示灯，或者组成阵列显示文字或数字。用不同材质制造的发光二极管发光颜色不同，砷化镓发光二极管发红光，磷化镓发光二极管发绿光，碳化硅发光二极管发黄光，氮化镓发光二极管发蓝光。

发光二极管具有单向导电性。只有当外加的正向电压使得正向电流足够大时才发光，它的开启电压比普通二极管的大，红色的在1.6~1.8V之间，绿色的约为2V。正向电流越大，发光越强。使用时，应特别注意不要超过最大功耗、最大正向电流和反向击穿电压等极限参数。

（二）集成电路简介

【集成电路】

集成电路（Integrated Circuit，IC）是一种微型电子器件或部件。它是采用一定的工艺，把一个电路中所需的晶体管、二极管、电阻器、电容器和电感器等元器件及布线互连在一起，制作在一小块或几小块半导体晶片或介质基片上，然后封装在一个管壳内，成为具有所需电路功能的微型结构。其中，所有元器件在结构上已组成一个整体，使电子元器件向着微小化、低功耗和高可靠性方向迈进了一大步。它在电路中用字母“IC”表示。它的封装外壳有圆壳式、扁平式或双列直插式等多种形式，其中以双列直插式最为常见，如图 C1-1-4所示。

图 C1-1-4　集成电路的常见封装形式

【集成电路分类】

按功能、结构的不同，集成电路可以分为模拟集成电路、数字集成电路和数/模混合集成电路三大类。

集成电路按集成度的不同可分为：小规模集成（Small Scale Integration，SSI）电路、中规模集成（Medium Scale Integration，MSI）电路、大规模集成（Large Scale Integration，LSI）电路、超大规模集成（Very Large Scale Integration，VLSI）电路、特大规模集成（Ultra Large Scale Integration，ULSI）电路、巨大规模集成（Giga Scale Integration，GSI）电路（又称极大规模集成电路或超特大规模集成电路）。

集成电路按导电类型可分为双极型集成电路和单极型集成电路。双极型集成电路的制作工艺复杂，功耗较大，代表集成电路有 TTL、ECL、HTL、LST－TL、STTL 等类型。单极型集成电路的制作工艺简单，功耗也较低，易于制成大规模集成电路，代表集成电路有 CMOS、NMOS、PMOS 等类型。

集成电路具有体积小、质量小、引脚和焊接点少、寿命长、可靠性高、性能好等优点，同时成本低，便于大规模生产。它不仅在工用、民用电子设备如电视机、计算机等方面得到广泛的应用，同时在军事通信方面也得到广泛应用。

四、能力训练

（一）操作条件

所需设备			
		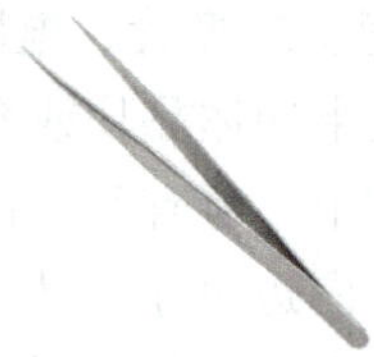	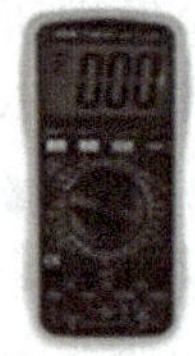
电烙铁（一把）	钎料（锡丝，若干）	镊子（一把）	数字万用表（一台）

电子元器件若干，明细见表 C1-1-1。

表 C1-1-1　无线遥控发射器电子元器件明细表

序号	型号/规格	位号	备注	数量/个
1	6×6 轻触开关	AN		1
2	103	C1	瓷片电容器	1
3	3pF	C2	高频瓷片电容器	1
4	3.9pF	C3	高频瓷片电容器	1
5	2/7pF	C4	可调瓷介电容器	1
6	10μF/25V	C5	直插电解电容器	1
7	1N4148	D	直插二极管	1
8	1.5V	E	7 号电池	1
9	2262R4	IC1	DIP－18	1
10	6.8μH	L1	色码电感器	1
11	1T	L2	免装配	1
12	5T×2 磁环电感	L3		1
13	ϕ3 红色发光二极管	LED	LED	1

（续）

序号	型号/规格	位号	备注	数量/个
14	510Ω	R1	AXIAL－0.4	1
15	1.5MΩ	R2	AXIAL－0.4	1
16	47kΩ	R3	AXIAL－0.4	1
17	10kΩ	R4	AXIAL－0.4	1
18	9013	VT1	TO92 直插晶体管	1
19	9018	VT2	TO93 直插晶体管	1
20	电池簧＋			1
21	电池簧－			1
22	塑壳			1
23	发射按钮			1
24	2×5 自攻螺钉			2
25	电路板			1

（二）安全及注意事项

1. 正确使用与放置电烙铁，避免干烧或烫坏其他物品。
2. 安全规范操作并调试电路，注意人身安全。
3. 增强环保意识，注意节约耗材，避免浪费。
4. 正确使用仪器仪表，爱护仪器仪表。

（三）操作过程

装接无线遥控发射器电路的操作过程见表 C1-1-2。

表 C1-1-2　装接无线遥控发射器电路的操作过程

序号	步骤	操作方法及说明	质量标准
1	PCB 预处理	检查 PCB 正反面，对铜箔氧化层进行清洁、去氧化	PCB 无划伤处，整体清洁无污物，铜箔焊盘平整、光亮
2	元器件清点与检测	对照元器件清单，检查电路所需的元器件，并检测质量	元器件与清单一致，质量良好
3	元器件整形	对照 PCB 上的元器件安装位置与尺寸，对元器件引脚进行必要的整形	元器件引脚及成形符合工艺要求
4	元器件安装	对照 PCB 的元器件安装面（见图 C1-1-5），正确安装元器件	元器件字标方向一致，有极性的元器件要保证插装方向正确，同类元器件安装高度一致
5	元器件焊接	正确焊接元器件并符合焊接工艺要求	所焊接的元器件的焊点适中，无漏焊、假焊、虚焊、连焊，焊点光滑、圆润、干净、无毛刺，焊点基本一致

（续）

序号	步骤	操作方法及说明	质量标准
6	通电测试	完成安装后，检查 PCB 焊接质量，检查二极管、晶体管、电解电容器、集成元器件等的引脚是否正确，接上 15V 交流电源	通电，灯即亮
7	整机装配	完成 PCB 与外壳等配件的装配，实现产品交付要求	装配适度，外观整齐美观，功能使用优良，符合产品交付质量要求
8	自评与互评	对照表 C1-1-3，进行自评与互评，并记录	科学严谨、实事求是地填写自评与互评表

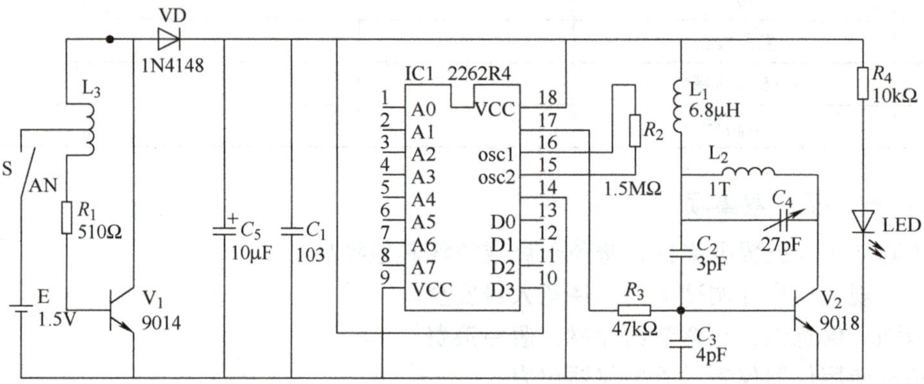

a) 无线遥控发射器电路原理图

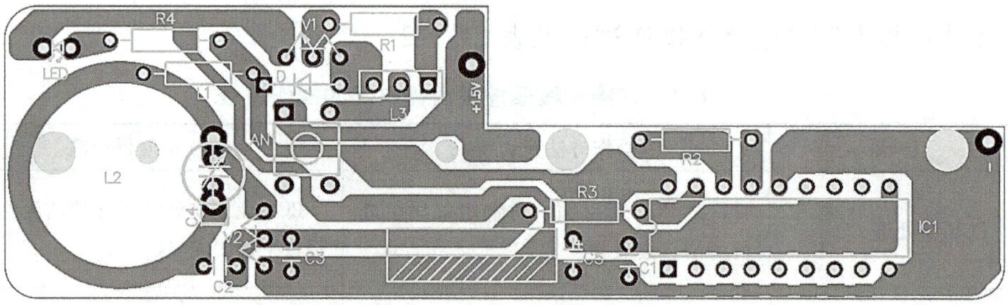

b) 无线遥控发射器电路元器件安装图

图 C1-1-5　无线遥控发射器电路原理图和元器件安装面

（四）操作记录

【操作记录】（见表 C1-1-3）

表 C1-1-3　自评与互评表

序号	配分	评分细则描述	规定或标称值	自评	互评
1	10	将电路中全部针插式元器件安装在 PCB 上，要求位置正确、无遗漏。位置不正确、有遗漏扣 5 分/处，扣完为止	要求所有元器件安装位置正确，无漏装		

（续）

序号	配分	评分细则描述	规定或标称值	自评	互评
2	4	对元器件引脚进行加工，尺寸及成形要符合工艺要求。元器件引脚及成形不符合工艺要求扣2分	要求元器件引脚及成形符合工艺要求，同类元器件安装高度一致		
3	2	元器件字标方向应符合工艺要求。字标方向不符合工艺要求扣2分	要求元器件字标方向应符合工艺要求。同方向安装的同种元器件字标方向须一致		
4	8	对于有极性的元器件插装，要求极性方向正确。元器件极性装错扣4分/处，扣完为止	要求二极管、稳压二极管、电解电容容器、晶闸管极性方向正确；集成电路引脚方向正确		
5	10	所焊接的元器件的焊点适中，无漏焊、假焊、虚焊、连焊，焊点光滑、圆润、干净、无毛刺，焊点大小基本一致，没有歪焊，给10分	要求焊点适中，无漏焊、假焊、虚焊、连焊，焊点光滑、圆润、干净、无毛刺，焊点大小基本一致，没有歪焊		
		所焊接的元器件的焊点适中，无漏焊、假焊、虚焊、连焊，但个别（一两个）元器件有下述现象：有毛刺、不光亮，或出现歪焊，扣2分			
		3~5个元器件有漏焊、假焊、虚焊、连焊，或有毛刺、不光亮、歪焊，扣6分			
		有严重（超过6个元器件以上）漏焊、假焊、虚焊、连焊，或有毛刺、不光亮、歪焊，扣8分			
6	4	发光二极管安装高度正确；完成安装后，装上干电池，轻触开关，发光二极管亮，给4分。不符合其中一项要求的扣4分	发光二极管的安装高度应与外壳持平，完成安装后，装上干电池，按轻触开关，发光二极管亮		
7	2	注意安全生产，文明操作；未穿戴劳防用品、电烙铁随便乱放扣1分	应具备良好的职业素养，安全生产、文明操作；应穿戴好劳防用品		

（五）问题情境

【问题情境1】

电路装接完成后通电，发光二极管不亮，该如何检查电路？

解决途径：首先检查焊点质量，有无虚焊；然后检查电路中有极性的元器件是否插装正确。

【问题情境2】

在装配电路外壳前，测试电路功能正常，但是外壳装配好后，功能异常，该如何处理？

解决途径：这是由于整机装配不良引起的故障，例如按钮配合不好导致开关不良，发光二极管位置偏差引起遥控性能不良等，改善装配即可解决问题。

（六）学习结果评价

序号	评价内容	评价标准	评价结果（是/否）
1	能正确识别电路中所用的元器件	对照元器件清单，完成元器件清点与检测	
2	能按照 PCB 的元器件安装面布局，合理整形元器件引脚，并使之符合工艺安装要求	正确安装元器件并符合工艺要求	
3	能按工艺要求完成元器件焊接与安装	焊点适中，符合焊接工艺要求	
4	能连接并接通电源，调试电路功能，使之符合要求	连接并接通电源，功能正常	
5	能熟练完成整机装配，实现产品交付要求	整机装配后功能正常，外观无瑕疵	

五、课后作业

【作业 1】

请为图 C1-1-6 所示集成电路的引脚正确编号。

【作业 2】

试在图 C1-1-7 中正确画出发光二极管的电路图形符号，使发光二极管能正常发光。

图 C1-1-6

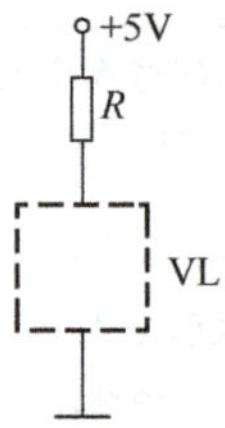

图 C1-1-7

【作业 3】

如何用万用表检测发光二极管的好坏？

【作业 4】

简述发光二极管在生产和生活中的应用实例。

学习任务C-2

温度控制自动调节电路调试

职业能力 C-2-1　能正确调试温度控制自动调节电路

一、核心概念

温度控制自动调节电路调试的核心概念如图 C2-1-1 所示。

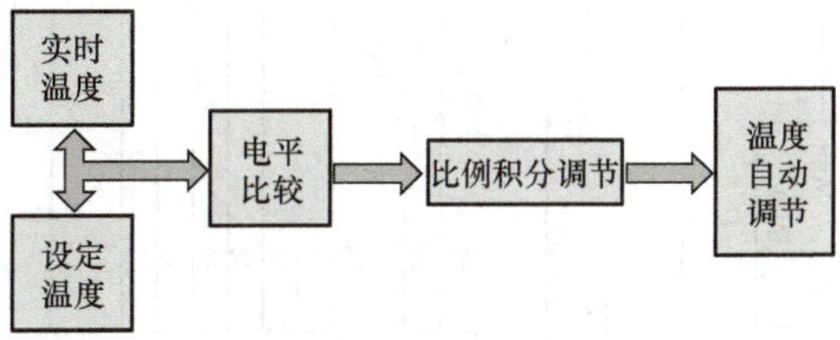

图 C2-1-1　温度控制自动调节电路调试的核心概念

二、学习目标

1. 能在规定的测试条件下，对温度控制自动调节电路进行调试。
2. 会用万用表、示波器测量电路中的有关电学参数及信号波形。
3. 能独立分析和解决电路调试过程中出现的问题。
4. 能正确记录实测数据及信号波形。
5. 养成独立分析、思考、解决问题的思维习惯，提高团结互助的合作能力。

三、基本知识

温度控制自动调节电路板如图 C2-1-2 所示，由加热装置、直流电压表电路、温度显示电路、温度设定与控制调节电路、风扇冷却装置及电源电路等部分组成，可以实现温度显示和温度自动控制功能。

（一）加热功能

本电路采用 PTC 陶瓷发热元件实现加热升温功能。PTC 陶瓷发热元件有热阻小、换热效率高的优点，其加热温度在 200℃ 以下，不需要专门的温控器和热电阻、热电偶等温度传感器进行温度反馈即能对加热器进行加热控制。它的温度调节是靠自身的材料特性，成本低、寿命长。

图 C2-1-2　温度控制自动调节电路板

（二）温度测量与显示功能

温度测量与显示电路如图 C2-1-3 所示。本电路采用 LM35 作为温度传感器，此传感器能产生 10mV/℃ 电信号；采用集成电路 7107 构建直流电压表电路，直流电压信号从 31 脚输入，由 7107 直接转换成数字信号送至数码管显示。

（三）温度设定功能

本电路板中的温度控制自动调节电路如图 C2-1-4 所示。接通电源，调节电位器 RP_{41}、RP_{42} 可以设定预置温度。

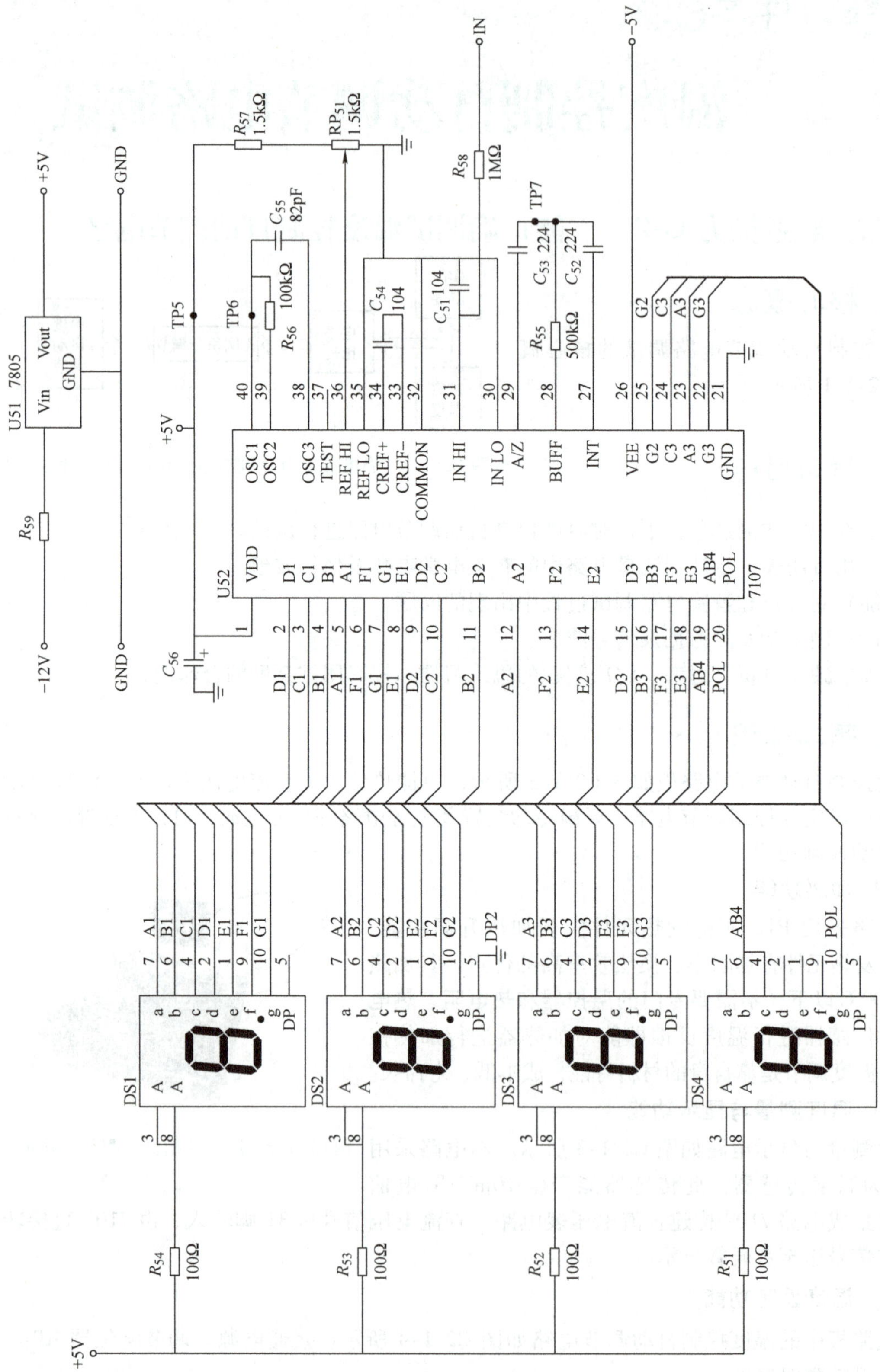

图 C2-1-3 温度测量与显示电路

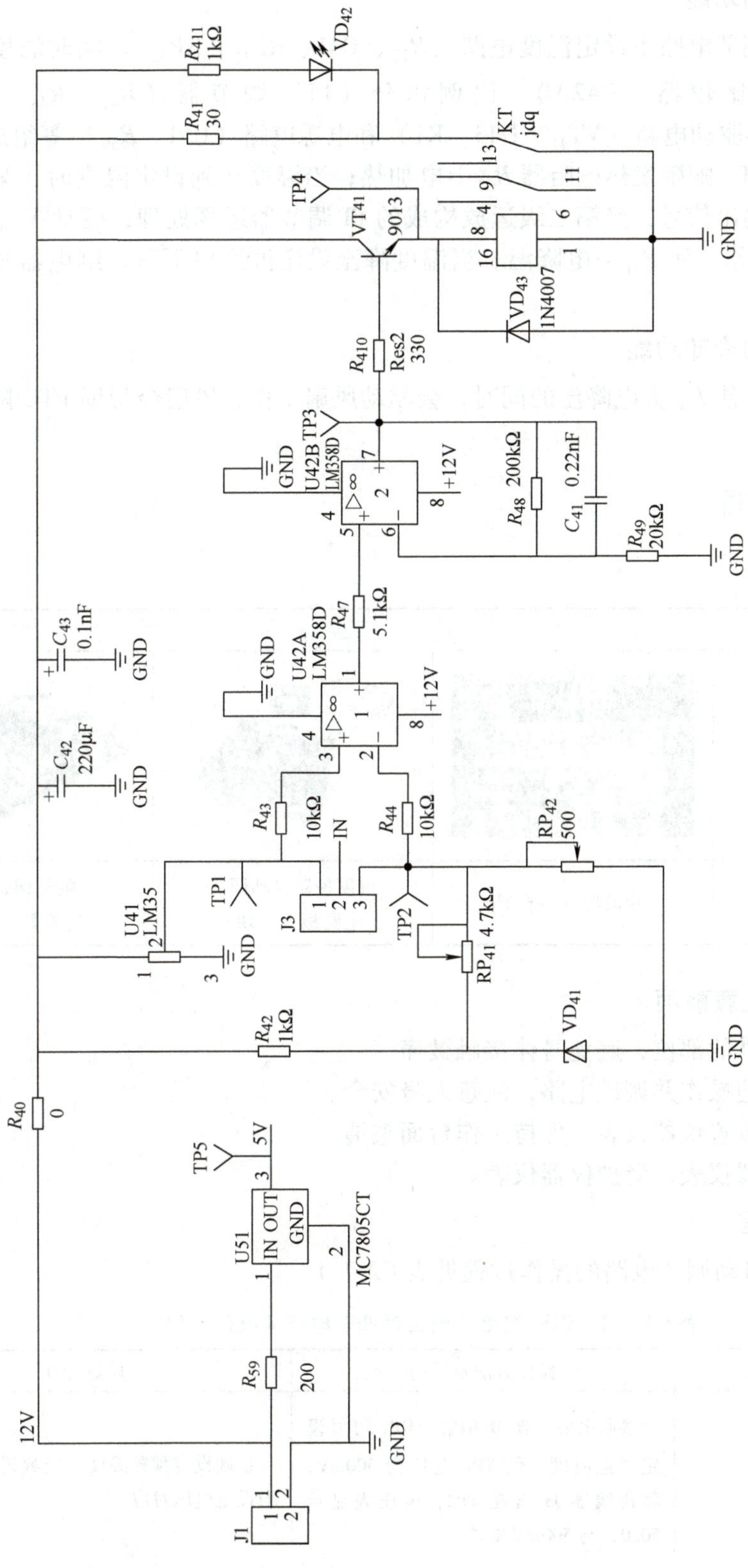

图 C2-1-4　温度控制自动调节电路

（四）温度控制功能

温度控制自动调节电路由设定温度电路（R_{12}、D41、RP_{41}、RP_{42}）、实时温度检测电路（U41、R_{43}）、电压比较器（U42A）、比例积分（PI）调节器（R_{47}、R_{48}、R_{49}、C_{41}、U42B）、电子继电器驱动电路（VT_{41}、D43、K1）和电源电路（U51、R_{59}）等组成。

接通电源后，PTC 陶瓷发热电阻器 R_{41} 上电加热；当温度达到设定温度时，第一级运放构成的电压比较器输出信号，经第二级运放构成的 PI 调节器运算处理，驱动 VT_{41} 导通，继而驱动继电器 K1 动作，使 R_{41} 失电降温。当温度降至设定温度以下时，继电器复位，重新开始加热。

（五）风扇辅助冷却功能

在继电器动作，使 R_{41} 失电降温的同时，会驱动风扇工作，风扇会帮助 PTC 陶瓷发热体快速降温。

四、能力训练

（一）操作条件

所需设备			
			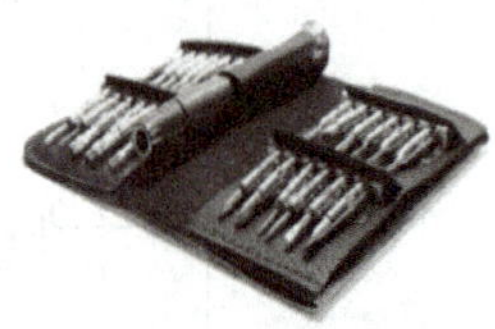
数字万用表（一台）	示波器（一台）	温度控制自动调节电路板（一块）	电子调试用螺钉旋具（一套）

（二）安全及注意事项

1. 注意发热元件的部位，避免身体接触烫痛。
2. 安全、规范地操作并调试电路，注意人身安全。
3. 正确使用与放置仪器仪表，保持工作台面整洁。
4. 正确使用仪器仪表，爱护仪器仪表。

（三）操作过程

调试温度控制自动调节电路的操作过程见表 C2-1-1。

表 C2-1-1　调试温度控制自动调节电路的操作过程

序号	步骤	操作方法及说明	质量标准
1	温度设定	接通电源，调节 RP_{41}、RP_{42} 可以设定预置温度，使 TP2 电压为 500mV，将跨线器 J3 接在 TP2，电压表显示 50.0，与 500mV 对应	正确设定预置温度，使数码管显示温度与设定电压对应

（续）

序号	步骤	操作方法及说明	质量标准
2	实现实时温度显示功能	将跨线器 J3 接在 TP1，电压表显示实时温度	数码管正确显示实时温度
3	实现实时温度控制功能	当温度设定、温度显示、温度控制、直流电压表电路正常工作，风扇起停两次后，才可认定电路正常	实现温度实时控制，风扇能正常起停
4	记录电压测量值	按照表 C2-1-2，用数字万用表正确测量风扇不同工作状态下测试点 TP1、TP2、TP3、TP4 的电位	正确测量并记录数据，并保留三位有效数字
5	记录电流测量值	按照表 C2-1-3，用数字万用表正确测量继电器吸合与断开时，测量电源回路中的电流值	正确测量并记录数据，并保留 3 位有效数字
6	记录测量波形	按照表 C2-1-4，将实测相关波形正确记录并参数计算	正确测量并记录波形，参数读取与计算正确

（四）操作记录

【操作记录 1】

用数字万用表正确测量风扇不同工作状态下测试点 TP1、TP2、TP3、TP4 的电位。记录测量值于表 C2-1-2 中，数据保留三位有效数字。

表 C2-1-2　记录表 1

测试要求	TP1	TP2	TP3	TP4
风扇运转时				
风扇停转时				

【操作记录 2】

用数字万用表正确测量继电器吸合与断开时，电源回路中的电流值。记录电流测量值于表 C2-1-3 中，数据保留三位有效数字。

表 C2-1-3　记录表 2

测试要求	继电器吸合时	继电器断开时
测量电源回路中的电流		

【操作记录 3】

利用仪器检测测试点 TP6 的信号，绘出波形及相关参数，填入表 C2-1-4 中。

（五）问题情境

【问题情境 1】

设定预置温度时无法精准调节到设定温度，该怎么办？

表 C2-1-4　记录表 3

TP6：记录示波器波形	示波器	
	幅度档位： 峰峰值：	时间档位： 周期读数： 频率读数：

解决途径：设定预置温度，要同时调节电位器 *RP*41、*RP*42 并注意配合，需要一定的耐心，调节时要缓慢。如果一个电位器调节过头，就要适当回调，再调另一个电位器，如此反复，直到调节准确为止。

【问题情境 2】

在电路调试时，发现风扇能够正常起停，但是数码管不显示实时温度，不知是何问题？

解决途径：风扇能够正常起停，说明电路温度控制正常，不能显示实时温度，请检查跨线器 J3 是否位置正确。

（六）学习结果评价

序号	评价内容	评价标准	评价结果（是/否）
1	能在规定的测试条件下，对温度控制自动调节电路进行通电调试	正确通电，设定温度，实现自动温控功能	
2	会用万用表、示波器测量电路中的有关参数及波形	正确测量相关参数并使用示波器观察波形	
3	能自行解决调试过程中出现的问题	独立分析、思考问题，解决调试过程中的问题	
4	能正确记录实测数据及波形	正确记录实测波形并计算数据	

五、课后作业

【作业 1】

图 C2-1-3 中第二级运放构成了什么功能类型的电路？

【作业 2】

如果 TP3 输出为高电平而风扇仍然不转，则应如何调整电路？

【作业 3】

如果 RT_{41} PTC 陶瓷发热电阻一直无风扇降温，会导致什么后果？

【作业 4】

电路中二极管 VD_{43}起什么作用？

【作业 5】

请利用 LM358B 设计一款过零探测器，追踪正弦波形的变化，比如从正到负或从负到正的过零点电压的情况。

学习任务C-3

声光控楼道灯电路装调

职业能力 C-3-1　能正确装接声光控楼道灯电路

一、核心概念

声光控楼道灯电路装接的核心概念如图 C3-1-1 所示。

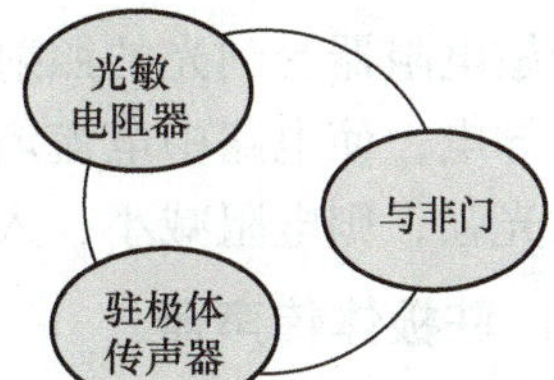

图 C3-1-1　声光控楼道灯电路装接的核心概念

二、学习目标

1. 能准确识读电路中所用的元器件。
2. 能合理在电路板上进行元器件布局，合理整形元器件，并能按照工艺规范安装元器件。
3. 能按照工艺要求正确完成元器件焊接。
4. 能正确连接和开启电源，遵守规范流程，完成电路功能的调试。
5. 养成独立分析、思考、解决问题的思维习惯，提高团结互助合作的能力。

三、基本知识

声光控楼道灯电路是利用声波作为控制源的新型智能开关，它避免了烦琐的人工开关灯操作，同时具有自动延时熄灭功能，更加节能，且无机械触点、寿命长，广泛应用于各种建筑的楼梯过道、走廊等公共场所。

声光控楼道灯电路中通常采用光敏电阻器作为感光元件，采用驻极体传声器拾取声音，通过由与非门组成的电路进行信号波形整形，驱动电子开关实现智能控制。声光控延时楼道灯实物如图 C3-1-2 所示。

（一）光敏电阻器

光敏电阻器又称光导管，是利用半导体的光电效应制成的一种电阻值随入射光的强弱而改变的电阻器，一般用于光的测量、控制和光电转换（将光的变化转换为电的变化）。光敏电阻器的外形与电路图形符号如图 C3-1-3 所示，其电路文字符号为 RL，有时也用 R 或 RG 表示。

【结构与工作原理】

通常，光敏电阻器为薄片结构，以便吸收更多的光能，如图 C3-1-4 所示，由光敏层、玻璃基片（或树脂防潮膜）和电极等组成。

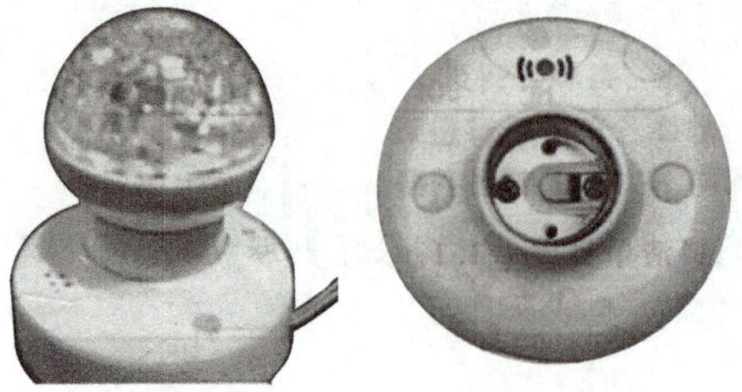

图 C3-1-2　声光控延时楼道灯实物

图 C3-1-3　光敏电阻器的外形与电路图形符号

当光敏电阻器受到光的照射时，半导体片（光敏层）内的光敏材料就激发出电子-空穴对，参与导电，使电路中电流增强。为了获得高的灵敏度，光敏电阻器的电极常采用梳状图案，入射光强，则电阻减小，入射光弱，则电阻增大。

（二）驻极体传声器

驻极体传声器（俗称驻极体话筒）具有体积小、结构简单、电声性能好、价格低的特点，广泛用于盒式录音机、无线传声器及声控电路等产品中，属于最常用的电容类传声器。由于其输入和输出阻抗很高，所以要在外壳内设置一个场效应晶体管作为阻抗转换器，工作电源可使用直流工作电压。驻极体传声器外形如图 C3-1-5 所示。

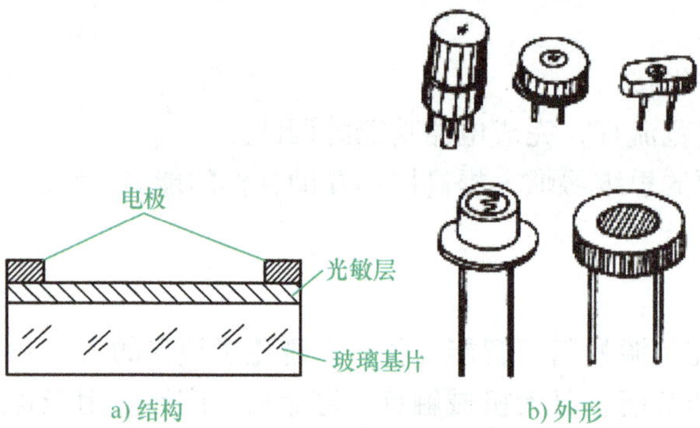

图 C3-1-4　光敏电阻器的结构

图 C3-1-5　驻极体传声器

【结构与工作原理】

驻极体传声器由声电转换和阻抗变换两部分组成，其内部结构如图 C3-1-6 所示。

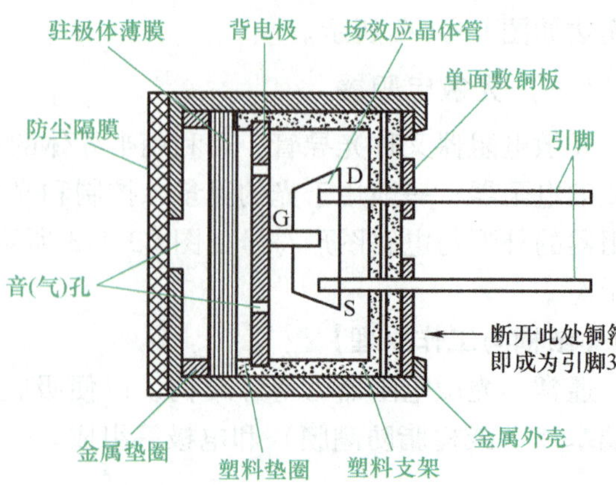

图 C3-1-6　驻极体传声器的内部结构

驻极体振动膜由一片单面涂有金属的驻极体薄膜与一个上面有若干小孔的金属电极（被称为背电极）构成。两者相对，构成一个以空气隙和驻极体作为绝缘介质，以背电极和驻极体上的金属层作为两个电极的平板电容器。该平板电容器的两极之间有输出电极。

由于驻极体薄膜上分布有自由电荷。当声波引起驻极体薄膜振动而产生位移时，电容器两极板之间的距离被改变，从而引起电容量发生变化，由于驻极体上的电荷数始终保持恒定，根据：$Q=CU$，可知，当 C 变化时必然引起电容器两端电压 U 的变化，从而输出电信号，实现声-电的变换。

驻极体传声器电容器的电容量很小，输出的电信号极为微弱，输出阻抗极高，可达数百兆欧以上。它不能直接与放大电路相连接，必须连接阻抗变换器。阻抗变换器通常由一个专用的场效应晶体管和一个二极管复合组成。驻极体传声器的内部电气原理如图 C3-1-7 所示。

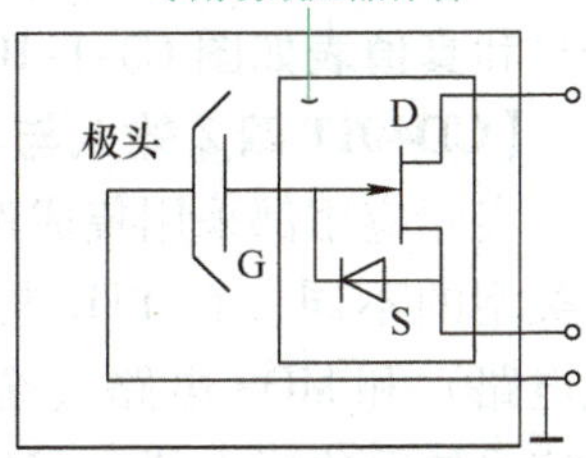

图 C3-1-7　驻极体传声器的内部电气原理

电容器的两个电极接在栅源极之间，电容器两端电压即为栅源极偏置电压 U_{GS}。U_{GS}变化时，会引起场效应晶体管的源漏极之间的电流 I_{dc}变化，从而实现阻抗变换。

【正确使用】

驻极体传声器按引出端的不同可分为两端式和三端式两种。无论何种接法，驻极体传声器必须满足一定的偏置条件，即保证内置场效应晶体管始终处于放大状态才能正常工作。

两端式是将场效应晶体管接成漏极输出电路，类似晶体管的共发射极放大电路。这种方式只需两个引脚，漏极 D 与电源正极之间接一漏极电阻器 R，信号由漏极经一隔直电容器 C 输出，如图 C3-1-8 所示。这种接法有一定的电压增益，传声器的灵敏度比较高，但动态范围比较小。

三端式是将场效应晶体管接成源极输出电路，类似晶体管的射极输出电路，这种方式需要用三个引脚。漏极 D 接电源正极，源极 S 与地之间接一电阻器 R 来提供源极电压，信号由源极经电容器 C 输出，如图 C3-1-9 所示。这种接法源极输出的输出阻抗小于 2kΩ，电路比较稳定，动态范围大，但输出信号比两端式小。

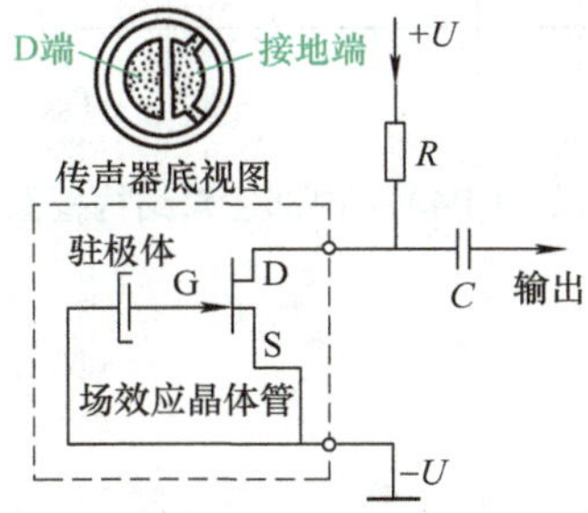

图 C3-1-8　两端式驻极体传声器的接线方法

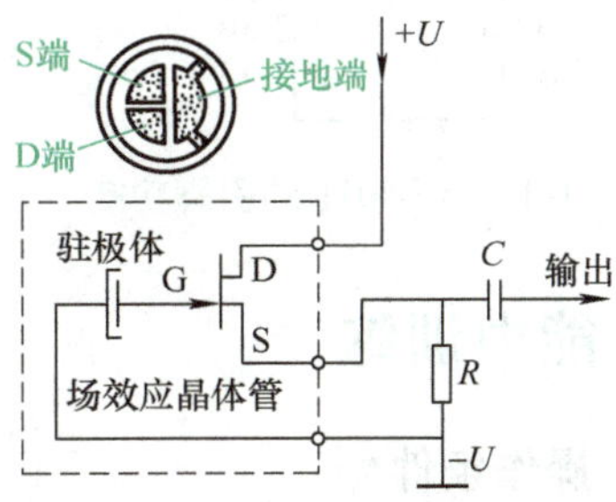

图 C3-1-9　三端式驻极体传声器的接线方法

【极性判别】

驻极体传声器的检测方法：首先检查引脚有无断线情况，然后检测驻极体传声器。驻极体传声器内场效应晶体管的栅极与源极之间接有一个二极管，因而可利用二极管的正反向电阻特性来判别驻极体传声器的漏极 D 和源极 S。

将万用表置于 $R\times1k\Omega$ 挡，黑表笔接任一极，红表笔接另一极，进行测量；再对调两表笔进行测量，比较两次测量结果。阻值较小时，黑表笔接的是源极，红表笔接的是漏极。

（三）CD4011 与非门

【门电路简介】

基本逻辑门电路有三种：与门、或门、非门。但在实际应用中，经常把这三种基本门电路复合起来，做成复合门电路，最常用的有与非门、或非门。与非门、或非门的构成、逻辑符号和真值表如图 C3-1-10 所示。

【CD4011 四 2 输入与非门】

实际应用都采用集成逻辑门电路。按其导电类型的不同，有 TTL 电路（双极型数字集成电路）和 MOS 电路（金属氧化物半导体场效应晶体管集成电路）。MOS 电路按所使用的场效应晶体管的不同有 PMOS 电路、NMOS 电路和 CMOS 电路，目前用得较多的是 CMOS 电路。

CD4011 为 CMOS 四 2 输入与非门集成逻辑门电路，其引脚功能如图 C3-1-11 所示。它的内部有四个二输入端的与非门，A、B 为输入端；Y 为输出端；V_{DD}、V_{SS}为电源端。对应的内部逻辑结构框图如图 C3-1-12 所示。

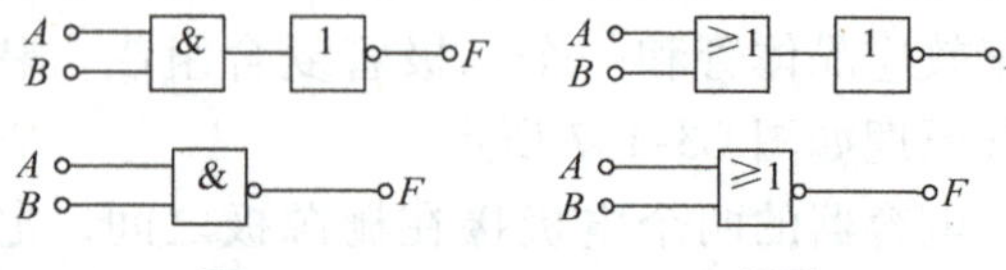

$F=\overline{AB}$　　　　$F=\overline{A+B}$

A	B	F
0	0	1
0	1	1
1	0	1
1	1	0

a) 与非门

A	B	F
0	0	1
0	1	0
1	0	0
1	1	0

b) 或非门

图 C3-1-10　与非门、或非门的构成、逻辑符号和真值表

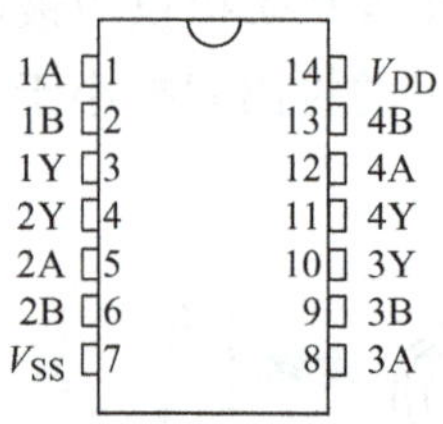

图 C3-1-11　CD4011 的引脚功能

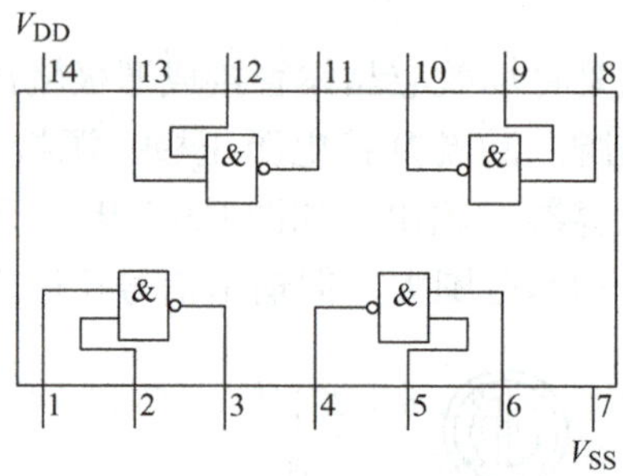

图 C3-1-12　CD4011 内部逻辑结构框图

四、能力训练

（一）操作条件

所需设备			
		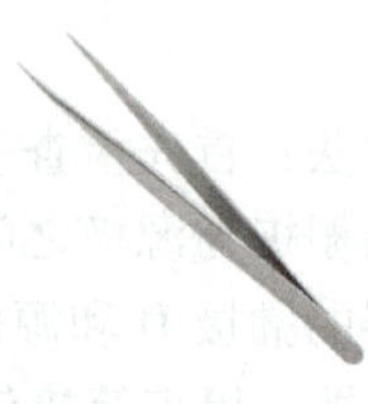	
电烙铁（一把）	钎料（锡丝，若干）	镊子（一把）	数字万用表（一台）

电路元器件清单见表 C3-1-1。

表 C3-1-1 声光控楼道灯电路元器件清单

序号	名称	型号/规格	单位	数量	位号
1	PCB	长度×宽度：95mm×75mm 厚度：1.6mm 双面板，绿漆白字	张	1	
2	插件电阻器	AXIAL0.4L-3.9kΩ-1/4W	只	1	R1
3	插件电阻器	AXIAL0.4L-100kΩ-1/4W	只	1	R2
4	插件电阻器	AXIAL0.4L-22kΩ-1/4W	只	1	R3
5	插件电阻器	AXIAL0.4L-1MΩ-1/4W	只	2	R4、R8
6	插件电阻器	AXIAL0.4L-10kΩ-1/4W	只	1	R5
7	插件电阻器	AXIAL0.4L-10MΩ-1/4W	只	1	R6
8	插件电阻器	AXIAL0.4L-10kΩ-1/4W	只	1	R7
9	插件电容器	直插式，100nF，精度为±20%，耐压值为50V，脚距为2.5mm	只	1	C2
10	电解电容器	50V/470μF，体积为10mm×20mm	只	1	C1
11	电解电容器	16V/10μF，体积为5mm×11mm	只	1	C3
12	电位器	3296W，100kΩ，可调精密多圈	只	1	RP1
13	电位器	3296W，1MΩ，可调精密多圈	只	1	RP2
14	电位器	3296W，22kΩ，可调精密多圈	只	1	RP3
15	开关二极管	1N4148，直插式，DO-35	只	2	D1、D2
16	稳压二极管	1N4735A，玻璃管，1W，6.2V，DO-41	只	1	D3
17	插件晶体管	9014，封装TO-92	只	1	T2
18	插件光敏电阻器	GL5626D，5mm，亮阻为5~10kΩ，暗阻大于150kΩ	只	1	RG
19	驻极体传声器	CZN-15E	只	1	BM
20	单向晶闸管	BT151，12A/650	只	1	T1
21	整流桥堆	2W10，圆桥，2A/1000V	个	1	VD
22	IC 芯片	CD4011BE，CMOS 四路 2 输入与非门，直插 DIP14	个	1	U1
23	IC 插座	直插 IC 插座，DIP-14P，芯片座 2×7	个	1	U1
24	电阻丝式灯泡	E10，24V/1.5W，螺口	个	1	L
25	长脚小灯座	E10，安装孔为10mm，两耳	个	1	L
26	两针插座插头	接线端子 HT5.08-2P，直针，间距为5.08mm，拔插式	套	1	J1
27	直插插针	单排针，间距为2.54mm	个	9	TP0~TP8
28	六角单头尼龙螺柱	M3，M3×12+6	个	4	
29	六角尼龙螺母	M3	个	4	R1

（二）安全及注意事项

1. 正确使用与放置电烙铁，避免干烧或烫坏其他物品。
2. 安全、规范地操作并调试电路，注意人身安全。
3. 增强环保意识，注意节约耗材，避免浪费。
4. 正确使用仪器仪表，爱护仪器仪表。

（三）操作过程

装调声光控楼道灯电路的操作过程见表 C3-1-2。

表 C3-1-2　装调声光控楼道灯电路的操作过程

序号	步骤	操作方法及说明	质量标准
1	PCB 预处理	检查 PCB 正反面，对铜箔氧化层进行清洁、去氧化	PCB 无划伤处，整体清洁无污物，铜箔焊盘平整、光亮
2	元器件清点与检测	对照元器件清单，检查电路所需的元器件，并检测质量	元器件与清单一致，质量良好
3	元器件整形	对照 PCB 上元器件的安装位置与尺寸，对元器件进行合适的整形	元器件引脚及成形符合工艺要求
4	元器件安装	对照 PCB 元器件安装面（见图 C3-1-13），正确安装元器件	元器件字标方向一致，有极性的元器件要保证插装方向正确，同类元器件安装高度一致
5	元器件焊接	对照 PCB 底层（见图 C3-1-14），正确焊接元器件并符合焊接工艺要求	所焊接的元器件的焊点适中，无漏焊、假焊、虚焊、连焊，焊点光滑、圆润、干净、无毛刺，焊点大小基本一致
6	通电测试	完成安装后，接上 15V 交流电源	通电，灯即亮
7	自评与互评	对照表 C3-1-3 进行自评与互评，并记录	科学严谨、实事求是地填写评分表

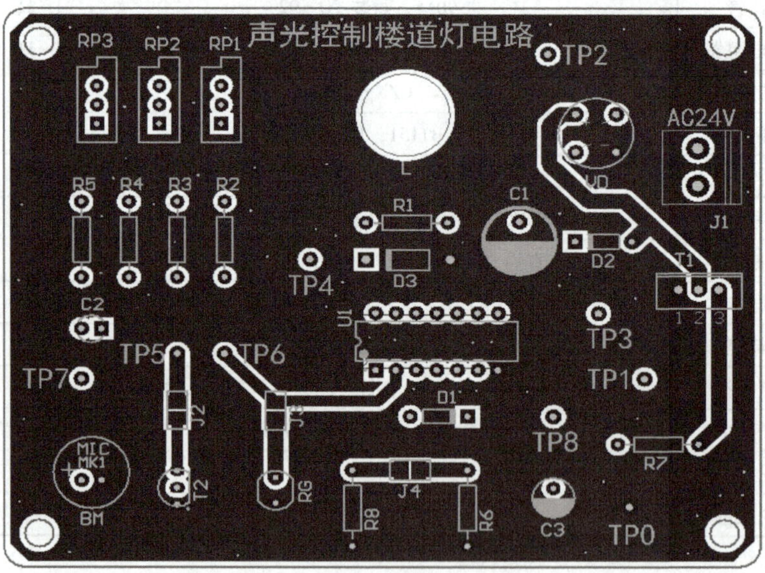

图 C3-1-13　元器件安装面

（四）操作记录

【操作记录】

对照自评与互评表，严谨量分，进行自评与互评，填入表 C3-1-3。

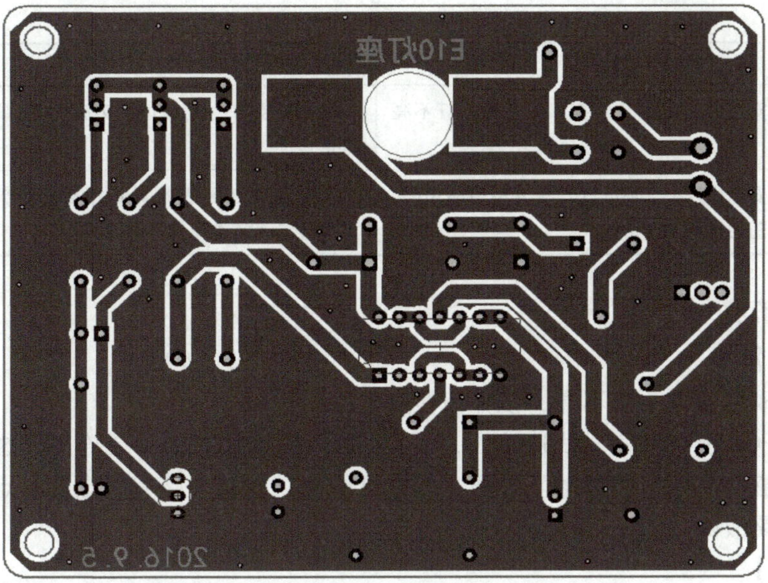

图 C3-1-14　PCB 底层

声光楼道灯装调

表 C3-1-3　自评与互评表

<table>
<tr><th>序号</th><th>配分</th><th>评分细则</th><th>规定</th><th>自评</th><th>互评</th></tr>
<tr><td>1</td><td>10</td><td>将电路中全部针插式元器件安装在 PCB 上，要求位置正确、无遗漏。位置不正确、有遗漏扣 5 分/处，扣完为止</td><td>要求所有元器件安装位置正确，无漏装</td><td></td><td></td></tr>
<tr><td>2</td><td>2</td><td>对元器件引脚进行加工，尺寸及成形要符合工艺要求。元器件引脚及成形不符合工艺要求扣 2 分</td><td>要求元器件引脚及成形符合工艺要求，同类元器件安装高度一致</td><td></td><td></td></tr>
<tr><td>3</td><td>2</td><td>元器件字标方向应符合工艺要求。字标方向不符合工艺要求扣 2 分</td><td>要求字标方向一致</td><td></td><td></td></tr>
<tr><td>4</td><td>8</td><td>对有极性的元器件插装，要求极性方向正确。元器件极性装错扣 4 分/处，扣完为止</td><td>二极管、稳压二极管、电解电容器、晶体管、晶闸管等元器件极性方向正确</td><td></td><td></td></tr>
<tr><td rowspan="4">5</td><td rowspan="4">10</td><td>所焊接的元器件的焊点适中，无漏焊、假焊、虚焊、连焊，焊点光滑、圆润、干净、无毛刺，焊点大小基本一致，没有歪焊，给 10 分</td><td rowspan="4">要求焊点适中，无漏焊、假焊、虚焊、连焊，焊点光滑、圆润、干净、无毛刺，焊点基本一致</td><td></td><td></td></tr>
<tr><td>所焊接的元器件的焊点适中，无漏焊、假焊、虚焊、连焊，但个别（一两个）元器件有下述现象：有毛刺、不光亮，或出现歪焊，扣 2 分</td><td></td><td></td></tr>
<tr><td>3～5 个元器件有漏焊、假焊、虚焊、连焊，或有毛刺、不光亮、歪焊，扣 6 分</td><td></td><td></td></tr>
<tr><td>有严重（超过 6 个元器件）漏焊、假焊、虚焊、连焊，或有毛刺、不光亮、歪焊，扣 8 分</td><td></td><td></td></tr>
</table>

（续）

序号	配分	评分细则	规定	自评	互评
6	5	完成安装并通电后，灯亮，给4分，灯不亮扣4分	完成安装后，接上15V交流电源，灯即亮		
7	3	注意安全生产，文明操作。未穿戴劳防用品、电烙铁随便乱放扣1分	应具备良好的职业素养，安全生产、文明操作；穿戴好劳防用品		

（五）问题情境

【问题情境1】

电路装接完成后通电，灯不亮，该如何检查电路？

解决途径：PCB上有三个导线连接处J1、J2、J3，还未调试前不要连接，这样可以保证晶闸管门极有足够的高电平得以触发导通，通电灯即亮；检查电路有无虚焊的点或有无损坏的元器件导致电路故障。

【问题情境2】

电路装接时遇到焊点焊接性能不好，多次焊接还是焊点不牢固，该如何处理？

解决途径：焊点的焊接性能不好，可能是由于多次加热不到位导致焊盘被氧化而影响焊接性能，这时不能反复加热，会导致焊盘铜箔翘起断裂，应等其彻底冷却后用砂纸打磨，去除氧化层后再进行焊接。

【问题情境3】

电路装接时不小心将CD4011四2输入与非门的引脚弄断，不能再用了，而且没有新的CD4011可用，该如何处理？

解决途径：若没有备用的CD4011，可寻找逻辑功能相同的集成门电路来代替，如可用74LS00代替CD4011。

（六）学习结果评价

序号	评价内容	评价标准	评价结果（是/否）
1	能准确识读电路中所用的元器件	对照元器件清单，完成元器件清点与检测	
2	合理整形元器件引脚，按照工艺规范要求，在PCB元器件安装面正确安装和焊接好元器件	正确安装元器件并使之符合工艺要求	
3	能按工艺要求完成元器件安装与焊接	焊点符合焊接工艺要求	
4	连接并接通电源，并进行初步检查	连接并接通电源，电路正常工作	

五、课后作业

【作业1】

已知与非门的输入端A、B的波形，试在图C3-1-15中画出与非门的输出波形。

【作业 2】

试对图 C3-1-16 中的与非门进行适当的引脚处理，使其具有非门的逻辑功能。

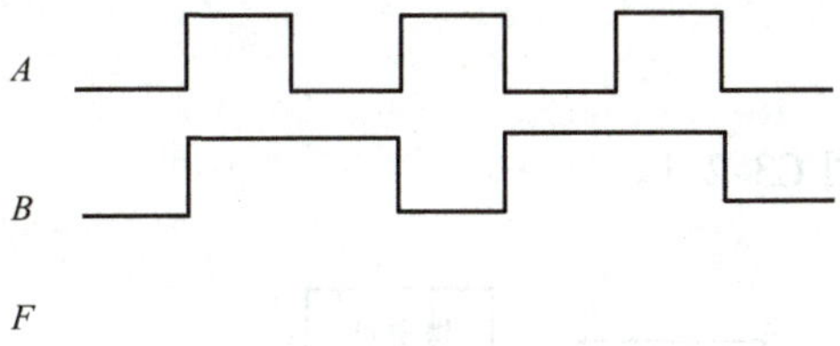

图 C3-1-15

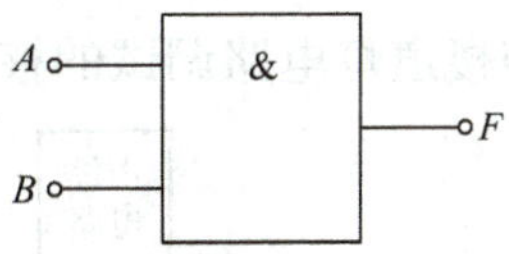

图 C3-1-16

【作业 3】

将 CD4011 组装成一个与门电路，并画出电路图。

职业能力 C-3-2　能正确调试声光控楼道灯电路

一、核心概念

声光控楼道灯电路调试的核心概念如图 C3-2-1。

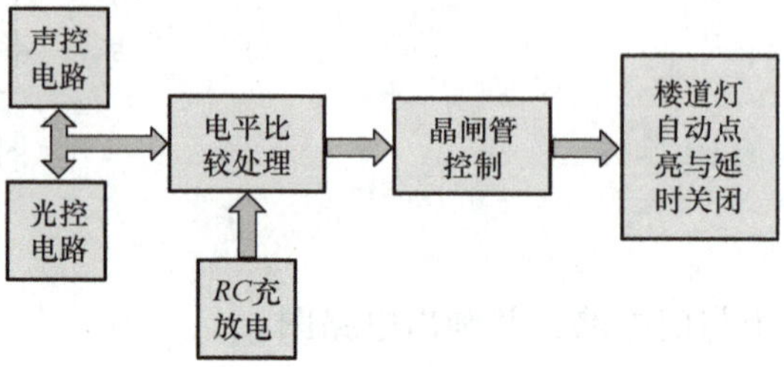

图 C3-2-1　调试声光控楼道灯电路调试的核心概念

二、学习目标

1. 能对声光控楼道灯电路进行通电调试，检测其基本功能。
2. 能通过单元电路调试与整体调试，完成电路功能的调试与测量。
3. 熟练使用万用表、示波器测量电路中的有关参数及信号波形。
4. 能自行解决调试过程中出现的问题。
5. 养成独立分析、思考、解决问题的思维习惯，提高团结互助的合作能力。

三、基本知识

（一）声光控楼道灯电路的组成

声光控楼道灯电路原理图如图 C3-2-2 所示。

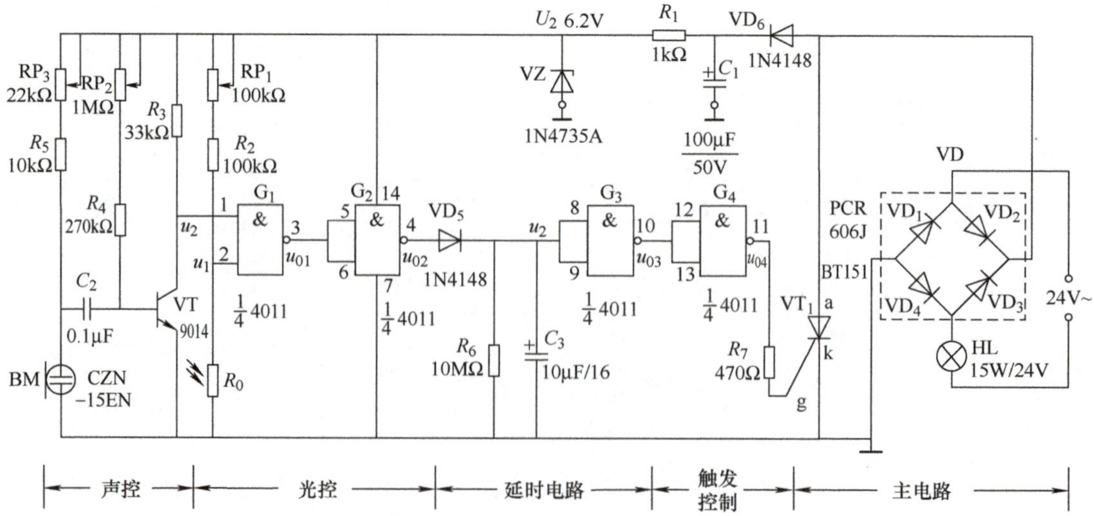

图 C3-2-2　声光控楼道灯电路原理图

本电路大致可分为主电路与控制电路两大部分。主电路由桥式整流电路 $VD_1 \sim VD_4$ 与 24V 交流照明灯组成，同时整流后的电压经滤波（C_1）、稳压（VZ、R_1）为控制电路提供直流电源。控制电路由拾音放大电路、感光电路、检波与整形电路、延时控制电子开关电路等组成。具体框图如图 C3-2-3 所示。

【拾音放大电路】

拾音放大电路由电位器 RP_3、电阻器 R_5 与驻极体传声器 BM 组成。BM 把声音信号转化为音频电信号。由于音频电信号很小，不能满足后端检波电路的需要，所以经耦合电容器 C_2，以及由晶体管 VT 与电阻器 R_3、R_4 和电位器 RP_2 组成的放大电路实现音频信号放大，放大后的音频信号被送入与非门 G_1 的输入端 1。调节电路中的电位器 RP_2、RP_3，可调节声控的灵敏度。

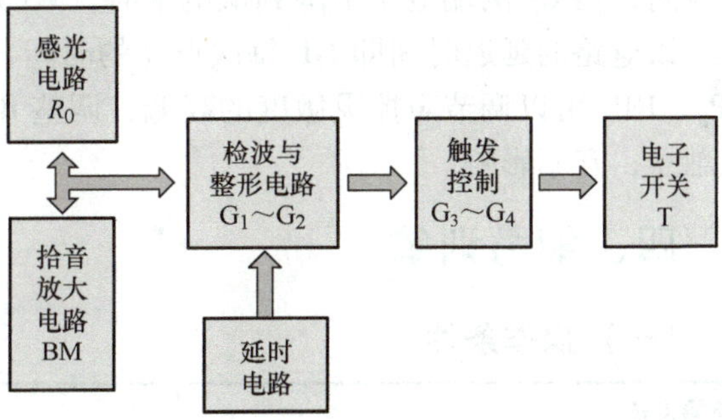

图 C3-2-3　声光控楼道灯电路组成框图

【感光电路】

感光电路由电位器 RP_1 与电阻器 R_2、光敏电阻器 R_0 组成。R_0 在白天有光照时电阻值非常小，可视为对地短路，使 G_1 的输入端 2 为低电平；晚上无光照时，R_0 的电阻值很大，达到兆欧级以上，相当于开路，使 G_1 的输入端 2 为高电平。

【检波与整形电路】

音频信号是交流信号，不能用交流信号控制晶闸管，需要转换为正向直流电压信号，电路中与非门 G_1、G_2 组成了检波与整形电路。

【延时控制电路】

延时控制电路由二极管 VD_5、电阻器 R_6、电容器 C_3 组成。当检波输出的信号为高电平时，C_3 充电，充电后得到的直流电压就形成晶闸管导通控制电压。C_3 通过 R_6 放电，放电时间就是延时时间，放电时间常数 $\tau = R_6 \cdot C_3$。R_6 的电阻值越大，延时时间越长。

【缓冲触发控制电路】

与非门 G_2 的输出电平经 G_3、G_4 两个非门反向缓冲后产生触发电压信号，该信号经电阻 R_7 加到晶闸管门极，控制晶闸管导通。

【电子开关】

电路中晶闸管担负着电子开关的作用，其通断受到门极电压信号的控制。

（二）声光控楼道灯电路的工作原理

24V 交流电通过灯泡流向 VD_1，经整流、C_1 滤波，R_1 限流，VZ 稳压后输出直流电，为控制电路供电。

当光线照射到 R_0 上时，其电阻值变得很小，使与非门 2 脚为低电平，3 脚被锁定为高电平，与 1 脚的输入电平高低无关，所以电路封锁了声音通道，使声音信号不能通过。这时，11 脚输出低电平，晶闸管 VS 无触发信号不导通，灯不亮。

R_0 无光照时呈高阻，使与非门 2 脚变成高电平，3 脚的的输出状态受 1 脚输入电平控制。没有声音信号时，晶体管 VT 工作在饱和状态，1 脚为低电平。当 BM 接收到声音信号时，该信号经 VT 放大，VT 由饱和进入放大状态，VT 的集电极由低电平转变成高电平并送至与非门 1 脚，4 脚输出高电平并对 C_3 充电，因充电时间常数很小，很快转为高电平，使 11 脚输出高电平，通过 R_7 触发 VS 导通，HL 被点亮。声音消失后，4 脚输出低电平，因 VD_5 的阻断作用，C_3 只能通过 R_6 缓慢放电，8、9 脚仍保持高电平，HL 维持发亮。经过一段时间，当 C_3 两端电压下降到低电平时，VS 无触发信号而关断，HL 熄灭。

该电路的延迟时间即 HL 每次点亮的时间，主要由 R_6 和 C_3 的放电时间常数决定。调整 RP_3、RP_2 可以调节声控灵敏度的高低，调整 RP_1 的电阻值可以改变光控灵敏度，调整均相互独立，互不影响。

四、能力训练

（一）操作条件

所需设备	

数字万用表（一台）	示波器（一台）
	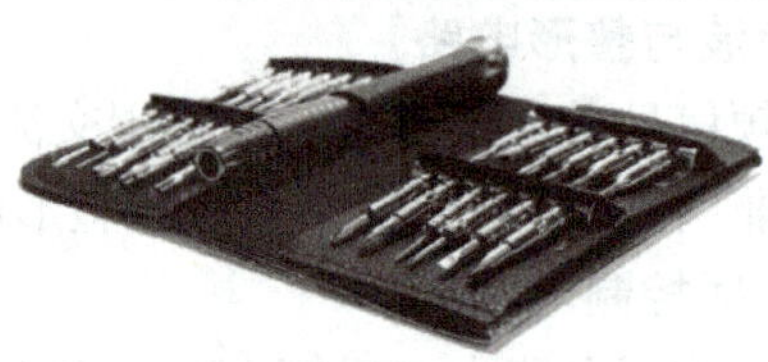
声光控楼道灯电路板（一块）	电子调试用螺钉旋具（一套）

（二）安全及注意事项

1. 正确使用与放置电烙铁，避免干烧或烫坏其他物品。
2. 安全、规范地操作并调试电路，注意人身安全。
3. 增强环保意识，注意节约耗材，避免浪费。
4. 正确使用仪器仪表，爱护仪器仪表。

（三）操作过程

调试声光控楼道灯电路的操作过程见表 C3-2-1。

表 C3-2-1 调试声光控楼道灯电路的操作过程

序号	步骤	操作方法及说明	质量标准
1	电路基本功能检测	连接并接通电源，在光敏电阻器 R_0 受自然光照射的情况下，观察有声响和无声响两种情况下灯的状态；用黑胶布封住 R_0，观察有声响和无声响两种情况下灯的状态	电路功能正常：有光照时，不管有无声响灯都不亮；无光照时，有声响灯亮且延时数秒后自动熄灭

（续）

序号	步骤	操作方法及说明	质量标准
2	光控电路的电压测定	接上电源后，在 R_0 受自然光照射的情况下，用万用表测量 R_0 的电压降；然后用黑胶布封住 R_0，再次测量 R_0 的电压降，并记录于表 C3-2-2	有光照时，U_{R_0} 为低电平，无光照时为高电平，将实测结果记录于表中
3	声控电路静态调试	在光敏电阻受光状态下：将 BM 短接，调节 RP_2 使 1 脚的电压约为 0.1V，记录 VT_2 的静态电位及其工作状态；断开 BM 的线短接线，在无声状态下调节 RP_3，使 BM 上的电压为 0.5 ~ 0.7V，并记录于表 C3-2-3	正确记录 VT_2 的静态电位 V_C、V_B、V_E 于表中
4	整体电路调试测定	按照表 C3-2-4 中规定的测试条件，依次测量相关各点的数据	正确测量并记录数据
5	电路波形记录	按照表 C3-2-5 的要求，分别用示波器观察灯不亮和亮时，灯两端的电压波形	正确使用示波器测量相关各点的电压波形并记录
6	师生自评与互评	对照表 C3-2-6，进行师生自评与互评，并记录	科学严谨、实事求是地填写自评与互评表

（四）操作记录

【操作记录 1】

接上电源后，在 R_0 受自然光照射时，用万用表测量 R_0 的电压降；然后用黑胶布封住 R_0，再次测量 R_0 的电压降。有光照时，U_{R_0} 为低电平，无光照时为高电平，将实测结果记录于表 C3-2-2。若达不到上述要求，可调节电位器 RP。

【操作记录 2】

在 RL 受光装态下：将 BM 短接，调节 RP_2 使 1 脚电压约为 0.1V，记录 VT_2 的静态电位及其工作状态；断开 BM 短接线，在无声静态时，调节 RP_3，使 BM 上的电压为 0.5 ~ 0.7V。

表 C3-2-2　光控电路电压测定记录表

状态	U_{R_0}
有光照	
无光照	

表 C3-2-3　静态调试记录表

V_C	V_B	V_E	VT_2 的工作状态

【操作记录 3】

用数字万用表正确测量风扇不同工作状态下，相关各点的值。记录测量值于表 C3-2-4 中，数据保留三位有效数字。

表 C3-2-4　整体电路调试测定记录表

序号	工作条件和测试点	各端电压测试值/V							
		$U_{1脚}$	$U_{2脚}$	U_{01}	U_{02}	$U_{8脚}$	U_{03}	U_{04}	灯状态
1	RL 受光、有声响								
2	RL 受光、无声响								
3	RL 遮光、有声响								
4	RL 遮光、无声响								

注：$U_{1脚}$、U_{01}、U_{02}用示波器观察，其他测量点的电压用万用表测量。

【操作记录 4】

用示波器分别观察灯不亮和亮时灯两端的电压波形，并记录于表 C3-2-5。

表 C3-2-5　电压波形记录表

接通电源且灯不亮时示波器的波形（2 分）	示波器	
	幅度档位： 电压峰峰值：	时间档位： 周期读数：
接通电源且灯亮时示波器的波形（2 分）	**示波器**	
	幅度档位： 电压峰峰值：	时间档位： 周期读数：

【操作记录 5】

对照自评与互评表，严谨量分，进行自评与互评，填入表 C3-2-6。

表 C3-2-6 自评与互评表

编号	配分	评分细则描述	规定或标称值	得分
1	3	功能完全正确给 3 分，每错一处扣 1 分	有光照，不管有无声响灯都不亮；无光照无声响灯不亮	
2	4	有光照时，U_{R_0}在 0.5V 左右；无光照时，在 4.5V 以上。扣 1 分 1 处	无光照有声响灯亮，且延时数秒后熄灭	
3	4	记录的 VT_2 静态电位与工作状态完全正确给 4 分，扣 1 分 1 处	有光照时 u_{RL} 为低电平，无光照时为高电平	
4	16	正确选择测量方法、测量值给 1 分/处，测量方法或测量值不正确扣 1 分/处	通过调整相关元器件参数，使 VT_2 静态时工作在饱和区，用万用表测量 VT_2 静态电位	
5	13	波形图与示波器的 V/DIV、T/DIV 选择档位完全符合给 2 分，画错不给分；写出电压峰峰值给 1 分，写错不给分；写出周期给 1 分，写错不给分	仪器仪表使用方法正确，读数正确，测量条件符合考核要求	
6	否决项		未经允许擅自通电，造成调试板损坏者，该项目记为 0 分	

（五）问题情境

【问题情境 1】

调试电路时，发现光控电路不起作用，是何原因？

解决途径：首先调节电位器 RP_1，使光照下电压 U_{R_0} 为低电平（约为 0.5V），遮光时 U_{R_0}为高电平（约为 4.5V）。若做不到，则检查 RL 是否开路或 RP_1 是否损坏。

【问题情境 2】

调试电路的声控功能时，受到旁边同学发出的击掌声干扰，影响数据测量。是否有更好的办法，避免相互之间的声音干扰？

解决途径：可通过对准传声器吹气取代击掌声的办法，避免同学间测试时的相互干扰。

（六）学习结果评价

序号	评价内容	评价标准	评价结果（是/否）
1	能对声光控楼道灯电路进行通电调试，检测基本功能	会正确调试电路，使电路正常工作	
2	能通过单元调试与整体调试，完成电路功能的调试与测量	调试步骤有序、规范	
3	会用万用表、示波器测量电路中的有关参数及波形	读懂测试记录表，完成相关参数测量并正确记录	
4	能自行解决调试过程中出现的问题	独立分析、思考问题，解决调试过程中出现的问题	

五、课后作业

【作业1】

声光控楼道灯电路由哪几个部分组成？各部分有何作用？

【作业2】

电路中二极管 VD_5 起什么作用？

【作业3】

电路中电容器 C_2 起隔直通交作用，如果去掉它会有什么影响？

【作业4】

在开启电源后，灯不亮的状态下，灯是否有电流通过？它起什么作用？

【作业5】

某小区楼道灯电路如图 C3-2-2 所示，夜晚声音小时白炽灯不亮，当声音很大时灯才亮，如何解决？

【作业6】

某小区楼道灯电路如图 C3-2-2 所示，白炽灯点亮时间较短，如何延长点亮的时间？

学习任务C-4

行走机器人电路装调

职业能力 C-4-1　能正确装接行走机器人电路

一、核心概念

行走机器人电路装接的核心概念如图 C4-1-1 所示。

图 C4-1-1　行走机器人电路装接的核心概念

二、学习目标

1. 能快速识别电路中所用的元器件。
2. 能在电路板上合理地进行元器件整形，并能按照工艺规范安装元器件。
3. 能按照工艺要求正确完成元器件焊接。
4. 能正确连接和开启电源，遵循规范流程，完成电路基本功能的检测。
5. 养成独立分析、思考、解决问题的思维习惯，提高团结互助的合作能力。

三、基本知识

可以自由前进、后退，甚至发声、眼睛闪光的行走机器人，深受大家喜爱，如图 C4-1-2 所示。

在行走机器人电路中，通常采用 555 定时器来产生正、反转控制信号，该控制信号经过 H 桥驱动电路控制直流电动机的正、反转，使机器人能够实现前进、后退等功能。

（一）555 定时器

集成 555 定时器是一种多用途的数字-模拟混合集成电路，用它能方便地构成多谐振荡器、单稳态触发器和施密特触发器等。采用 DIP8 封装的 555 芯片实物及引脚功能如图 C4-1-3 所示。

图 C4-1-2　行走机器人

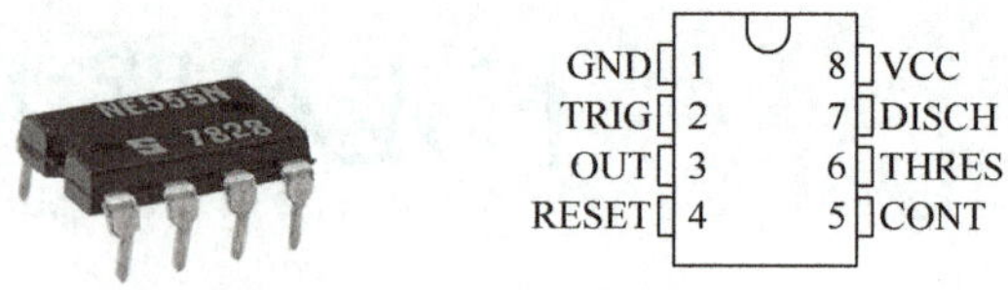

a) 实物　　b) 引脚功能

图 C4-1-3　555 芯片实物及引脚功能

【引脚功能】

555 定时器的引脚功能见表 C4-1-1。

表 C4-1-1　555 定时器的引脚功能

引脚	名称	功能
1	GND（接地端）	接地
2	TRIG（触发端）	当此引脚电压降至 U_{CC}（或由控制端决定的阈值电压）时，输出端给出高电平
3	OUT（输出端）	输出高电平（$+U_{CC}$）或低电平
4	RESET（复位端）	当此引脚接高电平时，定时器工作；当此引脚接地时，芯片复位，输出低电平
5	CONT（控制端）	控制芯片的阈值电压（当此引脚接空时默认两阈值电压为$\frac{1}{3}U_{CC}$与$\frac{2}{3}U_{CC}$
6	THRES（阈值端）	当此引脚电压升至$\frac{2}{3}U_{CC}$（或由控制端决定的阈值电压）时输出端给出低电平
7	DISCH（放电端）	内接放电晶体管构成的 OC 门电路，当触发器 $\overline{Q}$ 端为“1”时，放电管 T 导通，外接电容元件通过 T 放电
8	VCC（接电源端）	提供高电平并给芯片供电

【控制功能】

555 定时器的控制功能见表 C4-1-2。

表 C4-1-2　555 定时器的控制功能

输入			输出	
RESET	U_{TRIG}	U_{THRES}	OUT	放电管状态
0	×	×	低	导通
1	$<\frac{1}{3}U_{CC}$	×	高	截止
1	$>\frac{1}{3}U_{CC}$	$<\frac{2}{3}U_{CC}$	原状态	原状态
<1	$>\frac{1}{3}U_{CC}$	$>\frac{2}{3}U_{CC}$	低	导通

【特点】

555 定时器的主要特点：

1）只需简单的电阻器、电容器，即可完成特定的振荡延时作用，其延时范围极广，可由几微秒至几小时之久；

2）其输出端的供给电流大，可直接推动不同类型的负载；

3）计时精确度高、价格便宜。

【应用】

1. 单稳态触发器

单稳态触发器是一种只有一个稳定状态的触发器。在无触发信号时，该触发器电路处于稳态，有触发信号时，电路翻转为暂稳态。然后自动返回到稳态。稳态持续时间取决于 RC 定时元件的参数，与外触发信号无关。

由 555 定时器构成的单稳态触发器电路如图 C4-1-4a 所示。555 定时器的 6 脚阈值端和 7 脚放电端相连，并与定时元件 R、C 相连，2 脚触发端接输入触发信号，5 脚控制端通过抗干扰电容器接地，4 脚复位端直接接电源。

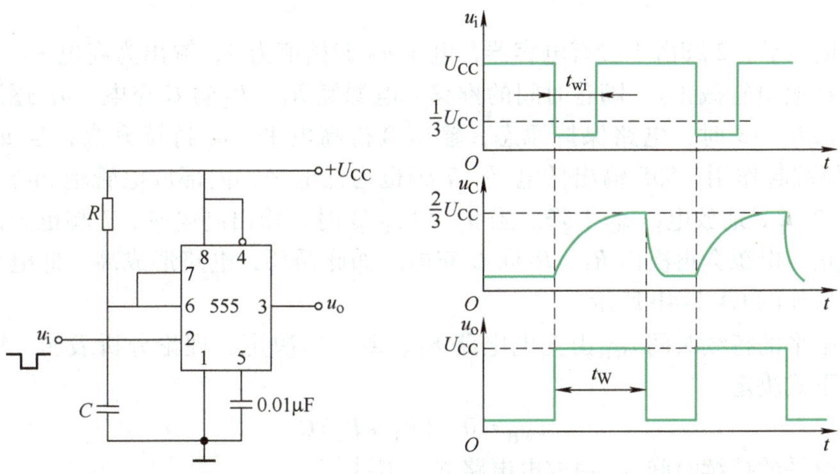

a) 电路　　b) 工作波形

图 C4-1-4　由 555 定时器构成的单稳态触发器电路

当触发器输入电压 u_i 为高电平时，$U_{TRIG}=u_i>U_{CC}/3$，电路输出低电平，$u_o=0$（理想状态），触发器处于稳态。当触发器脉冲到来时，u_i 为低电平，$U_{TRIG}=u_i<U_{CC}/3$，电路状态翻转，由稳态变为暂稳态，电容器 C 通过电阻器 R 充电，u_C 逐渐升高；当触发器脉冲过去后，$u_C>2U_{CC}/3$ 时，$U_{THRES}=u_C>2U_{CC}/3$，电路状态翻转，由暂稳态变为稳态，C 通过放电端放电。其工作波形如图 C4-1-3b 所示。

输出脉冲宽度 t_W 由定时元件 R、C 决定。理论分析表明，输出脉冲宽度按下式计算：

$$t_W \approx RC\ln 3 \approx 1.1RC$$

2. 多谐振荡器

多谐振荡器就是方波发生器。由于方波中除基波外还包含了许多高次谐波，因此又称为多谐振荡器。

图 C4-1-5a 为以 555 定时器为核心部件的多谐振荡器。电源经充电电阻器 R_1 接到 7 脚放电端，7 脚经电阻器 R_2 接到 6 脚阈值端与 2 脚触发端，6 脚、2 脚经电容器 C 接地，5 脚控制端通过抗干扰电容器接地，4 脚复位端直接接电源。

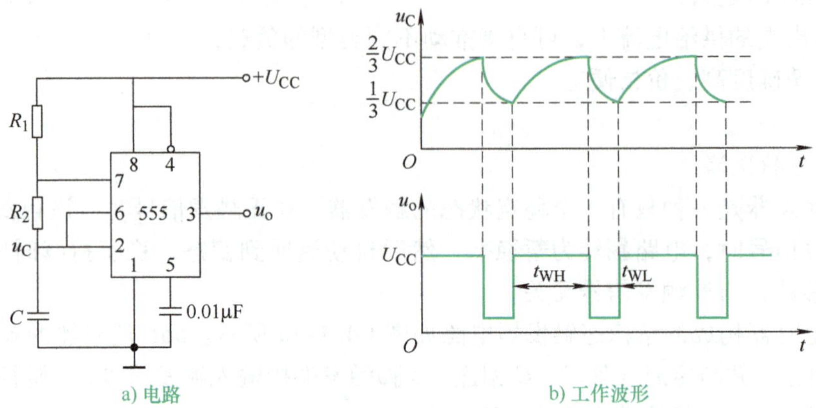

图 C4-1-5　由 555 定时器构成的多谐振荡器

电路上电以后，2 脚由于接有电容器，电压 u_C 起始值为 0，输出为高电平，7 脚也维持高电平（内部放电管截止）。随着时间的推移，电源经 R_1、R_2 向 C 充电，u_C 逐渐升高。当 $U_{CC}/3<u_C<2U_{CC}/3$ 时，电路保持原态，输出维持高电平。u_C 持续升高，当 $u_C>2U_{CC}/3$ 时，6 脚阈值端起作用，555 输出低电平，7 脚也为低电平，内部放电管饱和导通。C 上的电荷经 R_2 由 7 脚对地放电，u_C 下降。当 $u_C<U_{CC}/3$ 时，输出高电平，7 脚也为高电平，内部放电管截止，电源会再次由 R_1、R_2 向 C 充电。如此循环，电路形成高、低电平的循环输出。工作波形如图 C4-1-4b 所示。

输出高电平的持续时间 t_{WH} 由充电电路 R_1、R_2、C_2 决定。理论分析表明，输出高电平脉冲宽度由下式决定：

$$t_{WH}\approx 0.7(R_1+R_2)C$$

输出低电平的持续时间 t_{WL} 由放电电路 R_2、C 决定：

$$t_{WL}\approx 0.7R_2C$$

输出脉冲的周期：$T=t_{WH}+t_{WL}$。

输出脉冲的频率：$f=1/T$。

3. 施密特触发器

施密特触发器可以把变化缓慢的脉冲波形变换为数字电路所需要的矩形脉冲。施密特触发器的特点在于它也有两个稳定状态，但这两个稳定状态的转换需要外加触发信号，而且稳定状态的维持也要依赖外加触发信号，因此它的触发方式是电平触发。

图 C4-1-6a 所示为以 555 定时器为核心部件的施密特触发器。2 脚触发端和 6 脚阈值端短接在一起，作为触发器的输入端，4 脚复位端接电源，5 脚控制端通过抗干扰电容器接地。

当 $u_i<U_{CC}/3$ 时，输出高电平，$u_o=U_{CC}$；随着 u_i 的升高，当 $U_{CC}/3<u_i<2U_{CC}/3$ 时，电路状态保持，$u_o=U_{CC}$；当 $u_i>2U_{CC}/3$ 时，电路状态翻转，$u_o=0$（理想状态）；随着 u_i 继续升高，至最大值并逐渐减小时，电路状态保持 $u_o=0$；随着 u_i 降低，当 $u_i<U_{CC}/3$ 时，电

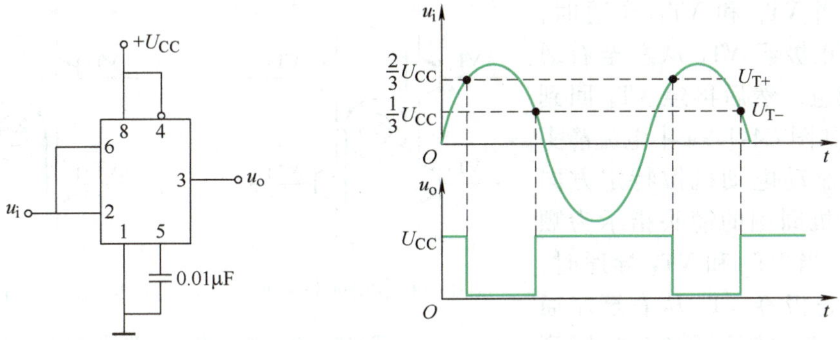

a) 电路　　b) 工作波形

图 C4-1-6　由 555 定时器构成的施密特触发器

路状态又翻转，输出高电平 $u_o=U_{CC}$。施密特触发器的工作波形如图 C4-1-6b 所示，通过此电路的作用，可将输入的正弦波变换成方波输出。

显然，555 定时器构成的施密特触发器在 u_i 上升时，会将输出高电平翻转为输出低电平，被称为上限触发门坎电平 $U_{T+}=2U_{CC}/3$；下降时，会将输出低电平翻转为输出高电平，被称为下限触发门坎电平 $U_{T-}=U_{CC}/3$。两者之差称为回差电压，即

$$\Delta U_T=U_{T+}-U_{T-}$$

施密特触发器的电压传输特性称为回差特性，其曲线如图 C4-1-7 所示。回差特性是施密特触发器的固有特性。在实际应用中，可根据实际需要增大或减小回差电压。

在图 C4-1-6 所示电路中，在控制电压端 5 脚外加一电压，就可达到改变回差电压的目的。

（二）H 桥驱动电路

H 桥驱动电路常被用于直流电动机控制电路中。它的电路形状酷似字母 H，故得名“H 桥”。

图 C4-1-8 所示为一个 H 桥电动机驱动电路，包括四个晶体管和一个电动机，四个晶体管组成“H”的四条垂直腿，而电动机就是“H”中的横杠（注意：图 C4-1-8 只是示意图，而不是完整的电路图，其中晶体管的驱动电路没有画出）。

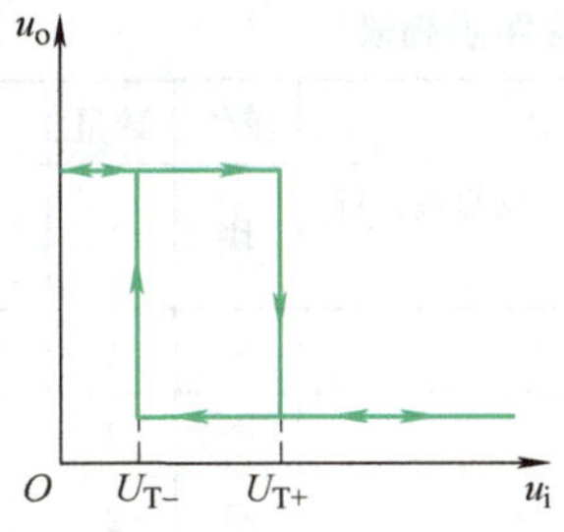

图 C4-1-7　电压传输特性曲线

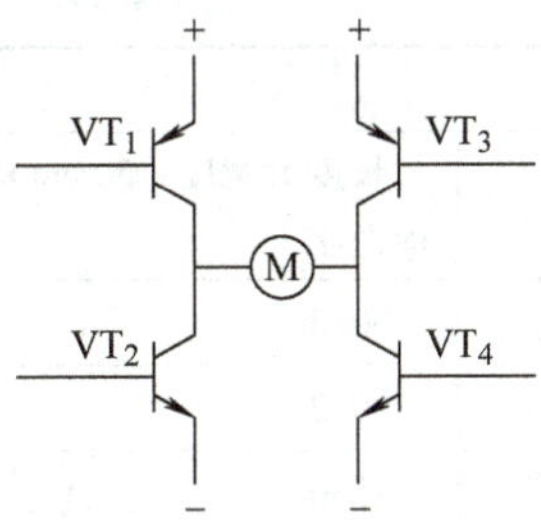

图 C4-1-8　H 桥电动机驱动电路

要使电动机运行，必须使 H 桥驱动电路对角线上的一对晶体管导通。根据不同晶体管对的导通情况，电流可能从左至右或从右至左流过电动机，从而控制电动机的转向。

例如，当 VT_1 和 VT_4 导通时，电流从电源正极经 VT_1 从左至右通过电动机绕组，然后再经 VT_4 回到电源负极，如图 C4-1-9a 中电流箭头所示，从而驱动电动机按特定方向转动（电动机周围的箭头指示为顺时针方向）；当 VT_2 和 VT_3 导通时，电流从电源正极经 VT_3 从右至左通过电动机绕组，然后再经 VT_2 回到电源负极，如图 C4-1-9b 中电流箭头所示，从而驱动电动机按另一方向转动（电动机周围的箭头指示为逆时针方向）。

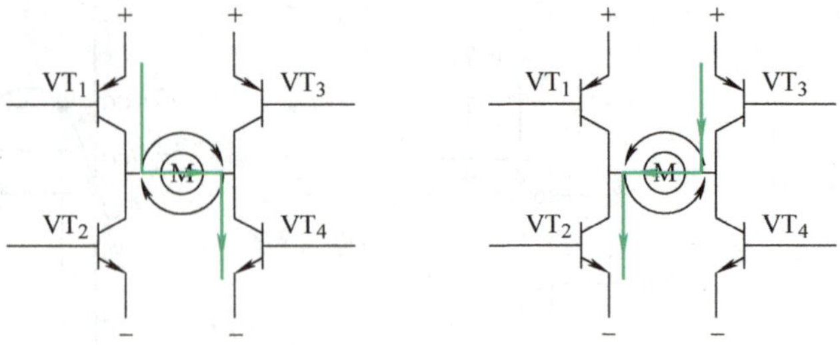

a) 驱动电动机顺时针转动　　b) 驱动电动机逆时针转动

图 C4-1-9　H 桥驱动电路的工作过程

四、能力训练

（一）操作条件

所需设备		

电烙铁（一把）	镊子（一把）	钎料（锡丝，若干）
		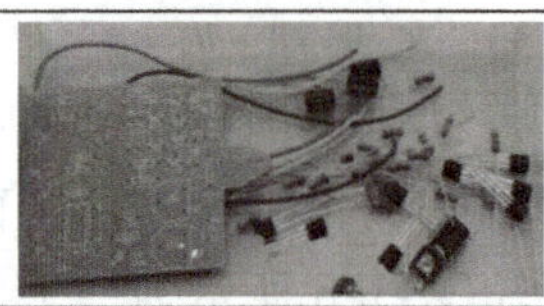
5 号电池（3 节）	数字万用表（一台）	行走机器人套件（一套）

行走机器人电路元器件明细表见表 C4-1-3。

表 C4-1-3　行走机器人电路元器件明细表

序号	名称	型号/规格	单位	数量	位号
1	PCB	长度×宽度：50mm×47mm，厚度：1.6mm，双面板，绿漆白字	块	1	
2	插件晶体管	9013	个	1	VT_1
3	晶体管	9012	个	3	VT_2、VT_3、VT_4
4	插件晶体管	8550	只	2	VT_5、VT_6
5	插件晶体管	8050	只	2	VT_7、VT_8
6	集成电路	NE555P	只	1	IC
7	开关二极管	1N4148	只	3	VD_1、VD_2、VD_4
8	发光二极管	$\phi3$	只	1	VD_3

（续）

序号	名称	型号/规格	单位	数量	位号
9	电阻器	AXIAL0. 4L－1kΩ－1/4W	只	2	R_1、R_5
10	电阻器	AXIAL0. 4L－2kΩ－1/4W	只	4	R_2、R_3、R_7、R_{12}
11	电阻器	AXIAL0. 4L－100Ω－1/4W	只	2	R_4、R_6
12	电阻器	AXIAL0. 4L－10kΩ－1/4W	只	3	R_8、R_{11}、R_{14}
13	电阻器	AXIAL0. 4L－51Ω－1/4W	只	2	R_9、R_{10}
14	电阻器	AXIAL0. 4L－20kΩ－1/4W	只	1	R_{13}
15	可调电阻器	AXIAL0. 4L－200kΩ－1/4W	只	2	W_1，W_2
16	电解电容器	25V/100μF，6mm×11mm	只	3	C_1、C_4、C_5
17	电解电容器	50V/10μF，体积5mm×11mm	只	1	C_2
18	瓷片电容器	103	只	1	C_3

（二）安全及注意事项

1. 正确使用与放置电烙铁，避免干烧或烫坏其他物品。
2. 安全、规范地操作、调试电路，注意人身安全。
3. 增强环保意识，注意节约耗材，避免浪费。
4. 正确使用仪器仪表，爱护仪器仪表。

（三）操作过程

行走机器人电路装调的操作过程见表C4-1-4。

表C4-1-4　行走机器人电路装调的操作过程

序号	步骤	操作方法及说明	质量标准
1	PCB预处理	检查PCB正反面，对铜箔氧化层进行清洁、去氧化	PCB无烫伤和划伤处，整体清洁无污物，铜箔焊盘平整、光亮
2	元器件清点与检测	对照表C4-1-3检查电路所需的元器件，观察元器件有无损坏	元器件与清单一致，且无损坏
3	元器件整形	对照图C4-1-10与元器件尺寸，对元器件进行合适的整形	成形符合工艺要求
4	元器件安装	按照安装工艺要求，正确安装元器件	元器件安装应符合工艺要求，字标方向一致，有极性的元器件插装要求极性方向正确，同类元器件安装高度一致
5	元器件焊接	按图C4-1-11正确焊接元器件并符合焊接工艺要求	所焊接的元器件的焊点适中，无漏焊、假焊、虚焊、连焊，焊点光滑、圆润、干净、无毛刺，焊点基本一致
6	电源接线	用螺钉旋具拆开行走机器人身体的后盖，将拨动开关接到电动机的红线用电烙铁拆下，然后焊接到PCB上的GB+接口，将电池盒负极接到电动机上的白线用电烙铁拆下，然后接到PCB上的GB－接口	电池盒正极用红色导线经拨动开关接到PCB的GB+接口，负极用白色导线接到PCB的GB－接口

（续）

序号	步骤	操作方法及说明	质量标准
7	机器人头部接线	将机器人头部的红线与电动机相连的一端焊下，在这里串联一个 1N4148 二极管，二极管负极接机器人头部的红线，正极接到刚拆下头部红线的电动机铜片上	机器人头部红线经 1N4148 二极管接至直流电动机正极端子上，机器人头部橙线接至直流电动机负极端子上
8	电动机接线	将直流电动机负极铜片用导线接至 PCB 上的 MT_1 接口，正极铜片用导线接至 PCB 上的 MT_2 接口	直流电动机负极铜片接至 PCB 上的 MT_1 接口，正极铜片接至 PCB 上的 MT_2 接口
9	通电测试	完成安装后，电池盒放入 3 节 5 号电池，拨动开关至“ON”的状态	机器人前进并伴随有音乐、眼睛闪红光，行走一段时间后自动后退，退行一段时间后自动前进，周而复始
10	师生自评与互评	对照表 C4-1-5 进行师生自评与互评，并记录	科学严谨、实事求是地填写评分表

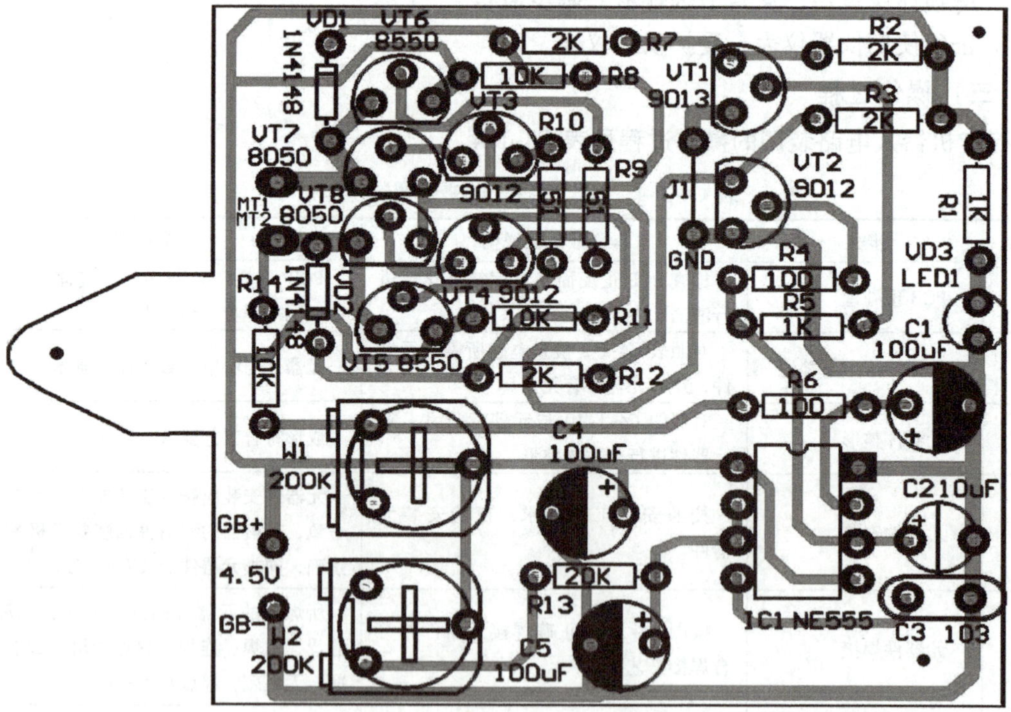

图 C4-1-10　PCB 元器件安装面（顶层）

（四）操作记录

【操作记录】

对照自评与互评表，严谨量分，进行自评与互评，填入表 C4-1-5。

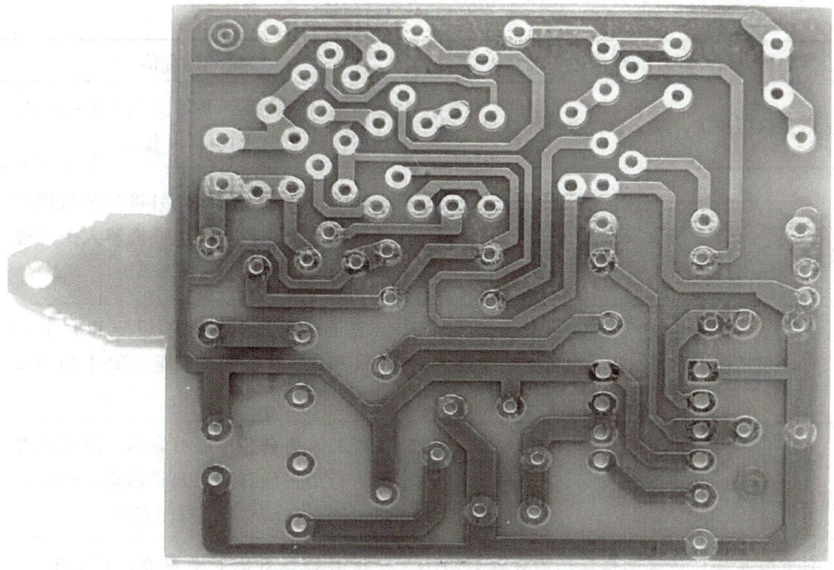

图 C4-1-11　PCB 底层综合图

表 C4-1-5　自评与互评表

序号	配分	评分细则描述	规定或标称值	自评	互评
1	6	将电路中全部针插式元器件安装在 PCB 上，要求位置正确、无遗漏。位置不正确、有遗漏扣 3 分/处，扣完为止	要求所有元器件安装位置正确，无漏装		
2	2	对元器件引脚进行加工，尺寸及成形要符合工艺要求。元器件引脚及成形不符合工艺要求扣 2 分	要求元器件引脚及成形符合工艺要求，同类元器件安装高度一致		
3	2	元器件字标方向应符合工艺要求。字标方向不符合工艺要求扣 2 分	要求字标方向一致		
4	8	插装有极性的元器件时，要求极性方向正确。元器件极性装错扣 2 分/处，扣完为止	二极管、电解电容器、晶体管等元器件极性方向正确		
5	8	所焊接的元器件的焊点适中，无漏焊、假焊、虚焊、连焊，焊点光滑、圆润、干净、无毛刺，焊点基本一致，没有歪焊，给 8 分	要求焊点适中，无漏焊、假焊、虚焊、连焊，焊点光滑、圆润、干净、无毛刺，焊点基本一致		
		所焊接的元器件的焊点适中，无漏焊、假焊、虚焊、连焊，但个别（一两个）元器件有下面现象：有毛刺、不光亮，或出现歪焊，扣 2 分			
		3～5 个元器件有漏焊、假焊、虚焊、连焊，或有毛刺、不光亮、歪焊，扣 5 分			
		有严重（超过 6 个元器件）漏焊、假焊、虚焊、连焊，或有毛刺、不光亮、歪焊，扣 8 分			

（续）

序号	配分	评分细则描述	规定或标称值	自评	互评
6	2	电源接线正确，给2分，否则扣2分	电池盒正极接到PCB上的GB+接口，负极接到PCB上的GB-接口		
7	2	机器人头部接线正确，给2分，否则扣2分	机器人头部红线经1N4148二极管接至直流电动机正极端子上，机器人头部橙线接至直流电动机负极端子上		
8	2	电动机接线正确，给2分，否则扣2分	直流电动机负极铜片接至PCB上的MT1接口，正极铜片接至PCB上的MT2接口		
9	5	装上干电池，拨动开关后，机器人功能正常，给5分，否则扣5分	机器人前进并伴随有音乐、眼睛闪红光，行走一段时间后自动后退，退行一段时间后自动前进，周而复始		
10	3	注意安全生产，文明操作；未穿戴劳防用品、电烙铁随便乱放扣1分	应具备良好的职业素养，安全生产、文明操作；穿戴好劳防用品		

（五）问题情境

【问题情境1】

电路装接完成后通电，机器人所有功能都没有，是何原因？

解决途径：

1）检查电源指示灯是否常亮。不亮则检查电源接线是否正确连接好，电池正负极是否装入正确；

2）检查有极性的元器件是否插装正确；

3）电路有无虚焊的点或有无损坏的元器件导致电路故障。

【问题情境2】

电路装接完成后通电，电动机转动，但是机器人不发声且眼睛不闪红光，该如何检查电路？

解决途径：检查机器人头部接线是否正确或连接头部的二极管有无损坏导致电路故障。

（六）学习结果评价

序号	评价内容	评价标准	评价结果（是/否）
1	能准确识读电路中所用的元器件	对照元器件清单，完成元器件清点与检测	
2	合理整形元器件引脚，在PCB元器件安装面，按照工艺规范要求，正确安装和焊接好元器件	正确安装元器件并符合工艺要求	
3	能按工艺要求完成元器件安装与焊接	焊点符合焊接工艺要求	
4	连接并接通电源，并进行初步检查	连接并接通电源，工作正常	

五、课后作业

【作业 1】

电路装接完成后通电，机器人正常发声和闪眼睛，但电动机不动，请分析故障原因。

【作业 2】

由 555 定时器构成的单稳态电路如图 C4-1-12 所示，请根据电路输入触发信号 u_i 的波形画出其对应的 u_C 和 u_o 波形。

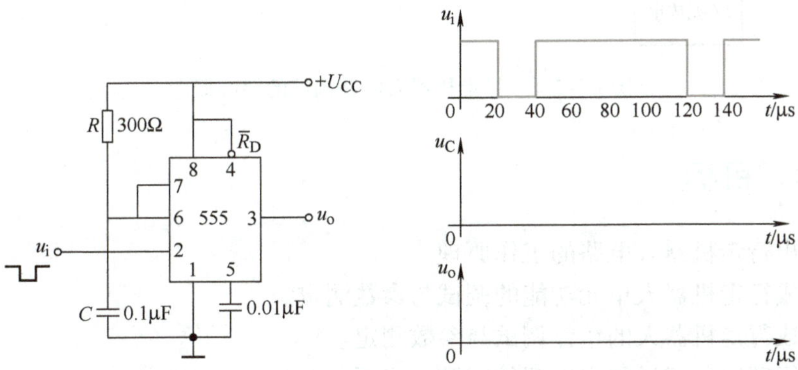

图 C4-1-12

【作业 3】

图 C4-1-13 所示电路是由 555 定时器构成的一个简易电子门铃。分析该电路的工作原理，若 $C_1=C_2=0.01\mu F$，$C_3=100\mu F$，$R_1=R_3=10k\Omega$，$R_2=100k\Omega$，试画出开关 SB 按下后 u_o 及 u_o'的波形。

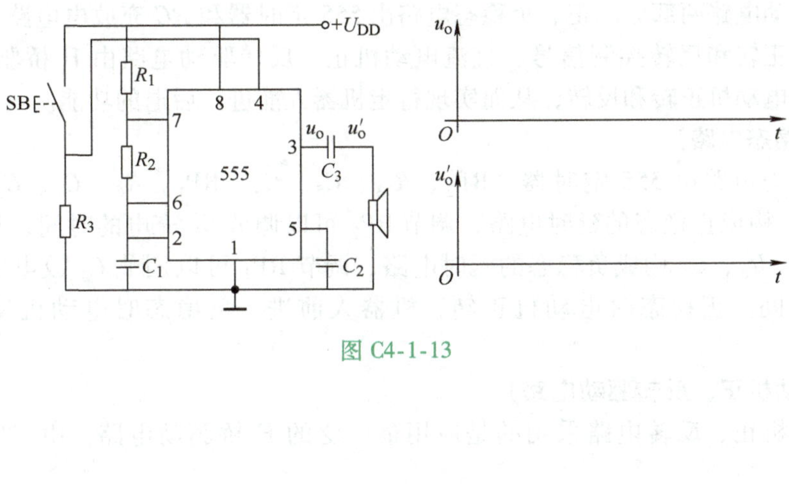

图 C4-1-13

职业能力 C-4-2　能正确调试行走机器人电路

一、核心概念

行走机器人电路调试的核心概念如图 C4-2-1 所示。

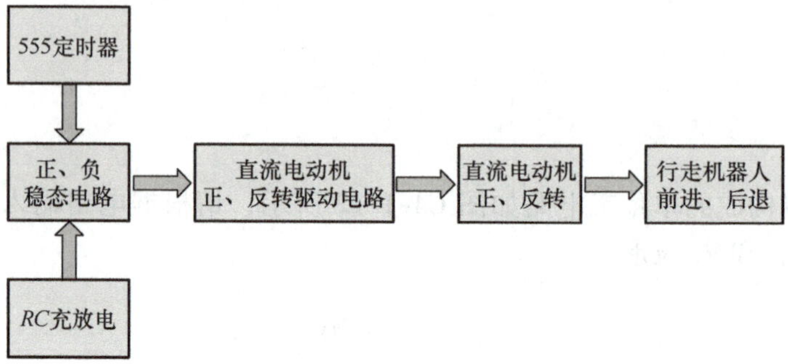

图 C4-2-1　行走机器人电路调试的核心概念

二、学习目标

1. 能说出行走机器人电路的工作原理。
2. 能完成行走机器人单元功能的调试与参数测定。
3. 能完成行走机器人的整体调试与参数测定。
4. 能自行解决调试过程中出现的问题。
5. 养成独立分析、思考、解决问题的思维习惯，提高团结互助的合作能力。

三、基本知识

（一）行走机器人电路的组成

行走机器人电路的原理图如图 C4-2-2 所示。该电路可分为正、负稳态电路和直流电动机正、反转驱动电路两部分。正、负稳态电路由 555 定时器和 *RC* 充放电电路组成，用来提供直流电动机正转和反转控制信号。直流电动机正、反转驱动电路由 H 桥驱动电路构成，主要用来控制电动机正转和反转，从而实现行走机器人前进、后退的功能。

【正、负稳态电路】

正、负稳态电路由 555 定时器、RP_2、R_{13}、C_5、C_3、RP_1、R_6、C_1、C_2 组成，其中 RP_2、R_{13}、C_5 构成正稳态的延时电路，调节 RP_2 可以调节 C_5 充电的时间，从而控制正稳态时间；RP_1、R_6、C_1 构成负稳态的延时电路，调节 RP_1 可以调节 C_1 放电的时间，从而控制负稳态时间。正稳态时电动机正转，机器人前进；负稳态时电动机反转，机器人后退。

【直流电动机正、反转驱动电路】

直流电动机正、反转电路采用的是应用最广泛的 H 桥驱动电路，由 VT_1、R_7、VT_3、

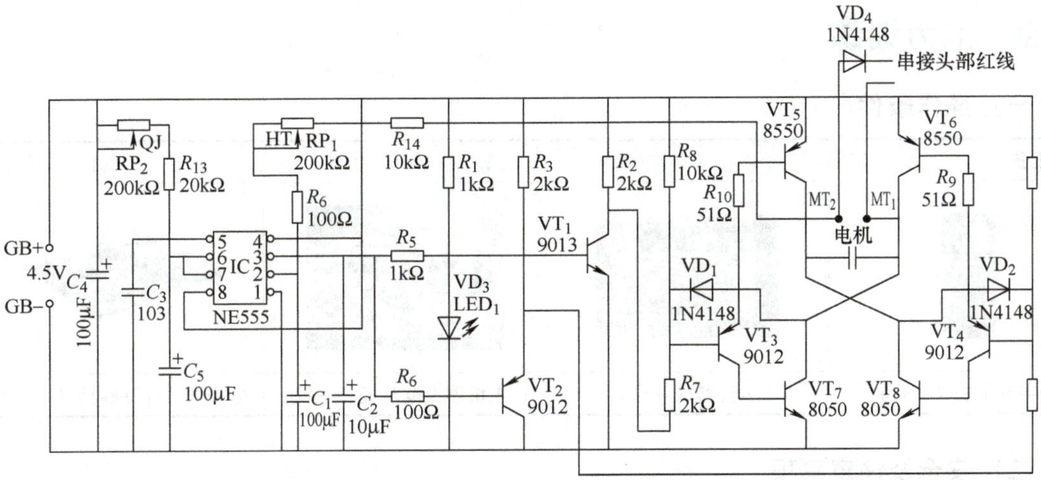

图 C4-2-2　行走机器人电路原理

R_{10}、VT_5、VT_7、VT_2、R_{12}、VT_4、R_9、VT_6、VT_8 组成。这种驱动电路可以很方便地实现直流电动机的正转、反转运行。其中，VT_5、VT_7 为一组，VT_6、VT_8 为另一组，两组的状态互补，一组导通则另一组必须关断。当 VT_5、VT_7 导通时，VT_6、VT_8 关断，电动机两端加正向电压，可以实现电动机的正转；当 VT_6、VT_8 导通时，VT_5、VT_7 关断，电动机两端加反向电压，可以实现电动机的反转。

（二）行走机器人电路的工作原理

初始状态下，C_1 两端的初始电压为 0，小于 $U_{CC}/3$，3 脚输出高电平。此时 RP_2、R_{13}、C_5 构成正稳态的延时电路，电源通过 RP_2、R_{13} 向 C_5 充电（调节 RP_2 可以改变 C_5 达到触发电平的时间）。因为正稳态时 MT_2 端为高电平，对 C_1 充满了电，2 脚一直处于高电平；当 C_5 两端电压达到 $2U_{CC}/3$ 时，进入另一个稳态，即负稳态，3 脚输出低电平，放电管导通，C_5 两端电压瞬间被拉为低电平。当 555 定时器进入负稳态后，MT_2 变为低电平，此时 C_1 通过 RP_1、R_6、R_{14} 对地放电。调节 RP_1 可以调节放电的时间，当 C_1 两端的电压降到 $U_{CC}/3$ 时，555 定时器进入正稳态，如此循环，分别调节 RP_2、RP_1 可以控制正、负稳态电路的延时时间。

当 555 定时器处于正稳态时，控制信号为高电平，经 R_5 加到 VT_1 基极，因为 VT_1 为 NPN 晶体管，故 VT_1 导通，VT_1 集电极被拉为低电平，再经过 R_7 加到 VT_3 的基极，VT_3 导通，从而使 VT_5、VT_7 导通，电流通过 MT_2 经过电动机后流经 MT_1，电动机正转，机器人前进，RP_2 可控制电动机正转的时间。

当 555 定时器处于负稳态时，控制信号为低电平，通过 R_4 加到 VT_2 上，VT_2、VT_4、VT_6、VT_8 导通，电流通过 MT_1，经过电动机后流经 MT_2，使电动机反转，机器人后退，RP_1 可控制电动机反转的时间。

发声、闪灯电路经过二极管 VD_4 供电，正转时 MT_2 为高电平，VD_4 导通，发声、闪灯电路有电压，正常工作，机器人发声、眼睛闪光；反转时 MT_2 为低电平，VD_4 截止，发声、闪灯电路无电压停止工作，机器人不发声、眼睛不闪光。

四、能力训练

（一）操作条件

所需设备			
		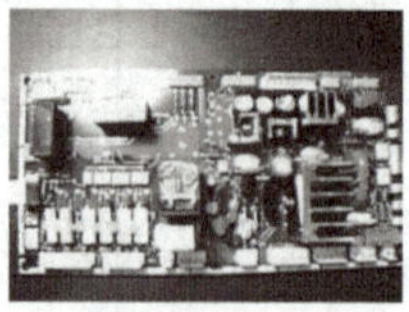	
数字万用表（一台）	示波器（一台）	行走机器人电路板（一块）	电子调试螺钉旋具（一把）

（二）安全及注意事项

1. 正确使用与放置电烙铁，避免干烧或烫坏其他物品。
2. 安全、规范地操作并调试电路，注意人身安全。
3. 增强环保意识，注意节约耗材，避免浪费。
4. 正确使用仪器仪表，爱护仪器仪表。

（三）操作过程

调试行走机器人电路的操作过程见表 C4-2-1。

表 C4-2-1　调试行走机器人电路的操作过程

序号	步骤	操作方法及说明	质量标准
1	电路基本功能检测	拨动开关至“ON”，观察行走机器人电路的基本功能	电路功能正常：机器人前进并伴随有音乐、眼睛闪红光，行走一段时间后自动后退，退行一段时间后自动前进，周而复始
2	正、负稳态电路的电压测定	1. 调节 RP_2，用示波器测量 C_5 两端电压和 555 定时器的输出电压，观察并分析 RP_2 对 C_5 充电时间、555 定时器输出电压的影响，并记录在表 C4-2-2 中 2. 调节 RP_1，用示波器测量电容 C_1 两端电压和 555 定时器的输出电压，观察并分析 RP_1 对 C_1 放电时间、555 定时器输出电压的影响，并记录在表 C4-2-2 中 3. 调节 RP_1、RP_2，使正稳态持续时间为 10s，负稳态持续时间为 5s，将 C_1 两端电压、C_5 两端电压和 555 定时器输出电压的波形记录在表 C4-2-3 中	1. RP_2 电阻值越大，C_5 充电时间和 555 定时器输出高电平的持续时间越长 2. RP_1 电阻值越大，C_1 放电时间和 555 定时器输出低电平的持续时间越长

（续）

序号	步骤	操作方法及说明	质量标准
3	直流电动机正、反转驱动电路电压测定	用示波器观察电动机两端电压（MT_2 端到 MT_1 端电压），将正稳态持续时间为 10s，负稳态持续时间为 5s 的波形记录在表 C4-2-4 中	电动机两端电压是正、负交替的方波
4	整体电路功能调试	将 PCB 安装在机器人内部，调节 RP_1 和 RP_2，观察机器人前进、后退时间变化情况，并记录在表 C4-2-5 中	1. RP_1 电阻值越大，后退时间越长；RP_2 电阻值越大，前进时间越长
5	师生自评与互评	对照表 C4-2-6，进行师生自评与互评，并记录	科学严谨、实事求是地填写评分表

（四）操作记录

【操作记录 1】

1）分别用示波器观察 RP_1、RP_2 电阻值变化时，C_1 放电时间、C_5 充电时间、555 定时器输出电压波形变化情况，记录于表 C4-2-2。

表 C4-2-2 记录表 1

工作条件	C_5 充电时间变化情况	C_1 放电时间变化情况	555 定时器输出电压波形变化情况
RP_2 电阻值越大			
RP_1 电阻值越大			

2）调节 RP_1 和 RP_2，使 555 定时器输出高电平持续时间为 10s，低电平持续时间为 5s，记录 C_1 两端电压、C_5 两端电压、555 定时器输出电压波形，并对电压波形特征进行解释，记录于表 C4-2-3。

表 C4-2-3 记录表 2

记录示波器波形	示波器	
	幅度档位： 电压峰峰值：	时间档位： 周期读数：

3）请对 C_1 两端电压、C_5 两端电压、555 定时器输出电压的波形特征进行解释：

【操作记录 2】

记录正稳态持续时间为 10s、负稳态持续时间为 5s 的电动机两端电压波形于表 C4-2-4。

表 C4-2-4　记录表 3

记录示波器波形	示波器	
	幅度档位： 电压峰峰值：	时间档位： 周期读数：

【操作记录 3】（见表 C4-2-5）

表 C4-2-5　记录表 4

序号	工作条件	机器人前进、后退时间变化情况
1	RP_2 电阻值越大	
2	RP_1 电阻值越大	

【操作记录 4】

对照自评与互评表，严谨量分，进行自评与互评，填入表 C4-2-6。

表 C4-2-6　自评与互评表

序号	配分	评分细则描述	规定或标称值	得分
1	5	基本功能完全正确给 5 分，每错一处扣 1 分	拨动开关至“ON”，机器人前进并伴随有音乐、眼睛闪红光，行走一段时间后自动后退，退行一段时间后自动前进，周而复始	
2	25	1. C_1 两端电压、C_5 两端电压及 555 定时器输出电压波形正确给 10 分，错一处扣 2 分 2. 调节 RP_2，C_5 两端电压和 555 定时器输出电压的波形变化正确给 5 分，否则扣 5 分 3. 调节 RP_1，C_1 两端电压和 555 定时器输出电压的波形变化正确给 5 分，否则扣 5 分 4. 能解释 C_1 两端电压、C_5 两端电压、555 定时器输出电压的波形特性，正确给 5 分，否则扣 5 分	1. 示波器使用方法正确，测量及绘制电压波形正确，波形相关参数与示波器上功能旋钮位置相符 2. 调节 RP_2，C_5 充电时间和输出高电平持续时间随着 RP_2 的增大而变长 3. 调节 RP_1，C_1 放电时间和输出低电平持续时间随着 RP_1 的增大而变长	
3	5	电动机两端电压测量波形正确给 5 分，错误扣 5 分	电动机两端电压是正负交替的方波	
4	5	调节 RP_1、RP_2，机器人功能完全正确给 5 分，每错一处扣 2 分	1. RP_1 越大，机器人后退时间越长 2. RP_2 越大，机器人前进时间越长	
5	否决项		未经允许擅自通电，造成调试板损坏者，该项目记为 0 分	

（五）问题情境

【问题情境 1】

电路装接完成后通电，机器人前进时无音乐、眼睛不闪烁红光，但后退时有音乐、眼睛闪烁红光，是何原因？

解决途径：机器人头部二极管正、负极接线错误，应将头部的红线焊接到二极管负极上，再将二极管正极焊接到与 MT_2 相连的电动机铜片上。

【问题情境 2】

在测试机器人功能时发现调节 RP_1 改变的是机器人前进的时间，而调节 RP_2 改变的是机器人后退的时间，该如何处理？

解决途径：电动机接线错误，应对调 PCB 上 MT_1 和 MT_2 的接线。

（六）学习结果评价

序号	评价内容	评价标准	评价结果（是/否）
1	能根据工作原理调试电路，使电路完成相应的功能	电路基本功能正常	
2	能完成行走机器人单元功能的调试与参数测定	正确测定单元参数	
3	能完成行走机器人的整体调试与参数测定	正确测定整机参数	
4	能自行解决调试过程中出现的问题	独立分析思考问题，解决调试过程中的问题	

五、课后作业

【作业 1】

行走机器人电路由哪几个部分组成？各部分有何作用？

【作业 2】

图 C4-2-2 所示行走机器人电路原理图中二极管 VD_1、VD_2 起什么作用？

【作业 3】

电动机两端并联的电容器起什么作用，去掉有什么影响？

【作业 4】

如何延长行走机器人前进、后退时间？

【作业 5】

正、负稳态电路还可以应用在哪些场合，请举例说明。

参考文献

[1] 谭克清. 电子技能实训——初级篇 [M]. 2 版. 北京: 人民邮电出版社, 2010.
[2] 王廷才, 刘娇月. 电子技术基础与技能 [M]. 2 版. 北京: 机械工业出版社, 2016.
[3] 姚锦卫. 电工技术基础与技能 [M]. 3 版. 北京: 机械工业出版社, 2019.
[4] 王照清. 维修电工 (四级) [M]. 2 版. 北京: 中国劳动社会保障出版社, 2013.